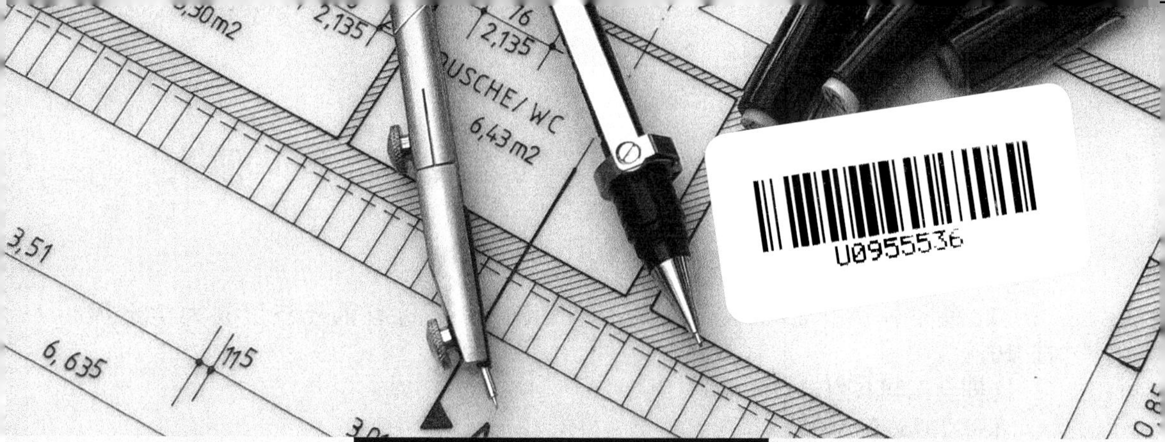

安全工程系列教材

起重与机械安全

QIZHONG YU JIXIE ANQUAN

（第二版）

主　编◎袁化临
副主编◎王　庆

首都经济贸易大学出版社
Capital University of Economics and Business Press
·北 京·

图书在版编目(CIP)数据

起重与机械安全/袁化临主编. —2版. —北京:首都经济贸易大学出版社,2018. 1

(安全工程系列教材)

ISBN 978-7-5638-2757-2

Ⅰ. ①起… Ⅱ. ①袁… Ⅲ. ①起重机械—安全管理 Ⅳ. ①TH210. 8

中国版本图书馆CIP数据核字(2018)第000936号

起重与机械安全(第二版)
主　编　袁化临
副主编　王　庆

责任编辑	刘元春　田玉春
封面设计	**风得信·阿东** FondesyDesign
出版发行	首都经济贸易大学出版社
地　　址	北京市朝阳区红庙(邮编100026)
电　　话	(010)65976483　65065761　65071505(传真)
网　　址	https://sjmcb.cueb.edu.cn
经　　销	全国新华书店
照　　排	北京砚祥志远激光照排技术有限公司
印　　刷	北京九州迅驰传媒文化有限公司
成品尺寸	170毫米×240毫米　1/16
字　　数	304千字
印　　张	17. 25
版　　次	2000年9月第1版　**2018年1月第2版**
印　　次	2025年8月总第7次印刷
书　　号	ISBN 978-7-5638-2757-2
定　　价	39. 00元

“安全工程系列教材”
编委会

“安全工程系列教材”
第二版出版说明

随着人们生活水平的不断提高，珍爱生命、以人为本的理念深入人心。全社会前所未有地关注安全，在生产和生活中提升安全健康水平的需求日益增长。高等院校安全工程专业承担着安全专业人才培养的重任，肩负着社会和时代所赋予的重要责任和使命，其专业教育的地位和作用越加凸显，同时也获得了专业发展的良好空间。

首都经济贸易大学安全工程专业在安全科学与工程领域的教学、科研方面有着长期的探索和积累，具有一定的优势和特色。早在27年前，编委会就组织编写出版了“安全与卫生工程系列教材”(1991系列)，这套系列教材在国内安全工程教育、企业安全技术及管理方面发挥了积极作用。2000年，通过对1991系列教材的更新和删改，又推出了“安全工程系列教材”，包括《现代安全管理理论与实务》《电气安全工程》《起重与机械安全》《锅炉压力容器安全》《防火与防爆》5本教材。这套系列教材于2002年荣获教育部全国高等学校优秀教材二等奖。十多年来，该系列教材在全国安全工程专业高等教育中发挥了重要作用，其中有的书印刷次数多达10次。

“安全工程系列教材”第二版的推出，主要为了满足社会发展和科技进步所带来的安全工程专业知识更新的需求。第二版系列教材的编写，继续秉承第一版提出的“少而精”和“深入浅出”的原则，力求将安全工程相关的专业基本理论、工程专业知识、分析和解决相关复杂工程问题的方法和技术手段等简明扼要地展现出来，使读者可以在相对短的时间内系统地获得安全工程专业领域内的核心知识。本系列教材既可用作高等学校安全工程专业本科教材外，也可用作安全技术及管理工作者的培训教材或供自修学习之用。

“安全工程系列教材”编委会

2017年9月

第二版前言

本书于2000年9月出版,2002年作为“安全工程系列教材”之一,荣获教育部全国高等学校优秀教材二等奖。十多年来,本书在安全工程专业高等教育中发挥了重要作用,截至2017年9月,先后进行了5次印刷。此外,本书还受到安全工程相关设计人员、企业安全技术及安全管理人员、注册安全工程师、安全评价师、职业安全健康管理体系认证人员的欢迎。本次修订,为照顾到教学使用者的方便,在延续保持原书体系架构的基础上,对全书内容进行了更新。

本次修订工作由首都经济贸易大学王庆(负责第一、二、四、五、六、七、八、九、十、十一章)、刘志敏(负责第三、十二、十三、十四章)完成。王庆负责修订稿总纂工作。

本书主要用作大学本科安全工程专业的专业课教材,也可用作相关专业的研究生辅助教材,还可供各类从事与起重与机械安全工程相关工作的工程技术人员和技术管理人员学习和查阅之用。

限于编者水平,书中错漏难免,敬请使用本书的广大师生和读者批评指正。

编著者

2017年9月

第一版前言

机械产品是国民经济的主要装备，涉及国民经济各部门和人们的生产与生活。机械安全问题不仅涉及个体生命的安全与健康，而且对社会稳定和经济发展有着重要的影响。机械的安全水平和与机械有关的知识产权还成为机械产品贸易的制约因素，机械安全问题已得到社会的广泛关注。本书以安全系统（人、机、人机关系三要素及其组成的系统）的基本理论和安全工程技术人员应具备的思维方式为主线，系统地对机械安全的相关问题做了较为全面的介绍。

全书分为三篇十四章，第一篇为基础篇，阐述了各类机械在安全方面的基本知识和共性问题，如危险识别、风险评价、机械设备寿命周期内的基本安全要求，以及实现机械安全的途径等，使读者从一般规律上对此有一个宏观的了解。第二篇、第三篇以起重机、磨削机械、木工机械、压力机械等危险性较大的机械设备，以及围绕这些设备进行的作业为研究对象，针对这些机械在安全方面的特殊问题，选择安全措施对策、安全防护的技术要求、易损零件的报废、安全检查、操作和管理等方面的理论和技术问题进行探讨，以期形成用安全系统的思维方式解决机械系统安全的知识结构。

本书可作为高等学校安全工程专业的教材和安全工程师的培训教材，也可供从事安全工程技术工作的人员参考。要求读者除具有高等数学、工程力学、结构力学、液压传动、机械设计等基础知识之外，还应具有安全原理、安全系统工程、安全人机工程、安全管理等专业技术知识。

机械安全内容涉及面广，本书以介绍最基本内容为目的，力求裨益读者。由于作者水平所限，书中难免有不妥与错误之处，恳请专家、读者指正。

编著者
2000 年 6 月

目　　录

第一篇　机械安全导论

第一章　机械安全概述

机械是现代生产和生活不可缺少的设备，哪里有人类的活动，哪里必定有机械设备。机器是人类进行生产的重要工具，也是生产力发展的重要标志。机械产品是我国国民经济发展的主要装备，它涉及国民经济各个部门，任何现代化的工业生产都离不开机器。随着科学技术的日益进步，机械设备的科技含量不断提高，绝对数量不断增加，使用范围越来越广，从生产领域扩大到人们的生活和生存领域，从工作母机、起重运输到航天、海底，包括人们的衣、食、住、行以及娱乐、健身等都要用到机械。机械在给人们带来高效、快捷、方便的同时，也带来了不安全因素，每年都要发生人员伤害事故。据不完全统计，仅在机械工业部门的大、中型企业中，机械伤害事故每年就多达数百起，更不要说数以千万计的小企业，事故比例则更高。机械事故给受害人及其家庭带来痛苦，使企业蒙受损失。机械产品的安全水平，关系到人们的安全和健康，关系到社会的安定。在经济全球化的今天，安全性成为机械产品竞争的重要方面，对机械产品的进出口贸易产生十分重要的影响，机械安全越来越受到人们的重视。

本书从机械的基本知识入手，介绍机械的一般组成规律和工作原理，进而研究如何用安全系统的理念和思维方法，解决机械系统安全问题。

第一节　安全系统的认识方法

本书不是针对机械安全所要解决的具体问题本身，而是针对解决机械安全问题的人应该具备的知识结构和思维方法，试图从理论联系实际的角度进行详细阐述，实现由系统安全向安全系统认识的转变。

一、人类对机械安全的认识阶段

安全问题伴随人类的生产活动而产生,人类生存和生产的基本要求和前提是保障安全,机械作为人类进行生产活动的主要工具,在人类的发展史上自始至终都占有极其重要的地位。从人类科学技术发展史看,人类对机械安全的认识经历了四个阶段。

1. 安全的自发认识阶段

在自然经济(农业经济)时期,人类的生产活动主要是劳动个体使用手用工具的初级劳动,人们在考虑提高生产力的同时,无形中解决了安全问题。在这个阶段,人类不是专门解决工具的安全问题,而是由于生产技术需要,不自觉地附带解决了安全问题,因而有很大的盲目性。

2. 安全的局部认识阶段

工业革命以后,特别是动力(如蒸汽机)的发明和广泛使用,大量的机器代替手用工具。但劳动者在使用机器过程中受到的危害大大增加,为了生产不得不考虑安全问题。这时主要针对某种机器设备的局部、个别安全问题,采取专门技术方法去解决。例如,给锅炉装设安全阀,为机器加一个行程限位开关等,从而形成局部解决安全问题的局部专门技术。

3. 系统安全的认识阶段

进入工业化时代,特别是经过第二次世界大战,以制造业为主的工业化时代的到来,使生产技术向复杂化、规模化和高速化方向发展,分工的专业化形成了分属不同部门的生产方式和相对稳定的生产结构系统,对安全问题的局部认识已经很难适应要求,需要从机械整体系统的各个方面去考虑安全问题,形成了在某一生产领域应用的、从属于生产系统并为其服务的系统安全,如化工机械安全、建筑机械安全等,它们以解决机械事故为目的。这时的机械安全还是围绕防止和解决生产系统的安全事故问题,为企业的主要生产指标服务。

4. 安全系统的认识阶段

随着知识经济和信息时代的到来,计算机的应用使生产力进一步解放,市场经济高度发展,出现了在安全问题上纵横交错的复杂局面。机械已经融入人们生产、生活的各个角落,需要解决的安全问题不仅仅限于一台机械设备或一个生产领域,而要在更大范围、更高层次上,在宏观和微观的结合上全面进行安全工程设计,提出安全要求,进行安全决策。这就要求安全工程技术人员不能就事论事,而是要从更高的认识角度,用安全系统的观念和知识结构武装头脑,去解决机械系统的安全问题。也就是说,解决问题的对象还是机械,这里强调的是解决问题的人的认识角度和思维方法的转变。解决机械安全问题从“被动防御”转向“主动保障”,力争将安全工作前移。对机械进行全面安全的系统的工程设计，从设计源头对机械进行安全评价。

二、安全系统理论简介

系统安全和安全系统不仅仅是组成词的顺序换位，而是有其各自特定的概念，无论在内涵还是外延上都有显著的差异，表现在系统的结构和功能不同，系统的过程不同，系统的目的也不同。

1. 系统安全的认识方法

系统安全的认识是在近代科学技术高度分化基础上形成的，以机械系统为例，机械系统由机械设备、工夹具、被加工工件或物料、操作人员及加工工艺等多个基本要素组成，组成要素之间互相关联和制约，形成了制造系统的结构，并决定了制造系统的性质；系统的过程是生产要素（原材料、能量、信息等）不断输入和有形财富（产品）不断输出的过程；系统的目的是追求生产的高质量、短周期、低成本，把制造资源转变成财富或产品。在这样的生产系统中，安全作为生产系统正常运行的保障条件，围绕防止和解决系统发生的伤害事故问题，为系统的主要生产目的服务，但仍处于生产的辅助地位，与具体应用、服务的生产系统紧密联系，更多地表现出安全实用技术的特点。

系统安全的认识是根据经济生产部门的专业分工，把安全问题分门别类地按物质生产的不同应用领域和生产的不同手段，分成不同的系统安全，缺乏一个独立、整体的安全理论把它们有机地结合起来，仅仅局限于附着在某种生产专业技术理论的应用层次上。其根本缺陷是没有从思维方式和认识的源头上解决对安全的认识。

2. 安全系统的认识方法

安全科学不是只附着于某个生产系统而存在，不是以它存在和应用的领域去划分，而是从安全的角度和以安全为着眼点建立的独立学科，它不同于具体的生产技术学科只研究生产领域中的个别方面、个别领域或个别问题，不能归结为只是研究或解决具体安全问题的技术方法，而是揭示安全的内在本质与一般规律，并运用这种普遍规律和理论去解决具体应用领域中不同活动模式与机制转换中的安全问题。安全科学是有自己独特的理论结构体系的独立科学，是从人的安全需要出发确立的知识体系。安全科学学科的发展主要集中在学科基本理论、思维逻辑和价值取向等几个方面。人才的培养以知识结构优化和整体素质提高为主要内容，关键的问题是人的思想观念和思维方式的转变。只有转换旧有系统安全的思维方式，才能够理解安全系统的理论；也只有理解了新的理论，才有可能彻底改变旧的思维方式。

安全系统是由人、物和物人关系三个基本要素组成的系统集合体。系统中诸要素按内在逻辑规律,与存在于该系统中的其他要素互相关联、互相制约、互相补充。由于客观世界的复杂性,使系统的组成要素的某些性质表现出随机特性。当安全系统某一要素发生变化时,其他要素也相应地改变,要素关系不断变化输出,并反馈回控制过程的各个环节,使系统及时调整,以适应变化的环境。安全问题不能用单纯的某一个要素去解决,也不能仅仅用双要素交叉去解决,而必须是三要素的综合作用才能体现系统的整体功能。这里,人、物是安全系统过程中的直接要素,人离不开物,得益于物,受害于物;物人关系是安全的第三要素,关系是安全的本质与核心,安全的实质是关系问题,关系是社会物质活动正常运转的必要条件,同时又是实施安全的手段,因而具有很大的弹性。安全系统的三个要素在表现形式上有不同的特点,它们独立存在,不可相互取代,构成缺一不可的安全系统整体。同时,三个要素互相制约,并在一定条件下互相转化。系统的突变或某一要素的恶化,往往会引起系统的安全劣化,甚至导致伤害事故的发生。安全系统的主要目的就是通过要素之间的相互配合、弥补、协调,实现系统的动态平衡,使安全整体得到优化,实现可接受的最高安全水平。

安全是系统与过程的统一。安全认识就是对安全系统和安全过程的认识。安全系统的结构涉及系统的内部层次,表现为人、物和物人关系三个基本要素及其相互联系和相互作用;安全系统的功能涉及该系统与其他事物关系的外部层次,即安全问题与其他事物之间的相互联系和作用。其过程表现为:对生产系统的危险因素识别,安全风险评价与预测,提出安全要求及对策建议……直至实现安全效果。这个过程的特征是过程的执行者不是安全工程专业技术人员本人,而是包括生产系统各个环节的全体成员。

三、用安全系统的认识方法解决机械安全问题

机械系统作为安全存在的领域,存在着需要解决的安全问题。

机械安全是指从人的安全需要出发,在使用机械的全过程的各种状态下,达到使人的身心免受外界因素危害的存在状态和保障条件。机械的安全性是指机器按预定使用条件,执行其预定功能,或在运输、安装、调整、维修、拆卸以及报废处理时不产生损伤或危害健康的能力。机械安全是由组成机械的各部分及整机的安全状态来保证的,是由使用机械的人的安全行为来保证的,是由机械和人的和谐关系来保证的,简而言之,就是要用安全系统的观点和方法,从人、物和物人关系这三方面来解决机械系统的安全问题。

通过一个高处作业例子,可说明安全系统各要素的关系,以及安全系统与机械

系统的关系。例如,为了便于对一台大型机器的控制,需要人登上高处的操作台进行操作。如果仅仅从完成机械系统的生产目的角度来看,操作者可以从地面通过梯子登上平台去操纵机器,实现机器的应用功能,这就足够了。但是从安全的角度看,这种“物”的状态,对人来说,显然是不安全的。只要有作业高度存在,人就有可能因为心理、生理或其他主观因素造成动作失误,因而发生坠落事故。如果存在某种客观危险因素(如温度高、自然光线不足、立足平面很小,使操作者无法维持正常姿势等),那么发生坠落事故的可能性就会增大,而且离坠落基面越远,坠落造成的伤害就越严重。人的这种存在状态决定了要实现安全必须协调物人关系,通过一系列的安全技术措施来解决。例如:在坠落临边加设栏杆,将人与危险隔离;均匀梯级,防止人攀登时脚踏空;在比较高的梯子上设置安全护圈,实现人仰翻坠地的保护等。这些安全设施的结构形式和尺寸是依据人体测量参数和生物力学数据确定的,当保护对象变化时,防护措施应相应调整(例如,在儿童使用设施上,采用加密栏杆或全封闭的防护);当材料性能提高或有更高性能的材料替代时,安全设施的结构形式可以发生相应的变化;若采用机器人取代人去操作,则完全没必要再设防护。情况发生改变,人机关系就要做相应调整。

这些安全设施与增加机械使用功能或扩大服务范围没有关系,对机械完成预定功能的受力和过程要求没有作用,它们的存在仅仅是为了保护人的安全。这些原则对高处作业的安全有普遍适用性,不管是建筑业,还是机械加工业,抑或是其他服务行业,都适用。由于在机械的使用阶段再追加设置安全设施有很大的随意性,而且难以保证质量,人们提出应该在机械的设计阶段来解决问题。随着时间的推移,安全设施会因频频使用而破损、失效,因此需要经常检查其状态,督促及时报废并更新,而且还要教育人如何正确使用,不能随意破坏等。在总结了人员从高处坠落的教训和采用安全防护成功经验的基础上,逐渐形成这方面的法规和标准去规范安全设施的技术要求和人员使用的行为,安全标准是具有强制性、一定法律功效并提供安全管理的依据,是用来协调人机关系的规定。这样,从物的安全状态、人的安全行为和协调人机关系三方面,解决了高处作业的安全问题。

机械安全的任务就是以人的安全为出发点,用安全系统的观点和方法,以机械系统在寿命期间全过程的安全问题为对象,通过立法监察、监督检查、督促指导、培训教育、建议咨询等来实现机械系统的安全。

机械的安全状态是实现机械系统安全的基本前提和物质基础。本书的重点是探讨如何从物(机)的安全状态来保障人的安全,侧重于机械安全技术方面的有关知识,讨论的重点是如何识别由机械产生的危险,如何实现机械安全的综合安全技术及对机械的安全检查等问题。本书的主要任务是探讨机械设备在设计、制造和使用等全寿命周期各阶段应遵守的安全卫生原则，根据不同机械的特点，针对性地提出控制事故的手段和方法。

第二节　机械的组成规律与机械的状态

机械是机器、机构等的泛称。机器与机械的定义一样，但在使用上有一些区别。机械是泛指各类机器产品，如工程机械、加工机械、农业机械、运输机械等；而机器往往是指某种具体机械产品，如起重机、挖掘机、金属切削加工机床、拖拉机等。一切机器都可以看作机构或复合机构。从安全角度来看，一般对三者不作严格区分。

一、基本概念

1. 机械

机械由若干相互联系的零部件按一定规律装配组合而成，其中，至少有一个部分对其他组成部分之间具有相对运动。机械可以利用、转换和传递机械能，具有制动结构、控制和动力系统，并为一定的应用目的服务。

机械除了泛指一般机器产品以外，还包括为了同一应用目的而将若干台机器组合在一起，使它们像一台完整机器那样发挥其功能的机组或大型成套设备。

2. 机械的使用功能

机械是人类进行生产的重要工具，其使用功能可以概括为制造和服务两个功能。制造功能是指制造产品，主要通过加工和装配来实施对物作用，改变物料的尺寸、形态、性质或相互配合位置，如建房、筑路、造汽车等。其中，用来制造其他机器的机械称为工作母机或工具机，例如，各种各样的金属切削机床等。机械也可以完成某种作业或提供某种服务，例如，运输、包装、信息的传输、检测和娱乐等。机械无时不用，无处不在，人们须臾不可或缺。

二、机械的组成和工作机制

机器的种类繁多，形状大小差别很大，应用目的也各不相同。从机器最基本的特征入手，把握机器组成的基本规律后可以发现，从最简单的千斤顶到复杂的现代化机床，机器组成的一般规律是由原动机将各种形式的动力能变为机械能输入，经过传动机构转换为适宜的力或速度后传递给执行机构，通过执行机构与物料直接作用，完成作业或服务任务，而组成机械的各部分借助支承装置连接成一个整体，其组成结构如图 1 - 1 所示。

1. 原动机

原动机是提供机械工作运动的动力源。常用的原动机有电动机、内燃机、人力或畜力(常用于轻小设备或工具,或作为特殊场合的辅助动力)等。

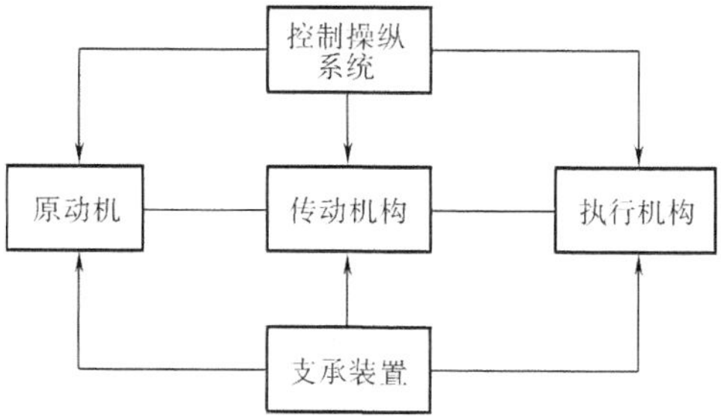

图 1 - 1　机器的组成

2. 执行机构

执行机构是通过刀具或其他器具与物料的相对运动或直接作用来改变物料的形状、尺寸、状态或位置的机构。机械的应用目的主要是通过执行机构来实现,机器种类不同,其执行机构的结构和工作原理就不同。执行机构是一台机器区别于另一台机器的最有特性的部分。执行机构及其周围区域是操作者进行作业的主要区域,称为操作区。

3. 传动机构

传动机构是用来将原动机和工作机构联系起来,传递运动和力(力矩),或改变运动形式的机构。一般情况是将原动机的高转速、小扭矩,转换成执行机构需要的较低速度和较大的力(力矩)。常见的传动机构有齿轮传动、带传动、链传动、曲柄连杆机构等。传动机构包括除执行机构之外的绝大部分可运动零部件。机器不同,传动机构可以相同或类似,传动机构是各种不同机器具有共性的部分。

4. 控制操纵系统

控制操纵系统是用来操纵机械的启动、制动、换向、调速等运动,控制机械的压力、温度、速度等工作状态的机构系统,它包括各种操纵器和显示器。人通过操纵器来控制机器;显示器可以把机器的运行情况适时反馈给人,以便及时、准确地控制和调整机器的状态,以保证作业任务的顺利进行并防止事故发生。控制操纵系统是人机接口处,安全人机学要求在这里得到集中体现。

5. 支承装置

支承装置是用来连接、支承机器的各个组成部分,承受工作外载荷和整个机器重量的装置。它是机器的基础部分,分固定式和移动式两类。固定式与地基相连(如机床的基座、床身、导轨、立柱等),移动式可带动整个机械相对地面运动(如可移动机械的金属结构、机架等)。支承装置的变形、振动和稳定性不仅影响加工质量,还直接关系到作业的安全。

三、机械各种状态的安全问题

机器在按规定的使用条件下执行其功能的过程中以及在运输、安装、调整、维修、拆卸和处理时，可能对人员造成损伤或对健康造成危害。这种伤害在机器使用的任何阶段和各种状态下都有可能发生。

1. 正常工作状态

在机器完好的情况下，机器完成预定功能的正常运转过程中，存在着各种不可避免的但却是执行预定功能所必须具备的运动要素，有些可能产生危害后果。例如，大量形状各异的零部件的相互运动、刀具锋刃的切削、起吊重物、机械运转的噪声等，在机械正常工作状态下就存在着碰撞、切割、重物坠落、使环境恶化等对人身安全不利的危险因素。对这些在机器正常工作时产生危险的某种功能，人们称为危险的机器功能。

2. 非正常工作状态

非正常工作状态是指在机器运转过程中，由于各种原因（可能是人员的操作失误，也可能是动力突然丧失或来自外界的干扰等）引起的意外状态，如意外启动、运动或速度变化失控，外界磁场干扰使信号失灵，瞬时大风造成起重机倾覆倒地等。机械的非正常工作状态往往没有先兆，会直接导致或轻或重的事故危害。

3. 故障状态

故障状态是指机械设备（系统）或零部件丧失了规定功能的状态。设备的故障，哪怕是局部故障，有时都会造成整个设备的停转，甚至整个流水线、整个自动化车间的停产，给企业带来经济损失。而故障对安全的影响可能会有两种结果。有些故障的出现，对所涉及的安全功能影响很小，不会出现大的危险。例如，当机器的动力源或某零部件发生故障时，机器会停止运转，处于故障保护状态。有些故障的出现，会导致某种危险状态。例如：电气开关发生故障，会产生不能停机的危险；砂轮轴的断裂，会导致砂轮飞甩的危险；速度或压力控制系统出现故障，会导致速度或压力失控的危险等。

4. 非工作状态

机器停止运转处于静止状态时，在正常情况下，机械基本是安全的，但不排除这些处于非工作状态的情况发生：由于环境照度不够，导致人员与机械悬凸结构的碰撞；结构垮塌；室外机械在风力作用下的滑移或倾覆；堆放的易燃易爆原材料的燃烧爆炸；等等。

5. 检修保养状态

检修保养状态是指对机器进行维护和修理作业时（包括保养、修理、改装、翻建、检查、状态监控和防腐润滑等）机器的状态。尽管检修保养一般在停机状态下进行，但其作业的特殊性往往迫使检修人员采用一些超常规的做法，如攀高、钻坑、将安全装置短路、进入正常操作不允许进入的危险区等，使维护或修理容易出现在正常操作中不存在的危险。

在机械使用的各个环节，机器的不同状态都有危险因素存在，既可在机器预定使用期间经常存在（危险运动件的运动，焊接时的电弧等），也可能意外地出现，使人不得不面临受到这样或那样伤害的风险。人们把使人面临损伤或危害健康风险的机器内部或周围的某一区域称为危险区。就大多数机器而言，传动机构和执行机构集中了机器上几乎所有的运动零部件。它们种类繁多，运动方式各异，结构形状复杂，尺寸大小不一，所以即使在机器正常状态下进行正常操作，在传动机构和执行机构及其周围区域，也有可能形成机械的危险区。由于传动机构在工作中不需要与物料直接作用，也不需要操作者频繁接触，所以常用各种防护装置隔离或封装起来。而执行机构由于在作业过程中，需要操作者根据情况不断地调整执行机构与物料的相互位置和状态，使人体的某些部位不得不经常进入操作区等原因，使操作区成为机械伤害的高发区，这是机械的主要危险区，是安全防护的重点。又由于不同种类机器的工作原理区别很大，表现出来的危险有较大差异，因此又成为安全防护难点。另外，移动式支承装置的安全防护较固定式更应引起注意。

第三节　由机械产生的危险

由机械产生的危险是指在使用机械过程中，可能对人的身心健康造成损伤或危害的起源。由于危险是引起或增加伤害的条件，所以我们常称为危险因素。危险通常与其他词组合使用，或具体限定其起源的特定性质，如机械危险、电危险、噪声危险等，或预测对人员造成伤害的作用方式，如打击危险、挤压危险、中毒危险等。还有其他表述形式，在此不　　列举。机械的危险可能来自机械自身、机械的作用对象、人对机器的操作，以及机械所在的场所等。有些危险是显现的，有些是潜在的；有些是单一的，有些交错在一起，表现为复杂、动态、随机的特点。因此，必须把人、机、环境这个机械加工系统作为一个整体研究对象，用安全系统的观点和方法，识别和描述机械在使用过程中可能产生的各种危险、危险状态以及预测可能发生的危险事件，为机器的安全设计以及制定有关机械安全标准和对机械系统进行安全风险评价提供依据。但是，对危险因素表述的随意性，往往会给机械危险因素识别工作造成困难，应该按标准进行规范的分类。我国现行有效的相关安全标准有《企业职工伤亡事故分类》（GB 6441—1986）、《生产过程危险和有害因素分类与代码》（GB/T 13861—2009）和《机械安全　基本概念与设计通则》（GB/T 15706—2007）等。

一、危险有害因素的分类

1. 按事故类别分类

《企业职工伤亡事故分类》(GB 6441—1986)综合起因物、诱导性原因、致害物、伤害方式以及从物的不安全状态导致的直接伤害后果,将危险因素分为物体打击、车辆伤害、机械伤害、起重伤害、触电、淹溺、灼烫、火灾、高处坠落、坍塌、冒顶片帮、透水、放炮、火药爆炸、瓦斯爆炸、锅炉爆炸、压力容器爆炸、其他爆炸、化学爆炸、物理爆炸、中毒窒息和其他伤害等20多类。在利用该标准对机械设备及其生产过程中存在的危险进行识别时,应注意危险因素的概念界定范围。与机械相关度比较高的危险有以下几种。

(1)物体打击。物体在重力或其他外力的作用下产生运动,引发打击伤亡事故,不包括机械设备、车辆、起重机械、坍塌引发的打击。

(2)车辆伤害。企业机动车辆在行驶中引起伤亡事故,例如,人体坠落、物体倒塌、下落、挤压等,不包括起重设备提升、牵引车辆和车辆停驶时引发的车辆伤害。

(3)机械伤害。机械设备运动或静止部件直接与人体接触引起伤害,例如,机械零部件、工具、加工件造成的夹击、碰撞、剪切、卷入、绞、碾、割、刺等伤害,不包括车辆、起重机械引起的机械伤害。

(4)起重伤害。各种起重作业(起重、安装、拆卸、检修、试验等作业)中发生挤压、坠落、(吊具、吊重)物体打击和触电等伤害。

(5)触电。电击、电伤,雷击、静电伤害事故。

(6)灼烫。火焰烧伤、高温物烫伤、化学灼伤(酸、碱、盐、有机物)、物理灼伤(光、放射性物质)等,不包括电灼伤和火灾引起的烧伤。

(7)火灾。火灾引起的烧伤和死亡。

(8)高处坠落。在高处作业发生的坠落伤亡,不包括触电坠落事故。

(9)坍塌。物体在外力或重力作用下,超过自身强度极限或因结构稳定性破坏造成的事故,如土石塌方、脚手架坍塌、堆置物倒塌等,不包括矿山冒顶、片帮和车辆、起重机械、爆破引起的事故。

(10)化学爆炸。可燃气体、粉尘等与空气混合形成爆炸混合物,接触引爆源发生的爆炸事故。

(11)物理爆炸。锅炉、容器超压爆炸等。

(12)中毒和窒息。中毒、缺氧窒息、中毒性窒息。

(13)淹溺。高处坠落淹溺,不包括矿山、井下透水淹溺。

(14)其他伤害。除上述情况以外的伤害,如摔、扭、挫、擦等伤害。

2. 按导致事故和职业危害的原因分类

《生产过程危险和有害因素分类与代码》(GB/T 13861—2009)将生产过程中的危险有害因素分为物理性、化学性、生物性、生理—心理性、行为性及其他六大类。该标准把物的危险有害因素按性质进行了分类,并将外在于人的其他生物性危害作为一个类别提出。同时,将人的不安全因素(心理、生理及行为)也作为危险有害因素来考虑。

(1)物理性。设备设施缺陷、防护缺陷、电危害、噪声危害、振动危害、辐射、运动物危害、明火、高温物质、低温物质、粉尘与气溶胶、作业场所环境、信号缺陷、标志缺陷、其他物理性因素。

(2)化学性。易燃易爆物质、反应活性物质、有毒物质、腐蚀性物质、其他化学性危险和有害因素。

(3)生物性。致病微生物(细菌、病毒、其他致病微生物)、传染病媒介物、致害动植物及其他有生命活动的产物。

(4)生理—心理性。负荷超限、健康异常、心理异常、识别功能缺陷等。体力过重负荷(静态或动态)、神经—精神过度负荷(脑力及个别器官过度紧张)、劳动单调乏味造成心理松懈等。

(5)行为性。指挥、操作、监护、其他行为错误(失误、违章等)。

(6)其他。搬举重物、作业空间、工具、标志缺陷等。

3. 按机械设备自身的特点分类

《机械安全　基本概念与设计通则》(GB/T 15706—2007)根据ISO国际标准,参考工业发达国家的普遍做法,按机械设备自身的特点、能量形式及作用方式,将机械加工设备及其生产过程中的不利因素,分为机械的危险有害因素和非机械的危险有害因素两大类。

(1)机械的危险有害因素。这是指机械设备及其零部件(静止的或运动的)直接造成人身伤亡事故的灾害性因素。例如,由钝器造成挫裂伤、锐器导致的割伤、高处坠落引发的跌伤等机械性损伤。

(2)非机械的危险有害因素。这是指机械运行生产过程及作业环境中可导致非机械性损伤事故或职业病的因素。例如,电气危险、热危险、噪声和振动危险、辐射危险、由机械加工、使用或排出的材料和物质产生的危险,在设计时由于忽略人类工效学产生的危险等。

无论是导致直接危害还是间接危害的影响因素,标准不再细分危险因素与有害因素,一律称为危险因素。标准第一次将未履行安全人机学原则产生的危险明确为危险因素之一。本书将根据此标准,对这一分类方法进行深入探讨。

对机械加工设备及其生产过程中的不利因素，不再细分危险与有害因素，一律称为危险因素。实际上在很多情况下，同一危险因素由于物理量不同，作用的时间和空间不同，有时导致人身伤害，有时引起职业病，有时甚至二者兼有，硬要人为地将同一危险因素时而视为危险因素，时而视为有害因素，反而会造成认识混乱，不利于危险因素的识别和风险的分析评价。本书采用的正是这一分类方法。

二、由机械产生的危险

1. 机械危险

由于机械设备及其附属设施的构件、零件、工具、工件或飞溅的固体和流体物质等的机械能（动能和势能）作用，可能产生伤害的各种物理因素以及与机械设备有关的滑绊、倾倒和跌落危险。

2. 电气危险

电气危险的主要形式是电击、燃烧和爆炸。其产生条件可以是：人体与带电体的直接接触，人体接近带高压电体，带电体绝缘不充分而产生漏电、静电现象，短路或过载引起的熔化粒子喷射热辐射和化学效应。

3. 温度危险

一般将29℃以上的温度称为高温，-18℃以下的温度称为低温。

（1）高温对人体的影响。高温烧伤、烫伤，高温生理反应。

（2）低温冻伤和低温生理反应。

（3）高温引起的燃烧或爆炸。

温度危险产生的条件有：环境温度、热源辐射或接触高温物（材料、火焰或爆炸物等）。

4. 噪声危险

噪声产生的原因主要有机械噪声、电磁噪声和空气动力噪声。其造成的危害有以下几方面。

（1）对听觉的影响。不同强弱和作用时间的噪声，可造成耳鸣、听力下降、永久性听力损失，甚至爆震性耳聋等。

（2）对生理、心理的影响。通常90dB（A）以上的噪声对神经系统、心血管系统等都有明显的影响；低噪声，会使人产生厌烦、精神压抑等不良心理反应。

（3）干扰语言和听觉信号而引发其他危险。

5. 振动危险

振动对人体可造成生理和心理的影响，造成损伤和病变。最严重的振动（或长时间不太严重的振动）可能使人生理严重失调（血脉失调，如白指；神经失调；骨关节失调;腰痛和坐骨神经痛)等。

6. 辐射危险

可以把产生辐射危险的各种辐射源(离子化或非离子化)归为以下几个方面。

(1)电波辐射。主要有低频辐射、无线电射频辐射和微波辐射。

(2)光波辐射。主要有红外线辐射、可见光辐射和紫外线辐射。

(3)射线辐射。主要有 X 射线和 γ 射线辐射。

(4)粒子辐射。主要有 α,β 粒子射线辐射、电子束辐射、离子束辐射和中子辐射等。

(5)激光。

辐射的危险是杀伤人体细胞和机体内部的组织,轻者会引起各种病变,重者会导致死亡。

7. 材料和物质产生的危险

材料和物质产生的危险有以下几点。

(1)接触或吸入有害物(如有毒、腐蚀性或刺激性的液、气、雾、烟和粉尘)所导致的危险。

(2)火灾与爆炸危险。

(3)生物(如霉菌)和微生物(如病毒或细菌)危险。

使用机械加工过程的所有材料和物质都应考虑在内。例如:构成机械设备、设施自身(包括装饰装修)的各种物料;加工使用、处理的物料(包括原材料、燃料、辅料、催化剂、半成品和产成品);剩余和排出物料,即生产过程中产生、排放和废弃的物料(包括气、液、固态物)。

8. 未履行安全人机学原则而产生的危险

由于机械设计或环境条件不符合安全人机学原则的要求,存在与人的生理或心理特征、能力不协调之处,可能会产生以下危险。

(1)对生理的影响。负荷(体力负荷、听力负荷、视力负荷、其他负荷等)超过人的生理范围,长期静态或动态型操作姿势、劳动强度过大或过分用力所导致的危险。

(2)对心理的影响。对机械进行操作、监视或维护而造成精神负担过重或准备不足、紧张等而产生的危险。

(3)对人操作的影响。表现为操作偏差或失误而导致的危险等。

三、机械危险的主要伤害形式和机理

机械危险的伤害实质是机械能(动能和势能)的非正常做功、流动或转化,导致对人员的接触性伤害。机械危险的主要伤害形式有夹挤、碾压、剪切、切割、缠绕或卷入、戳扎或刺伤、摩擦或磨损、飞出物打击、高压流体喷射、碰撞和跌落等。

动能是物体由于作机械运动而具有的能量，平动物体的动能等$\frac{1}{2}mv^2$（m 为物体的质量；v 为物体的速度）；转动物体的动能等于$\frac{1}{2}J\omega^2$（J 为物体的转动惯量；ω 为物体的转动角速度）。势能是物质系统由于相互之间存在作用而具有的能量，由物体的相对位置决定的势能等于 mgh（h 为物体离地的高度；g 为重力加速度）。动能和势能可以互相转化。无论机械危险以什么形式存在，总是与质量、位置、不同运动形式、速度和力等物理量有关。

1. 机器零件（或工件）产生机械危险的条件

（1）形状和表面性能：切割要素、锐边、利角部分，粗糙或过于光滑。

（2）相对位置：相向运动、运动与静止物的相对距离小。

（3）质量和稳定性：在重力的影响下可能运动的零部件的位能。

（4）质量和速度（加速度）：可控或不可控运动中的零部件的动能。

（5）机械强度不够：零件、构件的断裂或垮塌。

（6）弹性元件（弹簧）的位能，在压力或真空下的液体或气体的位能。

2. 机械伤害的基本类型

（1）卷绕和绞缠。引起这类伤害的是作回转运动的机械部件（如轴类零件），包括联轴节、主轴、丝杠等；回转件上的凸出物和开口，例如轴上的凸出键、调整螺栓或销、圆轮形状零件（链轮、齿轮、皮带轮）的轮辐、手轮上的手柄等，在运动情况下，将人的头发、饰物（如项链）、肥大衣袖或下摆卷缠引起的伤害。

（2）卷入和碾压。引起这类伤害的主要危险是相互配合的运动副，例如，相互啮合的齿轮之间以及齿轮与齿条之间，皮带与皮带轮、链与链轮进入啮合部位的夹紧点，两个作相对回转运动的辊子之间的夹口引发的卷入；滚动的旋转件引发的碾压，例如，轮子与轨道、车轮与路面等。

（3）挤压、剪切和冲撞。引起这类伤害的是做往复直线运动的零部件，诸如相对运动的两部件之间，运动部件与静止部分之间由于安全距离不够产生的夹挤，做直线运动部件的冲撞等。直线运动有横向运动（例如，大型机床的移动工作台、牛头刨床的滑枕、运转中的带链等部件的运动）和垂直运动（例如，剪切机的压料装置和刀片、压力机的滑块、大型机床的升降台等部件的运动）。

（4）飞出物打击。由于发生断裂、松动、脱落或弹性位能等机械能释放，使失控的物件飞甩或反弹出去，对人造成伤害。例如，轴的破坏引起装配在其上的皮带轮、飞轮、齿轮或其他运动零部件坠落或飞出，螺栓的松动或脱落引起被它紧固的运动零部件脱落或飞出，高速运动的零件破裂碎块甩出，切削废屑的崩甩等。另外，弹性元件的位能引起的弹射。例如，弹簧、皮带等的断裂，在压力、真空下的液体或气体位能引起的高压流体喷射等。

（5）物体坠落打击。处于高位置的物体具有势能，当它们意外坠落时，势能转化为动能，造成伤害。例如：高处掉下的零件、工具或其他物体（哪怕是很小的）；悬挂物体的吊挂零件破坏或夹具夹持不牢引起物体坠落；由于质量分布不均衡，重心不稳，在外力作用下发生倾翻、滚落；运动部件运行超行程脱轨导致的伤害；等等。

（6）切割和擦伤。切削刀具的锋刃，零件表面的毛刺，工件或废屑的锋利飞边，机械设备的尖棱、利角和锐边；粗糙的表面（如砂轮、毛坯）等，无论物体的状态是运动的还是静止的，这些由于形状产生的危险都会构成伤害。

（7）碰撞和剐蹭。机械结构上的凸出、悬挂部分（例如起重机的支腿、吊杆，机床的手柄等），长、大加工件伸出机床的部分等。这些物件无论是静止的还是运动的，都可能产生危险。

（8）跌倒、坠落和癸底。由于地面堆物无序或地面凸凹不平导致的磕绊跌伤，接触面摩擦力过小（光滑、油污、冰雪等）造成打滑、跌倒。假如由于跌倒引起二次伤害，那么后果将会更严重。

人从高处失足坠落，误踏入坑井坠落；电梯悬挂装置破坏，轿厢超速下行，撞击坑底对人员造成的伤害。

机械危险大量表现为人员与可运动物件的接触伤害，各种形式的机械危险、机械危险与其他非机械危险往往交织在一起。在进行危险识别时，应该从机械系统的整体出发，考虑机器的不同状态、同一危险的不同表现方式、不同危险因素之间的联系和作用，以及显现或潜在的不同形态等。

四、事故原因分析

安全隐患可存在于机器的设计、制造、运输、安装、使用、报废、拆卸及处理等各个环节。机械事故的发生往往是多种因素综合作用的结果，用安全系统的认识观点，可以从物的不安全状态、人的不安全行为和安全管理上的缺陷找到原因。

1. 物的不安全状态（技术原因）

物的安全状态是保证机械安全的重要前提和物质基础。这里，物包括机械设备、工具、原材料、中间与最终产成品、排出物和废料等。物的不安全状态构成生产中的客观安全隐患和风险。例如，机械设计不合理、未满足安全人机要求、计算错误、安全系数不够、对使用条件估计不足等，制造时零件加工超差、以次充好、偷工减料等，运输和安装中的野蛮作业使机械及其元部件受到损伤而埋下隐患等。近些年来，大量境外的机械设备进入国内，其中有些设备由于不符合中国人的人体测量参数而引发伤害，有些已被淘汰的垃圾设备非法进入我国，没有生产许可证的国内企业生产的缺少安全装置的不合格机械产品，这些有严重安全问题的机械设备流入市场，成为安全隐患的源头。再加上使用中的问题，例如，报废零件未及时更换，缺乏必要的安全防护，润滑保养不良等，造成使用环节大量的机械伤害事故。此外，超过安全极限的作业条件或卫生标准的不良作业环境，直接影响人的操作意识水平，使身体健康受到损伤，造成机械系统功能降低甚至失效。物的不安全状态是引发事故的直接原因。

2. 人的不安全行为

在机械使用过程中人的不安全行为，是引发事故的另一重要的直接原因。人的行为受到生理、心理等各种因素的影响，表现是多种多样的。缺乏安全意识和安全技能差（即安全素质低下）是引发事故的主要的人的原因。例如，不了解所使用机械存在的危险，不按安全规程操作，缺乏自我保护和处理意外情况的能力等。指挥失误（或违章指挥）、操作失误（操作差错及在意外情况时的反射行为或违章作业）、监护失误等是人的不安全行为常见的表现。在日常工作中，人的不安全行为大量表现在不安全的工作习惯上。例如，工具或量具随手乱放，测量工件不停机，站在工作台上装卡工件，越过运转刀具取送物料，攀越大型设备不走安全通道等。

3. 安全管理缺陷

安全管理水平包括领导的安全意识水平，对设备（特别是对危险设备）的监管，对人员的安全教育和培训，安全规章制度的建立和执行等，安全管理缺陷是事故发生的间接原因，但却也是深层次的原因，安全管理是生产经营活动正常运转的必要条件，同时又是一项控制事故、实现安全的极其重要的手段。

第二章　实现机械安全的途径

第一节　机械设备的安全卫生基本要求

机械设备在规定的整个使用期内，不得发生由于机械设备自身缺陷所引起的、目前已为人们认识的各类危及人身安全的事故和对健康造成损害的职业病，避免给操作者带来不必要的体力消耗、精神紧张和疲劳。无论是机器预定功能的设计还是安全防护的设计，都应该遵循以下两个基本途径：选用适当的设计结构，尽可能避免危险或减小风险；通过减少对操作者涉入危险区的需要，限制人们面临危险。

一、机械安全基本要求

1. 足够的抗破坏能力、良好的可靠性和对环境的适应性

（1）合理的机械结构型式。机械设备的结构型式一定要与其执行的预定功能相适宜，不能因结构设计不合理而造成机械正常运行时的障碍、卡塞或松脱，不能因元件或软件的瑕疵而引起微机数据的丢失或死机，不能发生任何能够预计到的与机械设备的设计不合理的有关事件。

（2）足够的抗破坏能力。机械的各组成受力零部件及其连接，应满足完成预定最大载荷的足够强度、刚度和构件稳定性，在正常作业期间不应发生由于应力或工作循环次数产生断裂破碎或疲劳破坏、过度变形或垮塌；还必须考虑在此前提下机械设备的整体抗倾覆或防风抗滑的稳定性，特别是那些由于有预期载荷作用或自身质量分布不均的机械及那些可在轨道或路面行驶的机械，应保证在运输、运行、振动或有外力作用下不致发生倾覆，防止由于运行失控而产生不应有的位移。

（3）对使用环境具有足够的适应能力。机械设备必须对其使用环境（如温度、湿度、气压、风载、雨雪、振动、负载、静电、磁场和电场、辐射、粉尘、微生物、动物、腐蚀介质等）具有足够的适应能力，特别是抗腐蚀或空蚀，耐老化磨损，抗干扰的能力，不致由于电气元件产生绝缘破坏，使控制系统零部件临时或永久失效，或由于物理性、化学性、生物性的影响而造成事故。

（4）提高机械的可靠性。可靠性是指机器或其零部件在规定的使用条件下和规

定期限内，执行规定功能而不出现故障的能力。传统机械设计只按产品的性能指标进行设计，而可靠性设计除要保证性能指标外，还要保证产品的可靠性指标，即产品的无故障性、耐久性、维修性、可用性和经济性等，可靠性是体现产品耐用和可靠程度的一种性能，与安全有直接关系。

2. 不得产生超过标准规定的有害物质

（1）有毒有害物质。应采用对人无害的材料和物质（包括机械自身的各种材料、加工原材料、中间或最终产品、添加物、润滑剂、清洗剂，以及与工作介质或环境介质反应的生成物及废弃物）。对不可避免的毒害物（例如粉尘、有毒物、辐射、放射性、腐蚀等），应在设计时考虑采取密闭、排放（或吸收）、隔离、净化等措施。在人员合理暴露的场所，其成分、浓度应低于产品安全卫生标准的规定，不得构成对人体健康的有害作用，也不得对环境造成污染。

（2）预防物理性危害。机械产生的噪声、振动、过热和过低温度等指标，都必须控制在低于产品安全标准中规定的允许指标，防止对人的心理及生理危害。

（3）防火防爆。有可燃气体、液体、蒸气、粉尘或其他易燃易爆或发火性物质的机械生产设备，应在设计时考虑防止跑、冒、滴、漏，根据具体情况配置监测报警、防爆泄压装置及消防安全设施，避免或消除摩擦撞击、电火花和静电积聚等，防止由此造成的火灾或爆炸危险。

3. 可靠有效的安全防护

任何机械都有这样那样的危险，当机械设备投入使用时，生产对象（各种物料）、环境条件以及操作人员处于动态结合情况下的危险性就更大。只要存在危险，即使操作者受过良好的技术培训和安全教育，有完善的规程，也不能完全避免发生机械伤害事故的风险。因此，必须建立可靠的物质屏障，即在机械上配置一种或多种专门用于保护人的安全的防护装置、安全装置或采取其他安全措施。当设备或操作的某些环节出现问题时，靠机械自身的各种安全技术措施避免事故的发生，保障人员和设备安全。危险性大或事故率高的生产设备，必须在出厂时配备好安全防护装置。

4. 履行安全人机学的要求

人机界面是指在机器上人、机进行信息交流和相互作用的界面。显示装置、控制（操纵）装置、人的作业空间和位置以及作业环境，是人机要求集中体现之处，应满足人体测量参数、人体的结构特性和机能特性、生理和心理条件，合乎卫生要求。其目的是保证人能安全、准确、高效、舒适地工作，减少差错，避免危险。

5. 维修的安全性

（1）机械的可维修性。机器出现故障后，在规定的条件下，按规定程序或手段实施维修，可以保持或恢复其执行预定功能状态，这就是机器的可维修性。设备的故障会造成机器预定功能丧失，给工作带来损失，而危险故障还会引发事故。从这个意义上讲，解决了危险故障，恢复安全功能，就等于消除了安全隐患。

(2)维修作业的安全。在按规定程序实施维修时，应能保证人员的安全。由于维修作业是不同于正常操作的特殊作业，往往采用一些超常规的做法，如移开防护装置，或是使安全装置不起作用。为了避免或减少维修伤害事故，应在控制系统设置维修操作模式；从检查和维修角度，在结构设计上考虑内部零件的可接近性；必要时，应随设备提供专用检查、维修工具或装置；在较笨重的零部件上，还应考虑方便吊装的设计。

二、实现机械安全的措施

机械设备安全应考虑其“寿命”的各阶段，包括设计、制造、安装、调整、使用（设定、示教、编程或过程转换、运转、清理）、查找故障和维修、拆卸及处理；还应考虑机器的各种状态，包括正常作业状态、非正常状态和其他一切可能的状态。决定机械产品安全性的关键是设计（机械产品设计和制造工艺设计）阶段采用安全措施，还要通过使用阶段采用安全措施来最大限度地减小风险。不同阶段的安全措施可用图 2－1 表示。

由设计者采取的安全措施			
本质安全技术 （直接安全措施）	安全防护 （间接安全措施）	使用信息 （指示性安全措施）	附加预防措施
设备状态 监测与故障诊断	提供个人防护装备	安全培训教育 安全规章制度 安全监察	作业场地与工作环境的 安全性
由用户采取的安全措施			

图 2－1　实现机械安全的阶段和安全措施

1. 由设计者采取的安全措施

(1)本质安全技术。这是指在机械的功能设计中采用的、不需要额外的安全防护装置而直接把安全问题解决的措施，因此也称为直接安全技术措施。本质安全技术是机械设计优先考虑的措施。

(2)安全防护。直接安全技术措施不能或不能完全实现安全时，必须在生产设备总体设计阶段设计出一种或多种专门用来保证人员安全的装置，也称为间接安全技术措施。

(3)使用信息。本质安全技术和安全防护都无效或不完全有效的那些风险,可通过使用文字、标记、信号、符号或图表等信息,向人们作出说明,提出警告,并将遗留风险通知用户,也称指示性(说明性)安全技术措施。

(4)附加预防措施如下。

①着眼紧急状态的预防措施。如急停装置、陷入危险时的躲避和援救保护措施。

②附加措施,如机器的可维修性、断开动力源和能量泄放措施,机器及其重型零部件容易而安全的搬运措施、安全进入机器的措施、机器及其零部件稳定性措施等。

2. 由用户采取的安全措施

(1)个人劳动防护用品。个人防护用品是保护劳动者在机器的使用过程中的人身安全与健康所必备的一种防御性装备,在意外事故发生时对避免伤害或减轻伤害程度能起到一定的作用。按防护部位不同,劳动防护用品可分为九大类:安全帽、呼吸护具、眼防护具、听力护具、防护鞋、防护手套、防护服、防坠落护具和护肤用品。使用个人劳动保护用品时应注意以下几点。

①根据接触危险能量的作业类别和可能出现的伤害,按规定正确选配。该用的一定要坚持佩戴,不该用的坚决不用,否则不但没有保护作用,还可能造成不应有的危害。

②防护用品一定要达到保护功能的要求并合乎使用条件的技术指标。使用中应注意有效使用期,及时检查报废,否则起不到应有的防御作用。

③个人防护用品既不是也不可取代安全防护装置,它不具有避免或减少面临危险的功能,只是当危险来临时起一定的防御作用,必要时,可与安全防护装置配合使用。

(2)作业场地与工作环境的安全性。作业场地是指利用机械进行作业活动的地点、周围区域及通道。作业场地与工作环境的安全要求如下。

①机器布局应方便操作,机器之间、机器与固定建筑物之间应保持安全距离;通道宽敞无阻,充分考虑人和物的合理流向,满足物料输送的需要并有利于安全。

②作业场地不得过于狭小,工、卡、量具应按规定摆放,原材料、成品、半成品应堆放整齐、平稳,防止坍塌或滑落。

③地面平整,无坑凹,无油垢水污,废屑应及时清理;室外作业场地应有必要的防雨雪遮盖;有障碍物或悬挂突出物,以及机械可移动的范围内应设防护或加醒目标志。

④保证足够的作业照明度,满足通风、温度、湿度要求,严格控制尘、毒、噪声、振动、辐射等有害物,使其不得超过规定的卫生标准。

(3)安全管理措施。它包括对人员的安全教育和培训,建立安全规章制度,对设备(特别是重大、危险设备)的安全监察等。

(4)设备状态监测与故障诊断。在设备运行条件下,对设备的状态进行连续或定时的监测,并对设备运行状态和异常情况作出判断。在设备发生故障时,对故障类型,故障部位及原因进行诊断,并给出解决方案,实现故障恢复。对重要设备进行状态监测与故障诊断,可以及时发现及消除设备故障,防止造成可能的人员伤亡及财产损失事故。

由用户采取的安全措施对减小设计的遗留风险是很重要的,但是这些措施与技术措施相比,可靠性相对较低,它们都不能用来代替在设计阶段可用来消除危险、减小风险的措施。

第二节 设计与制造的本质安全措施

通过设计减小风险,是指在机器的设计阶段,从零件材料到零部件的合理形状和相对位置,从限制操纵力、运动件的质量与速度到减少噪声和振动,采用本质安全技术与动力源,应用零部件间的强制机械作用原理,履行安全人机工程学原则等多项措施,通过选用适当的设计结构,尽可能避免或减小危险;也可以通过提高设备的可靠性、操作机械化或自动化,以及实行在危险区之外的调整、维修等措施。总之,通过采用使机器达到本质安全的措施,来减少或限制操作者涉入危险区的需要,从而降低人们面临危险的概率;通过机器的设计和制造,把实现机器的预定功能与实现机器使用安全的目标结合起来,以达到机械本质安全的目的。

一、通过选用适当的设计结构,尽可能避免或减小危险

1. 采用本质安全技术

本质安全技术,是指利用该技术进行机器预定功能的设计和制造,不需要采用其他安全防护措施,就可以在预定条件下执行机器的预定功能时满足机器自身安全的要求。

(1)避免锐边、尖角和凸出部分。在不影响预定使用功能前提下,机械设备及其零部件应尽量避免设计成会引起损伤的锐边、尖角、粗糙的、凸凹不平的表面和较突出的部分。金属薄片的棱边应倒钝、折边或修圆。可能引起刮伤的开口端应包覆。

(2)安全距离的原则。利用安全距离防止人体触及危险部位或进入危险区,是减小或消除机械风险的一种方法。在规定安全距离时,必须考虑使用机器时可能出现的各种状态、有关人体的测量数据、技术和应用等因素。机械的安全距离包括两

类距离要求。

①防止可触及危险部位的最小安全距离。它是指作为机械组成部分的有形障碍物与危险区的最小距离,用来限制人体或人体的某部位的运动范围。当人体某部位可能越过障碍物或通过机械的开口去触及危险区时,安全距离足够长,限制其不可能触碰到机械的危险部位,从而避免了危险。

②避免受挤压或剪切危险的安全距离。当两移动件相向运动或移动件向着固定件运动时,人体或人体的某部位在其中可能受到挤压或剪切。这时,可以通过增大运动件间最小距离,使人的身体可以安全地进入或通过;也可以减小运动件间的最小距离,使人的身体部位伸不进去,从而避免了危险。

(3)限制有关因素的物理量。在不影响使用功能的情况下,根据各类机械的不同特点,限制某些可能引起危险的物理量值来减小危险。例如,将操纵力限制到最低值,使操作件不会因破坏而产生机械危险;限制运动件的质量或速度,以减小运动件的动能;限制噪声和振动等。

(4)使用本质安全工艺过程和动力源。对预定在爆炸气氛中使用的机器,应采用全气动或全液压控制系统和操纵机构,或“本质安全”电气装置,也可采用电压低于“功能特低电压”的电源,以及在机器的液压装置中使用阻燃和无毒液体。

2. 限制机械应力

机械选用的材料性能数据、设计规程、计算方法和试验规则,都应该符合机械设计与制造的专业标准或规范的要求,使零件的机械应力不超过许用值,保证安全系数,以防止由于零件应力过大而被破坏或失效,避免故障或事故的发生。同时,通过控制连接、受力和运动状态来限制应力。

(1)连接应力。采用可靠的紧固方法,对诸如螺栓连接、焊接等,通过采用正确计算、结构设计和紧固方法来限制应力,防止运转状态下连接松动、破坏,紧固失效。

(2)防止超载应力。通过在传动链预先采用“薄弱环节”预防超载(例如,采用“易熔”塞、限压阀、断路器等限制应力),避免主要受力件因超载而被破坏。

(3)避免交变应力。避免在可变应力(主要是周期应力)下零件产生疲劳。例如,钢丝绳滑轮组的钢丝绳在缠绕时,尽量避免其反向弯折导致的疲劳破坏。

(4)回转件的平衡。设计时,对材料的均匀性和回转精度应作出规定,并在使用前经过静平衡或动平衡试验,防止在高速旋转时引起振动,还可能使回转件的应力加大,甚至造成碎裂(如砂轮)。

3. 材料和物质的安全性

用以制造机器的材料、燃料和加工材料在使用期间不得危及面临人员的安全或健康。

（1）承载能力。材料的力学特性，如抗拉强度、抗剪强度、冲击韧性、屈服极限等，应能满足执行预定功能的载荷作用的要求。

（2）对环境的适应性。材料应有良好的环境适应性，机械在预定的环境条件下工作时，应有抗腐蚀，耐老化、磨损的能力，不至于受物理性、化学性、生物性的影响而失效，从而避免事故的发生。

（3）材料的均匀性。根据零件的功能，保证材料的均匀性，防止由于工艺设计不合理，使材料的金相组织不均匀而产生残余应力，防止由于内部缺陷（如夹渣、气孔、异物、裂纹）给安全埋下隐患。

（4）避免材料的危险。在设计和制造选材时，应避免采用有毒性的材料或物质；应能避免机器自身或由于使用某种材料而产生的气体、液体、粉尘、蒸气或其他物质造成的火灾和爆炸风险；对可燃、易爆的液体及气体材料，应设计使其在填充、使用、回收或排放时减小危险或无危险。

4. 履行安全人机工程学原则

在机械设计中，通过合理分配人机功能、适应人体特性、人机界面设计、作业空间的布置等方面履行安全人机工程学原则，提高机器的操作性能和可靠性，使操作者的体力消耗和心理压力尽量降到最低，从而减小操作差错。

5. 设计控制系统的安全原则

机械在使用过程中，典型的危险工况有意外启动，速度变化失控，运动不能停止，运动机器零件或工件掉下飞出，安全装置的功能受阻等。控制系统的设计应考虑各种作业的操作模式或采用故障显示装置，使操作者可以安全进行干预的措施，并遵循以下原则和方法。

（1）机构启动及变速的实现方式。机构的启动或加速运动应通过施加或增大电压或流体压力去实现，若采用二进制逻辑元件，应通过由“0”状态到“1”状态去实现；相反，停机或降速应通过去除或降低电压或流体压力去实现，若采用二进制逻辑元件，应通过“1”状态到“0”状态去实现。

（2）重新启动的原则。动力中断后重新接通时，如果机器自发启动会产生危险，就应采取措施，使动力重新接通时机器不会自行启动，只有再次操作启动装置机器才能运转。

（3）零部件的可靠性。这应作为安全功能完备性的基础，使用的零部件应能承受在预定使用条件下的各种干扰和应力，不会因失效而使机器产生危险的误动作。

（4）定向失效模式。这是指部件或系统主要失效模式是预先已知的，而且只要失效总是这些部件或系统，这样可以事先针对其失效模式采取相应的预防措施。

（5）“关键”件的加倍（或冗余）。控制系统的关键零部件，可以通过备份的方法，当一个零部件万一失效，用备份件接替以实现预定功能。当与自动监控相结合时，自动监控应采用不同的设计工艺，以避免共因失效。

(6)自动监控。自动监控的功能是保证当部件或元件执行其功能的能力减弱或加工条件变化而产生危险时，以下安全措施开始起作用：停止危险过程，防止故障停机后自行再启动，触发报警器。

(7)可重编程序控制系统中安全功能的保护。在关键的安全控制系统中，应注意采取可靠措施防止储存程序被有意或无意改变。可能的话，应采用故障检验系统来检查由于改变程序而引起的差错。

(8)有关手动控制的原则如下。

①手动操纵器应根据有关人类工效学原则进行设计和配置。

②停机操纵器应位于对应的每个启动操纵器附近。

③除了某些必须位于危险区的操纵器(如急停装置、吊挂式操纵器等)外，一般操纵器都应配置于危险区外。

④如果同一危险元件可由几个操纵器控制，则应通过操纵器线路的设计，使其在给定时间内，只有一个操纵器有效；但这一原则不能用于双手操纵装置。

⑤在有风险的地方，操纵器的设计或防护应做到不是有意识的操作不会动作。

⑥操作模式的选择。如果机械允许使用几种操作模式以代表不同的安全水平(如允许调整、维修、检验等)，则这些操作模式应装备能锁定在每个位置的模式选择器。选择器的每个位置都应相应于单一操作或控制模式。

(9)特定操作的控制模式。对于必须移开或拆除防护装置，或使安全装置的功能受到抑制才能进行的操作(如设定、示教、过程转换、查找故障、清理或维修等)，为保证操作者的安全，必须使自动控制模式无效，采用操作者伸手可达的手动控制模式(如止—动、点动或双手操纵装置)，或在加强安全条件下(如降低速度、减小动力或其他适当措施)才允许危险元件运转并尽可能限制接近危险区。

6. 防止气动和液压系统的危险

当采用气动、液压、热能等装置的机械时，必须通过设计来避免与这些能量形式有关的各种潜在危险。

(1)借助限压装置控制管路中最大压力不能超过允许值。不因压力损失、压力降低或真空度降低而导致发生危险。

(2)所有元件(尤其是管子和软管)及其连接应密封，要针对各种有害的外部影响加以防护，不因泄漏或元件失效而导致流体喷射。

(3)当机器与其动力源断开时，贮存器、蓄能器及类似容器应尽可能自动卸压，若难以实现，则应提供隔离措施或局部卸压及压力指示措施，以防剩余压力造成危险。

(4)机器与其能源断开后,所有可能保持压力的元件都应提供有明显识别排空的装置和绘制有注意事项的警告牌,提示对机器进行任何调整或维修前必须对这些元件卸压。

7. 预防电的危险

电的安全是机械安全的重要组成部分,机器中电气部分应符合有关电气安全标准的要求。预防电的危险尤其应注意防止电击、短路、过载和静电。

二、减少或限制操作者涉入危险区的需要

1. 设备的可靠性

可靠性是指机器或其零部件在规定的使用条件下和规定期限内执行规定的功能而不出现故障的能力。

(1)规定的使用条件。这是指机械设计时考虑的空间限制,包括环境条件(如温度、压力、湿度、振动、大气腐蚀等)、负荷条件(载荷、电压、电流等)、工作方式(连续工作或断续工作)、运输条件、存贮条件及使用维护条件等。

(2)规定的时间。这是指机械设备在设计时规定产品的时间性指标,如使用期、有效期、行驶里程、作用次数等。

(3)规定的功能。这是指机械设备的性能指标,是该机械若干功能全体的总和,而不是其中一个元件或一部分的功能。

可靠性应作为安全功能完备性的基础,这一原则适用于机器的零部件及机械各组成部分。提高机械的可靠性可以降低危险故障率,减少需要查找故障和检修的次数,不因为失效使机器产生危险的误动作,从而可以减少操作者面临危险的概率。

2. 采用机械化和自动化技术

在生产过程中,用机械设备来补充、扩大、减轻或代替人的劳动,该过程便称为机械化过程。自动化则更进了一步,即机械具有自动处理数据的功能。机械化和自动化技术可以使人的操作岗位远离危险或有害现场,从而减少工伤事故,防止职业病;同时,也对操作人员提出了较全面的素质要求。

(1)操作自动化。在比较危险的岗位或被迫以机器特定的节奏连续参与的生产过程,使用机器人或机械手代替人的操作,使得工作条件不断改善。

(2)装卸搬运机械化。装卸机械化可通过工件的送进滑道、手动分度工作台等措施实现;搬运的自动化可通过采用工业机器人、机械手、自动送料装置等实现。这样可以限制由搬运操作产生的风险,减少重物坠落、磕碰、撞击等接触伤害。装卸应注意防止由于装置与机器零件或被加工物料之间阻挡而产生的危险,以及检修故障

时产生的危险。

3. 调整、维修的安全

在设计机器时，应尽量考虑将一些易损而需经常更换的零部件设计得便于拆装和更换；提供安全接近或站立措施（梯子、平台、通道）；锁定切断的动力；机器的调整、润滑、一般维修等操作点配置在危险区外，这样可减少操作者进入危险区的需要，从而减小操作者面临危险的概率。

第三节　安全防护措施

通过实现机器预定功能的设计不能避免、限制或充分减小的某些风险，在利用机械进行生产活动的过程中，特别是在各个生产要素处于动态作用的情况下，可能对人员造成伤害事故和职业危害。因此，在机械的设计阶段就应加以考虑，不是为了加强机器预定生产功能，而是从人的安全需要出发，针对防止危险导致的伤害而采用一些技术措施或增加配套设施。特别是对一些危险性较大的机械设备以及事故频繁发生的机器部位，更要进行专门的研究。

一、概述

安全防护是通过采用安全装置、防护装置或其他手段，对一些机械危险进行预防的安全技术措施，其目的是防止机器在运行时产生各种对人员的接触伤害。防护装置和安全装置有时也统称为安全防护装置。安全防护的重点是机械的传动部分、操作区、高处作业区、机械的其他运动部分、移动机械的移动区域，以及某些机器由于特殊危险形式需要采取的特殊防护等。采用何种手段防护，应根据对具体机器进行风险评价的结果来决定。

1. 安全防护措施的类别

安全防护常常采用防护装置、安全装置及其他安全措施。

（1）防护装置。这是通过设置物体障碍方式将人与危险隔离的专门用于安全防护的装置。

（2）安全装置。这是用于消除或减小机械伤害风险的单一装置或与防护装置联用的保护装置。

2. 安全防护装置的一般要求

安全功能是安全防护装置的基本功能，也就是说，安全防护装置出现故障会立即增加损伤或危害健康的风险。安全防护装置在人和危险之间构成安全保护屏障，在减轻操作者精神压力的同时，但也使操作者形成心理依赖。安全防护装置达不到相应的安全技术要求，就不可能安全，即使配备了安全防护装置也不过是形同虚设，比不设置安全防护装置更危险。为此，安全防护装置必须满足与其保护功能相适应的安全技术要求。其基本安全要求如下。

(1)结构形式和布局设计合理，具有切实的保护功能，以确保人体不受到伤害。

(2)结构要坚固耐用，不易损坏；要安装可靠，不易拆卸。

(3)装置表面应光滑、无尖棱利角，不增加任何附加危险，不应成为新的危险源。

(4)装置不容易被绕过或避开，不应出现漏保护区。

(5)满足安全距离的要求，使人体各部位(特别是手或脚)无法接触危险。

(6)不影响正常操作，不得与机械的任何可动零部件接触；对人的视线障碍最小。

(7)便于检查和修理。

需要说明的是，采取的安全措施必须不影响机器的预定使用，而且使用方便；否则，就可能为了追求达到机器的最大效用而导致避开安全措施的行为。

3. 采用安全防护装置可能带来的附加危险

在设计防护装置时，应注意以下因素带来的附加危险并采取措施予以避免。

(1)安全防护装置的自身结构，如尖角、锐边、凸出部分、材料等的危险。

(2)由动力驱动的安全防护装置的运动零部件产生的危险。

(3)由于安全防护装置与机器运动部分安全距离不符合要求导致的危险。

在设计安全防护装置时，必须保证装置的可靠性，其功能除了防止机械危险外，还能防止由机械产生的其他各种非机械危险。安全防护装置应与机器的工作环境相适应而不易损坏，并对机器使用期间各种模式的操作(如设定、示教、查找故障、维修、清理等)产生的干扰最小。

二、防护装置

通常采用壳、罩、屏、门、盖、栅栏、封闭式装置等作为物体障碍，将人与危险隔离。例如，用金属铸造或金属板焊接的防护箱罩，一般用于齿轮传动或传输距离不大的传动装置的防护；金属骨架和金属网制成防护网，常用于皮带传动装置的防护；栅栏式防护适用于防护范围比较大的场合或作为移动机械临时作业的现场防护。

1. 防护装置的功能

(1)防止人体任何部位进入机械的危险区触及各种运动零部件。

(2)防止飞出物的打击、高压液体的意外喷射或防止人体灼烫、腐蚀伤害等。

(3)容纳接受可能由机械抛出、掉下、发射的零件及其破坏后的碎片等。

在有特殊要求的场合，防护装置还应对电、高温、火、爆炸物、振动、放射物、粉尘、烟雾、噪声等具有特别阻挡、隔绝、密封、吸收或屏蔽作用。

2. 防护装置的类型

防护装置有单独使用的防护装置(只有当防护装置处于关闭状态才能起防护作用);和与连锁装置联合使用的防护装置(无论防护装置处于任何状态都能起到防护作用)。按使用方式可分为固定式和活动式两种。

(1)固定式防护装置。它是保持在所需位置关闭或固定不动的防护装置,不用工具不可能将其打开或拆除。常见型式有封闭式、固定间距式和固定距离式。

①封闭式:将危险区全部封闭,人员从任何地方都无法进入危险区。

②固定间距式和固定距离式:不完全封闭危险区,凭借其物理尺寸和离危险区的安全距离来防止或减少人员进入危险区的机会。

(2)活动式防护装置。它是通过机械方法(如铁链、滑道等)与机器的构架或邻近的固定元件相连接,不用工具就可以打开的防护装置。常见的有可调式和联锁式防护装置。

①可调式防护装置。整个装置可调或装置的某组成部分可调,在特定操作期间调整件保持固定不动。

②联锁防护装置。防护装置的开闭状态直接与防护的危险状态相联锁,只要防护装置不关闭,被其"抑制"的危险机器功能就不能执行;只有当防护装置关闭时,被其"抑制"的危险机器功能才有可能执行。在危险机器功能过程中,只要防护装置被打开,就给出停机指令。

3. 防护装置的安全技术要求

(1)固定防护装置应该用永久固定(通过焊接等)方式或借助紧固件(螺钉、螺栓、螺母等)固定方式,将其固定在所需的地方,若不用工具就不能使其移动或打开。

(2)进出料的开口部分尽可能地小,应满足安全距离的要求,使人不可能从开口处接触危险。

(3)活动防护装置或防护装置的活动体打开时,尽可能与防护的机械借助铰链或导链保持连接,防止挪开的防护装置或活动体丢失或难以复原。

(4)活动防护装置出现丧失安全功能的故障时,被其"抑制"的危险机器功能不可能执行或停止执行;联锁装置失效不得导致意外启动。

(5)防护装置应是进入危险区的唯一通道。

(6)防护装置应能有效地防止飞出物的危险。

三、安全装置

安全装置通过自身的结构功能限制或防止机器的某种危险,或限制运动速度、压力等危险因素。常见的安全装置有联锁装置、双手操作式装置、自动停机装置、限位装置等。

1. 安全装置的技术特征

(1)安全装置零部件的可靠性应作为其安全功能的基础，在一定使用期限内不会因零部件失效而使安全装置丧失主要安全功能。

(2)安全装置应能在危险事件即将发生时停止危险过程。

(3)安全装置具有重新启动的功能，即当安全装置动作第一次停机后，只有重新启动，机器才能开始工作。

(4)光电式、感应式安全装置应具有自检功能，当安全装置出现故障时，应使危险的机器功能不能执行或停止执行，并触发报警器。

(5)安全装置必须与控制系统一起操作并与其形成一个整体。安全装置的性能水平应与之相适应。

(6)安全装置的部件或系统的设计应采用“定向失效模式”，考虑关键件的加倍或冗余，必要时还应采用自动监控。

2. 安全装置的种类

(1)联锁装置。这是防止机器零部件在特定条件下(一般只要防护装置不关闭)运转的装置。它可以是机械的、电动的、液压的或气动的。

(2)使动装置。这是一种附加手动操纵装置，当机器启动后，只有操纵该使动装置，才能使机器执行预定功能。

(3)止—动操作装置。这是一种手动操纵装置，只有当手对操纵器作用时，机器才能启动并保持运转；当手放开操纵器时，该操作装置能自动回复到停止位置。

(4)双手操纵装置。这是两个手动操纵器同时动作的止—动操纵装置。只有两手同时对操纵器作用，才能启动并保持机器或机器的一部分运转。

(5)自动停机装置。当人或人体的某一部分超越安全限度，就使机器或其零部件停止运转(或保证其他安全状态)的装置。自动停机装置可以是机械驱动的，如触发线、可伸缩探头、压敏装置等；也可以是非机械驱动的，如光电装置、电容装置、超声装置等。

(6)机械抑制装置。这是一种机械障碍(如楔、支柱、撑杆、止转棒等)装置。该装置靠其自身强度支撑在机构中，用来防止某种危险运动发生。

(7)限制装置。这是防止机器或机器要素超过设计限度(如空间限度、速度限度、压力限度等)的装置。

(8)有限运动控制装置，它也称为行程限制装置。只允许机器零部件在有限的行程内动作。在该控制装置有下一个分离动作前，机器零部件不能进一步运动。

(9)排除装置。通过机械方式,在机器的危险行程期间,将处于危险中的人体部分从危险区排除的装置。

四、安全防护装置的设置原则

安全防护装置的设置原则有以下几点。

第一,以操作人员所站立的平面为基准,凡高度在2m以内的各种运动零部件应设防护。

第二,以操作人员所站立的平面为基准,凡高度在2m以上,有物料传输装置、皮带传动装置以及在施工机械施工处的下方,应设置防护。

第三,凡在坠落高度基准面2m以上的作业位置,应设置防护。

第四,为避免挤压伤害,直线运动部件之间或直线运动部件与静止部件之间的间距应符合安全距离的要求。

第五,运动部件有行程距离要求的,应设置可靠的限位装置,防止因超行程运动而造成伤害。

第六,对可能因超负荷发生部件损坏而造成伤害的,应设置负荷限制装置。

第七,有惯性冲撞运动部件必须采取可靠的缓冲装置,防止因惯性而造成伤害事故。

第八,运动中可能松脱的零部件必须采取有效措施加以紧固,防止由于启动、制动、冲击、振动而引起松动。

第九,每台机械都应设置紧急停机装置,使已有的或即将发生的危险得以避开。紧急停机装置的标识必须清晰、易识别,并可迅速接近其装置,使危险过程立即停止并不产生附加风险。

五、安全防护装置的选择

选择安全防护装置的型式应考虑所涉及的机械危险和其他非机械危险,根据运动件的性质和人员进入危险区的需要决定。对特定机器安全防护应根据对该机器的风险评价结果进行选择。

1. 机械正常运行期间操作者不需要进入危险区的场合

操作者不需要进入危险区的场合,应优先考虑选用固定式防护装置,包括进料、取料装置,辅助工作台,适当高度的栅栏及通道防护装置等。

2. 机械正常运转时需要进入危险区的场合

当操作者需要进入危险区的次数较多、经常开启固定防护装置会带来不便时,可考虑采用联锁装置、自动停机装置、可调防护装置、自动关闭防护装置、双手操纵装置、可控防护装置等。

3. 对非运行状态等其他作业期间需进入危险区的场合

对于机器的设定、示教、过程转换、查找故障、清理或维修等作业，防护装置必须移开或拆除，或安全装置功能受到抑制，可采用手动控制模式、止—动操纵装置或双手操纵装置、点动—有限运动操纵装置等。

有些情况下，可能需要几个安全防护装置联合使用。

第四节　履行安全人机工程学原则

安全人机工程学是从安全角度出发，讨论人、机和人机相互关系的规律，运用系统工程的方法研究各要素之间的相互作用、相互影响以及它们之间的协调方式，通过设计使人—机系统的总体性能达到安全、准确、高效、舒适的目的。

机械系统过程的任何阶段都必须有人参与，人始终起着主导作用，是最活跃、最难把握，同时也最容易受到伤害的。由于机械设计违反安全人机学原则导致的事故时有发生，据国外资料统计，生产中有 58% ~70% 的事故是与忽视人的因素有关。因此，机械设计应考虑与人体有关的人体测量参数、人的感知特性、反应特性及人在劳动中的心理特征，以减少人为差错，最大限度地减轻体力、脑力消耗及精神紧张感。

一、概述

1. 忽略安全人机学可能产生的危险

(1)由于生理影响产生的危险。不利于健康的操作姿势、用力过度或重复用力等体力消耗产生的疲劳所导致的危险。

(2)由于生理—心理影响产生的危险。在对机器进行操作、监视或维护时，由于精神负担过重、缺乏思想准备以及过度紧张等原因，造成心理负担过重而导致的危险。

(3)由于人的各种差错产生的危险。受到环境不利因素的干扰或由于人—机配合、协调不当，使人产生各种错觉而引起误操作所造成的危险。

2. 机械设计中安全人机学的应用原则

在机械设计中，根据安全人机学原则，通过减小操作者心理和生理的不利影响，协调好人、机的功能分配和相互作用来改善机器的操作性能和可靠性，从而减少机器使用各阶段的差错概率，以保障安全。机械设计时应考虑以下几个方面。

(1)合理分配人机功能。在机械的整体设计阶段，要分析、比较人和机的各自特性，合理分配人机功能。在可能的条件下，尽量通过实现机械化、自动化，减少操作者干预或介入危险的机会。随着微电子技术的发展，人机功能分配出现向机器转移,人从直接劳动者向监控或监视转变的趋势,向安全化生产迈进。

(2)适应人体特性。在确定机器的有关尺寸和运动时,应考虑人体测量参数、人的感知反应特性以及人在工作中的心理特征,避免干扰、紧张、生理或心理上的危险。

(3)友好的人机界面设计。人机界面,即在机器上人、机进行信息交流和相互作用的界面。人、机相互作用的所有要素,如操纵器、信号装置和显示装置,都应使操作者和机器之间的相互作用尽可能清楚、明确,信息沟通快捷、顺畅。

(4)作业空间的布置。这是指显示装置和操纵装置的位置,以及确定合适的作业面。它对操作者的心理和行为可产生直接影响。作业空间布置应遵从重要性原则、使用顺序原则、使用频率原则、使用功能原则。其中,重要性原则是第一位的,首先应考虑对安全关系重大的、对实现系统目标有重要影响的操纵器和显示器,即使使用频率不高,也要将其布置在操作者操作和视野的最佳位置,这样可以防止或减少因误判断、误操作而引起的意外伤害事故。

显示装置、操纵装置,以及与人的劳动姿势有关的工作空间和操作行为等,是人机要求集中体现之处,应满足人体测量参数、人体的结构特性和机能特性、生理和心理条件,合乎卫生要求。

二、操纵(控制)器的安全人机学要求

操纵装置是用来对机械的运行状态进行控制的装置。按人体执行操纵的器官来分类,操纵器可分为手控、脚控和声控多种类型。随着计算机技术的应用,声控方式表现出良好的发展前景,但目前仍处于个别领域的尝试阶段,本书暂不涉及。手控和脚控操纵器有线位移(如按钮、推杆)和角位移(如旋钮、手轮)两种,由于手比脚的动作更精细、快速、准确,所以,手控操纵器占有重要位置。脚控操纵器适用于动作简单、快速且需较大力的情况,一般只作为手控方式的补充。

操纵器的设计应考虑到功能、准确性、速度和力的要求,与人体运动器官的运动特性相适应,与操作任务要求相适应;同时,还应考虑由于采用个人防护装备(如防护鞋、手套等)带来的约束。操纵装置应满足以下安全人机学要求。

1. 操纵器的表面特征

操纵器的形状、尺寸、间隔和触感等表面特征的设计和配置,应使操作者的手或脚能准确、快速地执行控制任务,并使操作受力分布合理。

2. 操纵力和行程

操纵器的行程和操作力应根据控制任务、生物力学及人体测量参数选择,操纵力不应过大使劳动强度增加;操纵行程不应超过人的最佳用力范围,避免操作幅度过大,引起疲劳。

3. 操纵器的布置

操纵器数量较多时，其布置与排列应以能确保安全、准确、迅速地操作来配置，可以根据控制器在过程中的功能和使用的顺序将它们分成若干部分；应首先考虑重要度和使用频率，同时兼顾人的操作习惯、操作顺序和逻辑关系；应尽可能给出明显指示正确动作次序的示意图，与相应的信号装置设在相邻位置或形成对应的空间关系，以保证正确有序的操作。

4. 操纵器的功能

各种操纵器的功能应易于辨认，避免混淆，使操作者能安全、即时地操作。必要时应辅以符合标准规定且容易理解的形象化符号或文字说明。当执行几种不同动作采用同一个操纵器时，每种动作的状态应能清晰地显示。例如，按压式操纵器，应能显示“接通”或“断开”的工作状态。

5. 操纵方向与系统过程的协调

操纵器的控制功能与动作方向应与机械系统过程的变化运动方向一致，符合表2－1规定的要求。控制动作、设备的应答和显示信息应相互适应和协调，同样操作模式的同类型机器应采用标准布置，以减少操作差错。

表2－1 操纵器的控制功能与动作方向

动作＼功能	开通	关闭	增加	减少	前进	后退	向左	向右	开车	刹车
向上	√		√		√				√	
向下		√		√		√				√
向前	√		√		√				√	
向后		√		√		√				√
向右	√		√		√			√	√	
向左		√		√		√	√			√
顺时针	√		√					√	√	
逆时针		√		√			√			√
提拉	√									
按压		√								

6. 防止附加风险

设有多个挡位的控制机构，应有可靠的定位措施，防止操作越位、意外触碰移位、因振动等原因自行移动；双手操作式的操纵器应保证安全距离，防止单手操作的可能；多人操作应有互锁装置，避免因多人动作不协调而造成危险；对关键的控制器应有防止误动作的保护措施，使操作不会引起附加风险。

三、显示器的安全人机学要求

显示器是显示机械运行状态的装置，是人们用以观察和监控系统过程的手段。显示装置的设计、性能和形式选择、数量和空间布局等，均应符合信息特征和人的感觉器官的感知特性，使人能迅速、通畅、准确地接受信息，又要考虑到系统整体的需要和美观。

按人接受信息的途径不同，显示器可分为视觉、听觉、触觉装置。其中，由于视觉信号容易辨识、记录和储存，因而视觉装置得到广泛应用；听觉装置常用于报警；触觉装置一般很少使用。显示装置应满足以下安全人机学要求。

1. 显示信息的形式

指示器、刻度盘和视觉显示装置的设计应在人能感知的参数和特征范围之内，显示形式（常见有数字式和指针式）、尺寸应便于察看，信息含义明确、耐久、清晰易辨。

2. 显示器的布置

当信号和显示器的数量较多时，在安全、准确、迅速的原则下，应根据其功能和显示的种类不同，根据工艺流程、重要程度和使用频度的要求，适应人的视觉习惯，按从左到右、从上到下的优先顺序，布置在操作者视距和听力的最佳范围内；还可依据过程的机能、测定种类等划分为若干部分顺序排列。

3. 显示器的数量

信号和显示器的种类与数量应符合信息的特性，要少而精，不可过多、过滥，提供的信息量应控制在不超过人能接受的生理负荷限度内；信号显示的变化速率和方向应与主信息源变化的速率和方向相一致。

4. 危险信号和报警装置

对安全性有重大影响的危险信号和报警装置，应配置在机械设备相应的易发生故障或危险性较大的部位，优先采用声、光组合信号，其强度、对比性要明显区别并突出于其他信号。报警装置应与相关的操纵器构成一个整体或紧密相连。

四、工作位置的安全性

确定操作者在机械上的作业区设计时，考虑人机系统的安全性和可靠性，合理布置机械设备上直接由人操作或使用的部件（包括各种显示器、操纵器、照明器），以及创造良好的与人的劳动姿势有关的工作空间、工作椅、作业面等条件，防止产生疲劳和发生事故。

1. 工作空间

对机械工作空间的设计应考虑到工作过程中对人身体所产生的约束条件，其工作空间应保证操作人员的头、臂、手、腿、足有合乎心理要求和生理要求的充分的活动余地;危险作业点,应留有足够在意外情况下能避让的空间和安全通道。

必要时提供工作室,以防御外界的有害作用,保证操作者不受存在的危险(如灼热、气温、通风不良、视野、噪声、振动、上方落物)的伤害。工作室及装潢所用材料必须是耐燃的,有紧急逃难措施,视野良好。保证司机在无任何危险情况下进行机械操作。

2. 工作台面

工作高度应适合于操作者的身体测量参数及所要完成的工作类型。工作面或工作台应设计得能满足安全、舒适的身体姿势;可使身体躯干挺直、舒展得开,身体重量能适当地得到支承;各种操作器应布置在人的相应器官功能可及的范围内。

3. 座位装置

座位结构及尺寸应符合人的解剖生理特点和功能的发挥,高低可调,以适应不同人员的需要。其固定须能承受相应载荷时不破坏,应将振动降低到合理的最低程度并满足工作需要和舒适的要求。

4. 良好的视野

操作者应在操作位置直接看到或通过监控装置了解到控制目标的运行状态,在主要操作位置能够确认没有人面临危险。否则,操纵系统的设计应该做到:每当机器要启动时,都能发出听觉或视觉警告信号,使面临危险的人有时间撤离,或能采取措施防止机械启动。

5. 高处作业位置

操作人员的工作位置在坠落基准面 2m 以上时,必须充分考虑脚踏和站立的安全性,配置供站立的平台、梯子和防坠落的栏杆或防护板等。若操作人员需要经常变换工作位置,还须配置走板的宽度不小于 500mm 的安全通道。当机械设备的操作位置高度在 30m(含 30m)以上时,必须配置安全可靠的载人升降设备。

6. 工作环境

机械工作现场的环境应避免人员暴露于危险及有害物质(如温度、振动、噪声、粉尘、辐射、有毒)的影响中;在室外工作时,对不利的气候影响(如热、冷、风、雨、雪、冰)应提供适当的遮掩物;应满足照明要求,优先采用自然光,当工作环境照明不足时,辅之以机器的局部人工照明,光源的位置在使用中进行调整时不应引起任何危险。避免眩光、阴影和频闪效应引起的风险。

五、操作姿势的安全要求

工作过程设计、操作的内容、重复程度及操作者对整个工作过程的控制,应避免超越操作者生理或心理的功能范围,养成良好的作业习惯,保持正确的操作姿势,保护作业人员的健康和安全，有利于完成预定工作。

1. 负载限度

机器各部分的布局要合理，减少操作者操作时来回走动、大幅度扭转或摆动，使操作时的姿势、用力、动作互相协调，避免用力过度或频率过快，还应保证负荷适量。超负荷使人产生疲劳，负荷不足或单调重复的工作会降低对危险的警惕性。

2. 工作节奏

设计机器时应考虑操作模式，人的身体动作应遵循自然节奏，避免将操作者的工作节奏与机器的自动连续循环相联系，否则，会使操作者处于被动配合状态，由于工作节奏过分紧张，产生疲劳而导致危险。

3. 作业姿势

身体姿势不应由于长时间的静态肌肉紧张而引起疲劳，机械设备上的操作位置，应能保证操作者可以变换姿势，交替采用坐姿和立姿。若两者必择其一，则优先选择坐姿，因坐姿稳定性好，并可同时解放手和脚进行操作。

4. 提供必要的支承

如果必须施用较大的肌力或需要在振动、颠簸环境下进行精细或连续调节的操作时，应该通过采取适宜的身体姿势并提供适当的身体支承，以保持操作平稳、准确。手控操纵器应提供依托装置；脚控操纵器应考虑在操作者有靠背座椅坐着的条件下使用。

5. 保持平衡

身体动作的幅度、强度、速度和节拍应互相协调，提供适合于不同操作者的调整机器的工具，使操作者保持操作姿势平衡，防止失稳跌倒，尤其是在高处作业时，更要特别注意。

第五节　安全信息的使用

使用信息由文字、标记、信号、符号或图表组成，以单独或联合使用的形式，向使用者传递信息，用以指导使用者（专业或非专业）安全、合理、正确地使用机器。使用信息是机器的组成部分之一。

一、概述

1. 使用信息的一般要求

（1）明确机器的预定用途。使用信息应具备保证安全和正确使用机器所需的各项说明。

(2)规定和说明机器的合理使用方法。使用信息中应要求使用者按规定方法合理地使用机器,说明安全使用的程序和操作模式。对不按要求而采用其他方式操作机器的潜在风险,应提出适当的警告。

(3)通知和警告遗留风险。遗留风险是指通过设计和采用安全防护技术都无效或不完全有效的那些风险。通过使用信息,将其通知和警告使用者,以便在使用阶段采用补救安全措施。

(4)使用信息应贯穿机械使用的全过程。该过程包括运输、交付试验运转(装配、安装和调整)、使用(设定、示教或过程转换、运转、清理、查找故障和机器维修),如果需要的话还应包括解除指令、拆卸和报废处理在内的所有过程,都应提供必要的信息。这些使用信息在各阶段可以分开使用,也可以联合使用。

(5)使用信息不可用于弥补设计缺陷。不能代替应该由设计来解决的安全问题,使用信息只起提醒和警告的作用,不能在实质意义上避免风险。

2. 使用信息的类别

(1)信号和警告装置。

(2)标志、符号(象形图)、安全色和文字警告。

(3)随机文件。

3. 信息的使用根据

(1)风险的大小和危险的性质。根据风险大小可依次采用安全色、安全标志、警告信号,直到警报器。

(2)需要信息的时间。提示操作要求的信息应采用简洁形式长期固定在所需的机器部位附近,显示状态的信息应与机器运行同步出现,警告超载的信息应在接近额定值时提前发出,危险紧急状态的信息应及时,持续的时间应与危险存在的时间一致,信号的消失应随危险状态而定。

(3)机器结构和操作的复杂程度。对于简单机器,一般只需提供有关标志和使用操作说明书;对于结构复杂的机器,特别是有一些危险性的大型设备,除了各种安全标志和使用说明书(或操作手册)外,还应配备有关负载安全的图表、运行状态信号,必要时应提供报警装置等。

(4)视觉颜色与信息内容。红色表示禁止和停止,危险警报和要求立即处理的情况;红色闪光警告操作者状况紧急,应迅速采取行动;黄色提示注意和警告;绿色表示正常工作状态;蓝色表示需要执行的指令或必须遵守的规定。

4. 使用信息的配置位置和形式

(1)在机身上,可配置各种标志、信号、文字警告等。

(2)随机文件,如可配置操作手册、说明书等。

(3)其他方式。可根据需要,以适当的信息形式配置。

对重要信息(如需给出的各种警告信息),应采用标准化用语。

二、信号和警告装置

信号的功能是提醒注意,如机器启动、起重机开始运行等;显示运行状态或发生故障,如故障显示灯;危险事件的警告,如超速的报警、有毒物质泄漏的报警。

1. 信号和警告装置类别

(1)视觉信号。其特点是所占空间小、视距远、简单明了,可采用亮度高于背景的稳定光和闪烁光;警告信号宜采用闪光形式。

(2)听觉信号。该信号是利用人的听觉反应快,用声音传递信息,有不受照明和物体障碍限制,强迫人们注意的特点。常见的听觉信号有蜂鸣器、铃、报警器等。听觉信号在发出1s内,应能被操作者识别;其声级应比背景噪声至少高10dB(A)。当背景噪声超出110dB(A)时,不应再采用听觉信号。

视听组合信号的特点是光、声信号共同作用,用以加强危险和紧急状态的警告功能。

2. 信号和警告装置应满足的要求

(1)在危险事件出现前或即时发出。

(2)含义确切,一种信号只能有一种含义。

(3)能被明确地察觉和识别,并与其他用途信号明显相区别。

(4)警告装置的设计、配置应便于检查,操作手册应对检查规定做出说明。

(5)防止由于视觉或听觉信号过多而引起混乱,或显示频繁而导致"敏感度"降低,这样反而会丧失应有的作用。

三、标志

标志也称标识、标记。它是用来说明机械或零部件的性能、规格和型号、技术参数或表达安全信息的标牌。

1. 性能参数标志

(1)机器标志(标牌)。该标志必须包括制造厂的名称与地址、所属系列或型式、系列编号或制造日期(如有的话)等内容。

(2)对机器安全使用的参数或认证标志。它包括旋转件的限制最高转速;加工工件或工具的最大尺寸、可移动部分的质量(重量)、防护装置的调整数据(对可调防护装置)、检验频次等内容。认证标志是指证明某机械符合有关标准要求,并得到认证机构确认的符号标记,例如"EC"符号。

(3)零件性能参数标记。对于机械上对安全有重要影响的、易损坏的零件(如钢丝绳、砂轮等)必须有性能参数标记。

2. 安全标志

安全标志是由安全色、几何图形和图形符号构成,有时附以简短的文字警告说明,以表达特定安全信息为目的,并有规定的使用范围、颜色和形式。

安全标志的用途很广,如用于安全标志牌、交通标志牌、防护栏杆、机器上不准乱动的部位、紧急停止按钮、裸露齿轮的侧面、机械安全罩的内面、安全帽、起重机的吊钩滑轮架和支腿、行车道中线、坑池周围的警戒线、有碰撞可能的柱子或电线杆、梯子或楼梯的第一和最后的阶梯以及信号旗等。

(1)安全标志的分类与功能。安全标志分为禁止标志、警告标志、指令标志和提示标志四类。

①禁止标志,表示不准或制止人们的某种行动。

②警告标志,示意人们注意可能发生的危险。

③指令标志,表示必须遵守,用来强制或限制人们的行为。

④提示标志,示意目标地点或方向。

(2)安全标志应遵守的原则如下。

①醒目清晰:一目了然,易从复杂背景中识别;符号的细节、线条之间易于区分。

②简单易辨:由尽可能少的关键要素构成,符号与符号之间易分辨,不致混淆。

③易懂易记:容易被人理解(即使是外国人或不识字的人),牢记不忘。

3. 标志应满足的要求

(1)含义明确无误。标志、符号和文字警告应明确无误,不使人费解或误会;使用容易理解的各种形象化的图形符号应优先于文字警告,文字警告应采用使用机器国家的语言;确定图形符号应做理解性测试,标志必须符合公认的标准。

(2)内容具体且有针对性。符号或文字警告应表示危险类别,具体且有针对性,不能笼统写"危险"两字。例如,禁火、防爆的文字警告,或简要说明防止危险的措施(例如指示佩戴个人防护用品),或具体说明"严禁烟火""小心碰撞"等。

(3)标志的设置位置。机械设备易发生危险的部位,必须有安全标志。标志牌应设置在醒目且与安全有关的地方,使人们看到后有足够的时间来注意它所表示的内容。不宜设在门、窗、架或可移动的物体上。

(4)标志应清晰持久。直接印在机器上的信息标志应牢固,在机器的整个寿命期内都应保持颜色鲜明、清晰、持久。每年至少应检查一次,发现变形、破损或图形符号脱落及变色等影响效果的情况,应及时修整或更换。

四、随机文件

主要是指操作手册、使用说明书或其他文字说明(例如保修单等)。

1. 随机文件应包括的内容

机械设备必须有使用说明书等技术文件,说明书内容包括安装、搬运、贮存、使用、维修和安全卫生等有关规定,应该在各个环节对遗留风险提出通知和警告,并给出对策、建议。

(1)关于机器的运输、搬运和贮存的信息:机器的贮存条件和搬运要求;尺寸、质量、重心位置;搬运操作说明,如起吊设备施力点及吊装方式等。

(2)关于机器自身安装和交付运行的信息:装配和安装条件;使用和维修需要的空间;允许的环境条件(如温度、湿度、振动、电磁辐射等);机器与动力源的连接说明(尤其是对于防止电的过载);机器及其附件清单、防护装置和安全装置的详细说明;电气装置的有关数据;全部应用范围(包括禁用范围)。

(3)有关劳动安全卫生方面的信息:机器工作的负载图表(尤其是安全功能图解表示);产生的噪声、振动数据和由机器发出的射线、气体、蒸气及粉尘等数据;所用的消防装置型式;环境保护信息;证明机器符合有关强制性安全标准要求的正式证明文件。

(4)有关机器使用操作的信息:手动操纵器的说明;对设定与调整的说明;停机的模式和方法(尤其是紧急停机);关于由某种应用或使用某些附件可能产生特殊风险的信息,以及应用所需的特定安全防护装置的信息;有关禁用信息;对故障的识别与位置确定、修理和调整后再启动的说明;关于无法由设计者通过采用安全措施消除的风险信息;关于可能发射或泄漏有害物质的警告;有关使用个人防护用品和所需提供培训的说明;紧急状态应急对策的建议等。

(5)维修信息:检查的性质和频次;需要具有专门技术知识或特殊技能的维修人员或专家执行维修的说明;可由操作者进行维修的说明;提供便于维修人员执行维修任务(尤其是查找故障)的图样和图表;关于停止使用、拆卸和由于安全原因而报废的信息等。

2. 对随机文件的要求

(1)随机文件的载体。该载体一般是提供纸本印刷品,亦可同时可提供电子音像制品。文件要具有耐久性,能经受使用者频繁地拿取使用和翻看。

(2)使用语言。该语言采用机器使用国家的官方语言;在少数民族地区使用的机器,其随机文件应使用民族语言书写,对多民族聚居的地区还应同时提供各民族语言的译文。

(3)多种信息形式。该信息应尽可能做到图文并茂,注意给出相关的表图信息,插图和表格应按顺序编号。伴随的文字说明不应与插图和表格分离，采用字体的型式和大小应尽可能保证最好的清晰度，安全警告应使用相应的颜色、符号并加以强调，如急停手动操纵器用红色，以便引起注意并能迅速识别。

(4)面向使用的有针对性。使用信息必须明确地与特定型号的机器相联系，而不是泛指某一类机器。面对所有合理的机器使用者，采用标准的术语和单位表达，对不常用的术语应给出明确的解释。若机器是由非专业人员使用，则应以容易理解并不发生误解的形式编写。

第六节　机械安全标准

安全标准是保护劳动者的安全健康的技术依据。世界上所有工业发达国家都非常重视产品的安全卫生问题，涉及安全卫生、环境保护的标准要求强制执行。一些国家还以法律的形式规定了产品设计的安全卫生要求。世界各国尤其是工业发达国家，都形成了较严格而完备的法规，如美国、日本、俄罗斯等国，都十分重视机械产品标准化工作，有关设备设计方面的安全卫生标准已系列化。随着国际贸易的发展和以经济为背景的国际市场竞争日益激烈，为避免国家之间和国家与地区间的立法差别，尽快消除国际范围内可能产生的机械产品贸易技术壁垒，各国都在考虑建立可以普遍接受的法规——标准体系。

为了保障劳动者的生命安全和健康，满足生产设备安全生产的需要，提高我国工业产品在国际市场上的竞争能力，顺应国际上安全卫生标准化工作的开展形势，本着“基础标准、安全、卫生、环保标准优先采用国际标准”的原则，根据“国际标准中有关人身安全、卫生和环境保护等标准，要采取措施尽可能予以等效采用”的精神，全国机械安全标准化技术委员会初步制定出我国机械安全标准体系表，采用国际标准的划分方法，分为A，B，C三类。

A类为机械安全基础标准。B类为安全通用标准，其中B1类为通用安全指标和有关安全原则类标准；B2类为有关通用安全防护装置标准。C类为各专业机械安全标准。表示机械安全各类标准的组成及其相互关系的体系结构框图如图2－2所示。

保证人体的安全与健康是我们国家的一贯政策，国家标准化法明确规定：人身、财产安全的标准为强制性标准。我国各有关部门组织制定了一系列机械安全标准，到2007年年底，我国现行有效的机械安全国家标准和行业标准约430余项，其中，国家标准约280余项，行业标准约150余项。这些标准对我国的生产安全工作起到了积极的推动作用。但也存在着各相关标准之间内容不协调的问题，与国际和发达国家的标准相比存在一定的差距。当务之急是应对已有的机械安全标准进行清理、复审、修订，尽快与国际标准接轨。

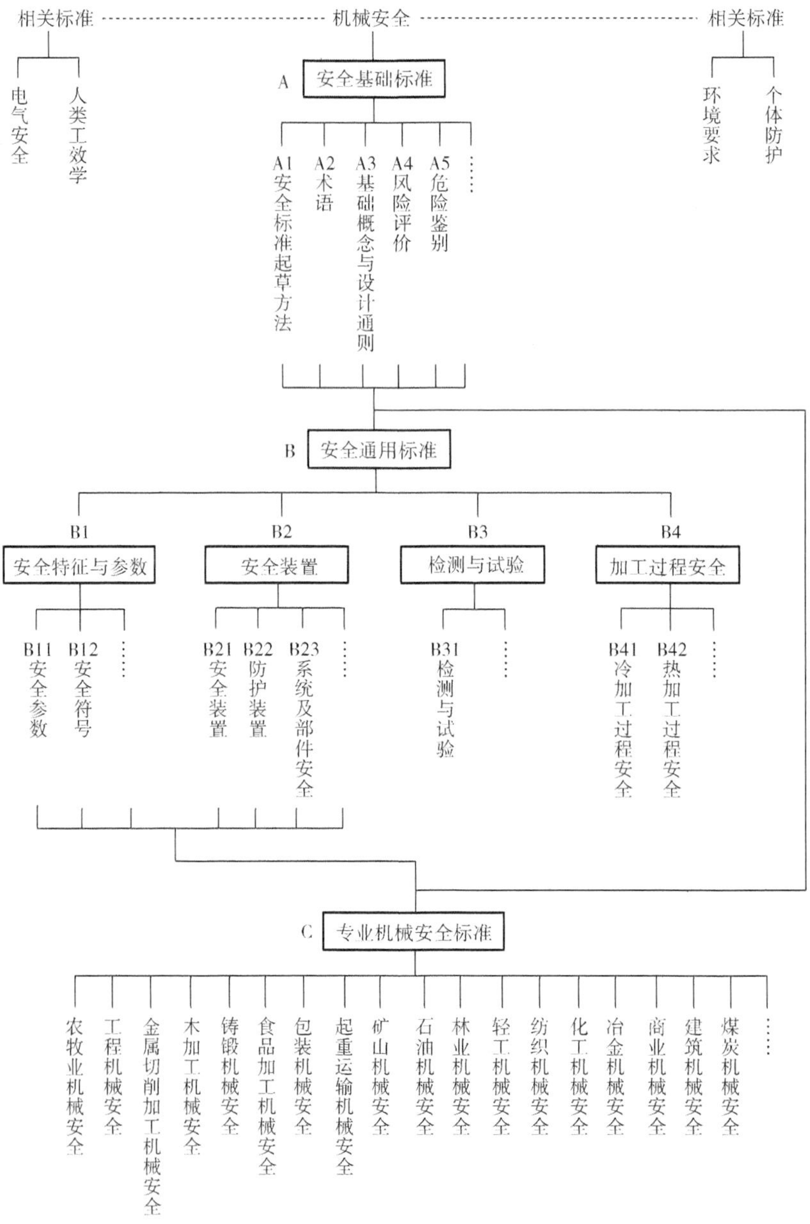

图 2-2　机械安全标准体系

第三章　机械安全的风险评价原则

第一节　风险评价的程序

任何利用机械进行的生产或服务活动都伴随着危险,都存在着可能酿成事故的风险。进行风险评价的目的是根据现实的各种约束,提出合理可行的消除危险或减小风险的安全措施,帮助工程技术人员设计、制造出安全的机器产品提供给市场,在机器的使用阶段最大限度地保护操作者,使机械系统达到可接受的最高安全水平。风险评价对减少事故的发生,特别是防止重大恶性事故的发生,有着非常重要的意义。

这里所说的现实各种约束,是指现有科技和工艺水平决定的与机器有关的实际结构、材料和与使用有关的各种客观约束(例如,自动化程度、安全防护装置的结构等),与机器使用者有关的人的生理—心理和安全素质等条件限制的各种主观约束,以及从经济角度考虑的成本约束等。所谓最高安全水平是指在考虑现有客观和主观约束前提下,安全目标能够实现的水平。

我国国家标准 GB 5083—1999《生产设备安全卫生设计总则》中规定,当安全技术措施与经济效益发生矛盾时,应优先考虑"安全卫生技术"上的要求。新设计的以及准备再次投产的机械设备,必须进行安全评价(即风险评价),确认潜在的或已发现的危险性,以便采取有效的安全措施。

一、基本概念

1. 风险

风险是指在危险状态下,可能损伤或危害健康的概率和程度的综合。

2. 风险评价

风险评价是指为了选择适当的安全措施,对在危险状态下可能损伤或危害健康的概率和程度进行全面评价的过程。

3. 机械风险评价

机械风险评价是指以机械或机械系统为研究对象,用系统方式分析机器使用阶段可能产生的各种危险、一切可能的危险状态,以及在危险状态下可能发生损伤或危害健康的危险事件,并对危险事件的概率和程度进行全面评价的一系列逻辑步骤和迭代过程。

4. 风险要素

与机械的特定状态或技术过程有关的风险由以下两个要素组合得出。

(1)发生损伤或危害健康的概率。这种概率与人员暴露于危险中的频次和面临危险的持续时间有关,与危险事件出现的概率有关。

(2)损伤或危害健康的可预见的最严重程度。这种严重程度有一定的随机性,与多种因素的综合影响和作用有关,这些因素如何影响和怎样作用具有很大的偶然性,难以预见。

在进行风险评价时,应考虑出自每种可鉴别危险的损伤或对健康的危害的最严重程度,即使这种损伤或对健康的危害出现概率不高,也必须考虑。

二、风险评价的程序

风险评价的程序是根据机械使用的工艺过程、使用和产出的物质、操作条件等信息,与有关机械的设计、使用、伤害事故的知识和经验汇集到一起,对机器寿命周期内的各种风险进行评价的过程。风险评价程序可用图 3－1 所示的流程图加以说明。

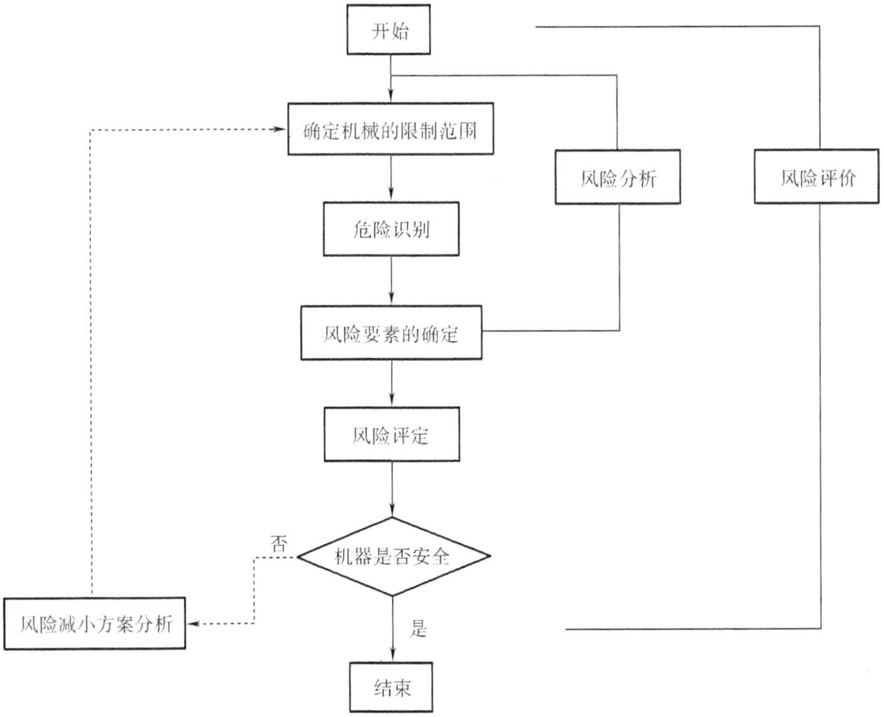

图 3－1　安全风险评价的流程图

三、风险评价的两个阶段

整个风险评价过程可以分为风险分析和风险评定两个阶段。

1. 风险分析

风险分析包括确定机械限制范围，危险识别和风险要素认定（判断）三个步骤。风险分析提供风险评定所需要的信息。

2. 风险评定

风险评定是根据风险分析提供的信息，通过风险比较，对机械安全作出判断，确定机器是否需要减小风险或是否达到了安全目标。

风险评价是一个迭代过程。经过评价，如果确认机器未达到预期的安全目标，存在需要减小的风险，则应提出安全对策建议，即通过选择相应的安全措施对机器设计方案进行改进。当采用新的安全措施之后，还要针对改进后的机器再次进行风险分析，识别是否又产生了新的附加危险。如果附加危险的确出现了，则应将这些危险列入危险识别步序清单中，通过不断反复进行迭代过程，使机器最终达到安全标准要求的目标。

四、编制风险评价报告

风险评价的结果应形成文件（文字材料、图表与数据），报告内容除了合同书、参加单位人员的资质文件外，还应包括以下内容。

第一，评价依据，如法规、标准等文献。

第二，评价机械的预期使用、技术标准规范和限制范围、操作程序和对人员的要求等。

第三，识别预期使用中的危险、危险状态和危险事件的种类、原因和存在部位。

第四，搜集的有关信息，例如事故，职业病历史，测试、统计数据，对类似机械进行风险评价获得的经验和教训等。

第五，通过安全措施要达到的目标。

第六，为消除危险或减小风险所实施的安全措施建议。

五、风险评价的方法和工具

风险评价是一个系统工程，参加评价的单位必须具有指定主管部门批准的资格，需要有资质人员参与的一定组织形式，经过确立项目、信息搜集、最终评价报告等一系列的运作过程。风险评价的质量直接关系机械产品的安全性，关系到机器使用者的劳动条件和生命安全。本书无意对风险评价整个组织系统工作做全面论述，仅对评价工作的方法和工具作介绍。

1. 风险评价的工作方法

（1）跨职能小组。它包括领导、安全工程管理和技术、机械的产品设计和工艺设计、制造、维修、原材料采购、市场营销、财务、甚至机械产品的用户等各类人员，尤其是安全工程人员和用户的尽早参与有重要意义。多方面的人员组成风险评价跨职能小组，可以从不同的角度对产品的安全提出有益的建议，达到人力、信息、工具和方法，甚至知识和经验的高度集成，资源共享，避免走弯路。

（2）并行工程。跨职能小组内有分工，各分工小组之间的工作程序可以并行展开，使评价工作的一部分迭代过程可以重叠或同时进行。需要注意的是并行工程不能省去评价程序工作中的任何环节，各分工小组的工作内容允许有交叉，但各自的职责要求必须明确，不得含糊，以免出现漏评价，特别要防止重大疏漏。

（3）明确进度。为保证风险评价的质量，防止评价工作的随意性，评价工作一定要有明确的计划和进度目标要求（建立工作流程图），坚持阶段检查、评审和意见反馈，以便及时发现问题、协调关系、交流经验、避免失误，以利整个评价工作按时、按质完成。

2. 机械风险评价的常用工具简介

（1）安全检查表（SCL）。这是事先以机械设备和作业情况为分析对象，经过熟悉并富有安全技术和管理经验的人员的详尽分析和充分讨论，编制的一个表格（清单）。它列出检查部位、检查项目、检查要求、各项赋分标准、安全等级分值标准等内容。对系统进行评价时，对照安全检查表逐项检查、赋分，从而评价出机械系统的安全等级。

（2）事故树分析（FTA）。事故的树形演绎分析法，是围绕一个特定的事故开始，层层分析其发生原因，把特定的事故和所有的各层原因（危险因素）之间用逻辑门符号连接成树状图形，再通过对事故树简化、计算达到分析、评价的目的。

（3）作业条件（岗位）危险性评价法（格雷厄姆—金尼法）。将影响作业条件危险性的因素分为事故发生的可能性（L）、人员暴露于危险的频繁程度（E）和事故发生可能造成的后果（C）三个因素，由专家组成员按规定标准给这三个因素分别打分并取平均值，将三因素平均值的乘积 $D=L\cdot E\cdot C$ 作为危险性分值（D），来评价作业条件（岗位）的危险性等级。D 值越大，作业条件的危险性也越大，这是一种半定量的评价方法。

（4）劳动卫生分级评价。目前已采用的劳动卫生分级评价方法有：职业性接触毒物危害程度分级、有毒作业分级、生产性粉尘作业危害程度分级、噪声作业分级、高温作业分级、低温作业分级、冷水作业分级、体力劳动强度分级及体力搬运重量限值等方法。

目前开发的风险评价方法很多，在此不一一列举，各种评价工具的原理、适用对象各有特点，可根据实际需要合理选用。

第二节　风险评价的信息

为了使风险评价尽可能准确反映机械安全的实际情况，必须掌握能说明问题的可靠数据和资料。最大限度地搜集、分析、研究这些数据和资料，是提高预评价精确度的基础。风险评价的信息应包括以下内容。

第一，有关的法规、标准和规程。

第二，机器的各种限制规范。

第三，产品图样和说明机器特性的其他有关资料。

第四，所有可能与操作者有关的操作模式和机器的使用等的详细说明。

第五，有关的材料，包括机械组成材料、加工材料、燃料等的详细说明。

第六，机器的运输、安装、试验、生产、拆卸和处置的说明。

第七，机器可能的故障数据、易损零部件。

第八，定量评价数据，包括零部件、系统和人的介入可靠性数据。

第九，关于机器预定运行环境的信息（如温度、污染情况、电磁场等）。

一、确定机械的限制范围

确定机械的限制范围是指根据供应商提供的信息，以及机械的设计结构（如设计图纸、计算分析报告等）与功能，对机器的合理使用要求等，从人和机两方面去界定的范围。这样才能使风险评价有针对性，从而保证信息的可靠性。

1. 机械的限制

作为评价对象的机械，是在有限范围内为一定的应用目的服务的，这就是机械的限制。机械的限制不同，存在的危险和涉及的人员不尽相同，则风险也不同。只有在确定机械限定范围内的风险评价，才能提高评价的准确性。

(1)预定的使用限制。这是指机械是用来完成某种作业或是提供某种服务，作用对象的形态、物理化学特性、几何尺寸，使用的物料或燃料的数量和性质，以及机械的工作原理、使用方法和操作程序等。

(2)使用范围。这是指机械的使用领域是生产性还是非生产性，是公共场所使用还是家用、娱乐健身，是供成人还是供儿童使用等全部使用范围。同样或类似的机械,使用的场合不同,服务的对象不同,其所遵从的标准则不同,则由此引起的一系列安全要求也不同。

(3)空间限制。这是指机械的应用场所、占用空间、整机或机器的组成部分的运动范围、人员操作机器的位置、“操作者—机器”和“机器—动力源”间的关系等。这样可以限定危险区,从而判定操作者和有关人员接近或介入危险区的可能。

(4)时间限制。这是指根据机器的预定使用,确定机器或机器的某些组成部分(如工具、零部件、电气装置等)可预见的“寿命极限”。

2. 人员(广义)情况

人员的情况是指所有暴露于危险中的人员,包括操作者和可预见的与机器有关的其他人员的情况。这里所说的操作者,不仅仅指操作机器的人,而且包括对机器进行搬运、安装调试、保养清理、修理拆卸等与机器有关的所有人员。

(1)体能限制。这是指机械对人员的体能限制要求,例如,性别、年龄、体力强弱、人体测量参数、视力和听觉、用手习惯等。

(2)文化专业。这是指对人员的专业技能限制,包括文化程度、从事专业工作的经验和能力(如技术工、熟练工、无要求)等。

二、危险识别

危险识别是风险评价的关键信息环节。不论机械规模大小和结构差异,针对机器和人员的不同状态,都可能存在这样或那样不同程度的危险。有危险就有风险,风险与危险的关系是危险产生风险;风险寓于危险之中。正确识别全部危险,需要运用科学方法进行多角度、多层次的分析。危险识别是否全面、准确、真实,任何一种危险尤其是对安全有重大影响的危险在识别阶段是否被忽略,都将直接影响风险评价和安全决策的质量,甚至影响整个安全管理工作的最终结果。应该识别所有可能产生的危险的种类、产生原因、危险所在机器的部位、危险状态和可能发生的危险事件。

1. 机器的各种状态

既要考虑机器执行预定功能正常运行的工作状态,也要预测非工作状态可能出现的危险,更要重视由于某些可能原因(如零件的失效、运动失控或故障)引起意外的非正常状态。另外,对检修、保养或调整等辅助作业的危险应给予充分的重视。

2. 考虑机械使用“寿命”各阶段

机械使用寿命各阶段,包括安装、调整、设定、示教、编程或过程转换,运转和清理,查找故障、维修,以及从安全的角度停止使用、拆卸及处理等,各个阶段可能产生的危险及危险状态。

3. 预测可预见的误用

在进行危险识别时，必须考虑人的不安全行为，如误用（非有意滥用机器或非故意破坏）导致的危险。可预见的误用一般发生在机器使用阶段，有以下多种表现形式。

（1）可能在机器失灵、故障等情况下人的无意识的本能反射行为。

（2）在操作时图省事走捷径，采用错误的方法，或由于疏忽（不小心）所导致的差错。

（3）由于动作不准确造成的控制过度、不到位置或偏离。

（4）其他外来干扰等非操作者的行为对操作者产生影响而引发的错误。

特别要注意非专业人员使用的机器，尤其是某些人，如不识字或无劳动能力的人的可预见误用行为。对于一般人不危险的情况，当涉及儿童、老人安全时，必须加以特殊考虑。

三、有关事故的历史信息

依据已掌握的机械的实际统计资料，特别是近 5 年的事故隐患的检查和测量数据，工伤事故停工和经济损失统计，重伤、死亡事故的分析报告等劳动卫生统计和测试数据资料，采用科学的类比方法估计、推算得到基本符合实际的所需资料，供分析研究之用。还可以通过查阅文献和相似的类比机械进行实地调查、测试，获得具有可比性的各类机械及作业的相关信息。

1. 相同或类似机械的资料

相同或类似机械的事故或职业病历史资料：在机械使用时期的有关危险和事故的数据资料，对于风险评价有直接的借鉴意义。

2. 不同类型机械的资料

当相同或类似机械的有关资料不充分时，可借鉴不同类型机械的类似危险状态的事故资料进行比较。

值得注意的是我国相当多的企业不重视劳动安全卫生方面的数据统计和资料积累，给风险评价工作造成资料缺口，使评价工作的质量受到影响，这是今后安全管理工作需要引起注意并需要大大加强的一个方面。

第三节 风险要素的分析确定

危险是产生伤害的起源，但有危险并不一定都产生伤害。风险是产生伤害的可能性（概率）和如果发生伤害可能造成的严重程度这两个要素的组合。风险分析也就是对这两个要素的分析确定。风险与风险要素之间的关系可以用公式表示为：

风险 = 危险可能伤害的程度 × 伤害出现的概率

危险识别后，对每一种危险都应通过分析，确定其风险要素，然后进行风险评估。

一、伤害出现的概率

伤害是指对人的身体造成损伤或危害健康。危险事件是指可能引起伤害的事件。分析伤害出现的概率时，要从人员暴露的频次、持续时间和危险事件出现的概率两方面进行。

1. 人员暴露的频次和持续时间

(1)需要考虑机械“寿命”期间各个阶段，如生产操作、维护或修理、安装或拆卸等的各种操作模式下，人员处于危险区或接近危险的作业需要。

(2)分析接近危险的性质，如正常操作、手动送料、搬运重物、高处作业、加工物料有毒性或环境粉尘等。

(3)分析每次介入危险区的时间和人数，进入危险区的频次等。

2. 危险事件出现的概率及影响因素

(1)危险事件出现的概率，一般是根据统计数据、伤害事故和损害健康的档案资料以及相似机械的风险比较确定。在判断危害出现的概率时，需要考虑一些对避免或限制伤害的可能性有影响的因素作用，这些因素既有来自机械技术上的，也有人员方面的。

(2)机械技术方面的影响因素如下。

①机械是否设置危险警告，如果有，其显示方式是采用一般信息直接观察，还是通过声、光等指示装置。

②危险事件出现的速度，是突然发生、快速作用还是有先兆的慢过程(如钢丝绳的断裂先从断丝开始)。

③人员避免危险的可能性和条件(例如是否采用安全装置、急停装置、避让空间、逃难通道等)，是有可能还是在某些情况下可能或根本不可能。

(3)人员技能和安全意识方面的影响因素如下。

①对使用机器的人员是否有专业要求，是由熟练工操作，还是非熟练工操作，还是采用机器人，无须人操作。

②人员对风险的了解程度、避免伤害的知识、实践经验和实际技能等，是否受过专门培训，是否有使用该机械或类似机械的经验。

人的不安全行为同个人的知识、经验、生理和心理状态有关，不同的人面临相同的客观危险会有不同的主观的不确定性。

二、伤害的严重程度

伤害的严重程度可从以下几个方面考虑。

1. 确定防护对象

确定防护对象,即确定是对人身安全的直接损伤作用,还是对人的健康和环境的影响或对劳动安全与卫生的综合影响。

2. 损伤的严重程度

估计损伤程度时,应该考虑同一原因所致的各种损伤形态,包括直接损失和间接损失;还要考虑一个损失原因所涉及的范围,范围越大,涉及的人员越多,严重程度就越大。这大体可以分为以下三个等级。

(1)轻度。它是指可恢复正常的损伤或对健康的危害。

(2)严重。它是指伤势严重,人体要害部位(头、眼部、内脏损伤、严重骨折等)受伤,经医生诊断成为残废或可能成为残废的(手或脚),且不能恢复正常的损伤或对健康的危害。

(3)死亡。它包括一般死亡事故(一次死亡 3 人以下),较大死亡事故(一次死亡 3 ~9 人),重大死亡事故(一次死亡 10 ~29 人),特别重大死亡事故(一次死亡 30 人以上)。

风险评价依赖于判断决定,应通过定性的方法来支持,并尽可能通过定量方法补充。在许多情况下,伤害可能出现的概率和伤害可能的严重程度不容易确定,特别是定量法,受到是否能得到有用数据量的限制。因此,除了少数定量化的因素(如暴露在某一噪声级的时间限值,有毒物质的允许浓度等)外,在许多应用场合,在得不到精确资料的情况下只能是定性的估计。

历史事故资料对判断风险有重要的参考价值,但在风险评价中需要注意,仅仅根据事故次数不多或事故性质不严重的事故资料,和在这个基础上得到的风险评价结果,不能用来确定机器的安全水平,特别是在没有事故历史资料时,不能自然得出低风险水平的推测。一定要全面分析判断,保证风险评价结论的公正和正确性。

第四节 风险评定和安全对策建议

风险分析后,要进行风险评定,以确定所评价的机械风险是否减小,是否达到了安全目标。如果需要减小机械存在的风险,则应选择相应的安全措施对策,并应重复风险分析的迭代过程。直到通过风险比较后的结果使人确信机械是安全的,实现了机械安全的预定目标。

一、风险评定

风险评定是风险评价过程中的重要环节，是在风险分析基础上综合考虑各方面的因素，对评价对象给出评价结论。判断评价对象是否安全，危险是否减小，是否仍然存在风险，其影响程度是否可接受，以便针对风险寻求安全措施对策。

1. 风险评定应考虑的因素

(1)危险和风险是否消除或减小。这是指通过实现预定功能的结构设计，是否将各种危险已消除或减小；使用机械的人员或其他相关人员在危险中的暴露，是否符合有关要求；选择和应用的材料或物质是否有危险，能否有替代的措施。

(2)采用安全防护措施是否合适。这是指所选的安全防护类型对预期使用所起的防护是否充分并经过验证，安全防护装置能否被毁坏或避开，安全防护措施对正常操作是否有妨碍。假如安全防护失效，由此可能引起的伤害是否在允许范围内。

(3)提供的信息是否充分。这是指有关机械的预定使用信息是否清楚；安全标志是否符合要求，是否提供了使用说明书，机械使用安全操作规程是否已充分说明；是否通知或警告用户有关遗留风险。

(4)附加预防措施是否有效。附加预防措施，如机器的可维修措施、机器及其重型零部件安全搬运和稳定性措施等是否有效。

2. 风险比较

风险比较是风险评定过程的一部分。根据类推原理，作为评价对象的机械有关风险可与类似机械的风险相比较，使评价结论有可信的参照依据。风险比较时应注意以下问题。

(1)两种机械具有可比性。两种机械预定使用和采用的工艺水平是可比的，技术目标是可比的，使用条件是可比的，危险和风险要素是可比的。

(2)被比较机械的资料可靠。这是指有确凿的数据资料表明，参照比较的类似机械按照现有工艺水平，其安全性是可信的或风险水平是可接受的。

(3)两种机械的差异性。这是指风险比较不能忽视两种机械的差异，诸如特定使用的条件、生产对象的不同、操作方式的差异等。进行比较时，应对差异有关的风险给以特别关注，并需要遵循风险评价程序予以确认。

二、安全措施对策

安全措施包括由设计阶段采取的安全措施和由用户采取补充的措施。设计是机械安全的源头，当设计阶段的措施不足以避免或充分限制各种危险和风险时，则应由用户采取补充的安全措施，以便最大限度减小遗留风险。

1. 采取安全措施的原则

(1)安全优先于经济。这是指当安全卫生技术措施与经济效益发生矛盾时，宜优先考虑安全的要求。

(2)设计优先于使用。这是指设计阶段的安全措施应优先于由用户采取的措施，因为设计是机械安全的源头。避免风险的决策应在机械的概念设计或初步设计阶段确定，以避免将危险遗留在使用中，还可以减少因安全整改造成的浪费或中途改变设计方案的不便。

(3)设计缺陷不能以信息警告弥补。这是指不能以使用信息代替应由使用技术手段来解决的安全问题，使用信息只起提醒和警告的作用，不能在实质上避免风险。

(4)设计应采取的措施不能留给用户。这是指设计采用的措施无效或不完全有效的那些风险，可通过使用信息通知和警告使用者在使用阶段采用补救安全措施，但应该由设计阶段采用的安全措施，绝不能留给使用阶段去解决。

2. 选择安全技术措施的顺序

(1)实现本质安全性。这是指采用直接安全技术措施，选择最佳设计方案，并严格按照标准制造、检验；合理地采用机械化、自动化和计算机技术，最大限度地消除危险或限制风险，实现机械本身应具有的本质安全性能。

(2)采用安全防护装置。若不能或不完全能由直接安全技术措施实现安全时，可采用间接安全技术措施即为机械设备设计出一种或多种安全防护装置，最大限度地预防、控制事故发生。要注意，当选用安全防护措施来避免某种风险时，要警惕可能产生另一种风险。

(3)使用信息。若直接安全技术措施和间接安全技术措施都不能完全控制风险，就需要采用指示性安全技术措施，通知和警告使用者有关某些遗留风险。

(4)附加预防措施。它包括紧急状态的应急措施，如急停措施、陷入危险时的躲避和援救措施，安装、运输、贮存和维修的安全措施等。

(5)安全管理措施。这是指建立健全安全管理组织，制定有针对性的安全规章制度，对机械设备实施有计划的监管，特别是对安全有重要影响的关键机械设备和零部件的检查和报废等，选择、配备个人防护用品。

(6)人员的培训和教育。绝大多数意外事故与人的行为过失有直接或间接的联系，所以应加强对员工的安全教育，包括安全法规教育、风险知识教育、安全技能教育、特种工种人员的岗位培训和持证上岗，并要掌握必要的施救技能。

机械系统的复杂性决定了实现消除某一危险和减小某一风险往往需要采用多

种措施，每一种措施都有各自的适用范围和局限性，要把所有可供选用的对策仔细分析，权衡比较，在全面周到地考虑各种约束条件的基础上寻找最好的对策，提供给设计者决策，最终达到保障机械系统安全的目的。

第二篇 起 重 安 全

第四章 起重机与起重事故

第一节 起重机械概述

起重机是用来进行物料搬运作业的机械设备。起重机械通过工作机构的组合运动，把物料提升，在空间一定范围内移动，然后按要求将物料安放到指定位置，空载回到原处，准备再次作业，从而完成一次物料搬运的工作循环。起重机械的搬运作业是周期性的间歇作业。广泛用于输送、装卸和仓储等作业场所。

现代工业企业要求有各种类型的起重运输机械来满足企业物流机械化需求，又要有效地运用和增加设备的利用能力，以达到最经济的效果。在现代生产中，起重机不仅在物料运输领域起着重要作用，而且有些起重机直接参与生产工艺过程，成为工艺设备的主要组成部分，大大提高了劳动效率，同时减轻了劳动强度。起重设备还进入人们的工作和生活领域。例如公共场所的电梯、娱乐场所的大型升降游艺机等，提高了人们的生活和生存质量。

一、起重机械分类

起重机械按其构造类型可分为轻小起重设备、升降机和起重机。

1. 轻小起重设备

轻小型起重设备一般只有一个升降机构，常见的有千斤顶、电动或手拉葫芦、绞车、滑车等。有的电动葫芦配有可以沿单轨运动的运行机构。

2. 升降机

常见的升降机有垂直升降机、电梯等。它虽然也只有一个升降机构，但由于配有完善的安全装置及其他附属装置，其复杂程度是轻小起重设备不能比拟的，故列为单独一类。

3. 起重机

起重机是指除了起升机构以外还有其他运动机构的起重设备。根据水平运动形式的不同，分为桥架类型起重机和臂架类型起重机两大类别。此外，还有桥架与臂架类型综合的起重机，例如，在装卸桥上装有可旋转臂架的起重机，在冶金桥式起重机上装有可旋转小车等。

(1)桥架类型起重机。其特点是以桥形结构作为主要承载构件，取物装置悬挂在可以沿主梁运行的起重小车上。桥架类型起重机通过起升机构的升降运动、小车运行机构和大车运行机构的水平运动，这三个工作机构的组合运动，在矩形三维空间内完成物料搬运作业。这类起重机应用于车间、仓库、露天堆场等处。桥架类型起重机根据结构型式不同还可以分为桥式起重机、门式起重机和缆索起重机。

①桥式起重机。其使用广泛的有单主梁或双主梁桥式起重机，它的主梁和两个端梁组成桥架，整个起重机直接运行在建筑物高架结构的轨道上(见图4-1)。最简单的是梁式起重机，采用电动葫芦在工字钢梁或其他简单梁上运行。

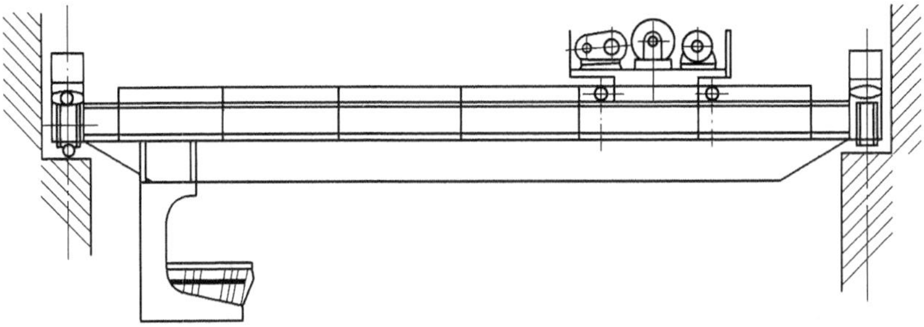

图4-1　桥式起重机

②门式起重机，又被称为带腿的桥式起重机。其主梁通过支撑在地面轨道上的两个刚性支腿或刚性一柔性支腿，形成一个可横跨铁路轨道或货场的门架，外伸到支腿外侧的主梁悬臂部分可扩大作业面积(见图4-2)。门式起重机有时制造成单支腿的半门式起重机。装卸桥是专门用于装卸作业的门式起重机(见图4-3)，供货站、港口等部门进行散粒物料的堆取，其特点是小车运行速度大、跨度大(一般为60~90m以上)，生产率高(可达500~1 000t/h或更高)。集装箱门式起重机是80年代发展起来的机种，是专门用来进行集装箱的堆垛和装卸作业的门式起重机，如卸船上集装箱的门式起重机(见图4-4)。

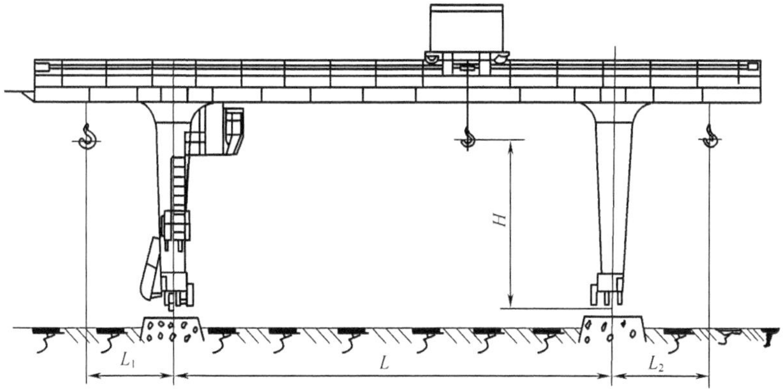

图 4－2　门式起重机

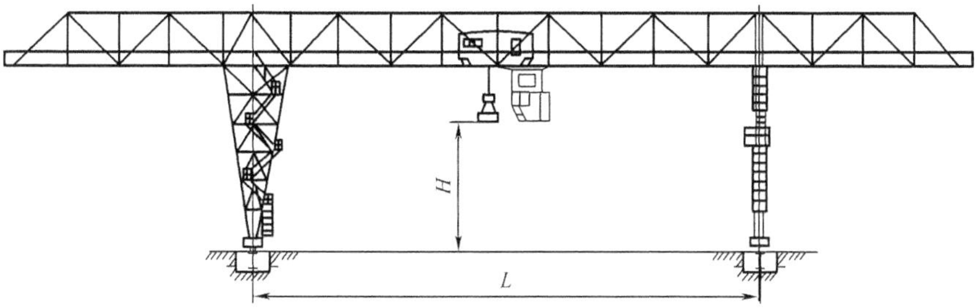

图 4－3　装卸桥

③缆索起重机。它适用于跨度大、地形复杂的货场、水库或工地作业（见图 4－5）。由于跨度大，固定在两个塔架顶部的缆索取代了桥形主梁。悬挂在起重小车上的取物装置被牵引索高速牵引，沿承载索往返运行，两塔架分别在相距较远的两岸轨道上，可以低速运行。

（2）臂架类型起重机。其结构都有一个悬伸、可旋转的臂架作为主要受力构件，除了起升机构外，通常还有旋转机构和变幅机构，通过起升机构、变幅机构、旋转机构和运行机构等四大机构的组合运动，可以实现在圆形或长圆形空间的装卸作业。臂架式起重机可装设在车辆或其他运输工具上，构成了常见的各种运行臂架式起重机，例如，门座起重机、塔式起重机、铁路起重机、流动式起重机等。

①流动式起重机。它包括汽车起重机（见图 4－6）、轮胎起重机（见图 4－7）、履带起重机（见图 4－8），采用充气轮胎或履带作运行装置，可以在无轨路面长距离移动。最常见的汽车起重机安装在汽车底盘上，其优点是机动性好，可与汽车一起编队运行。

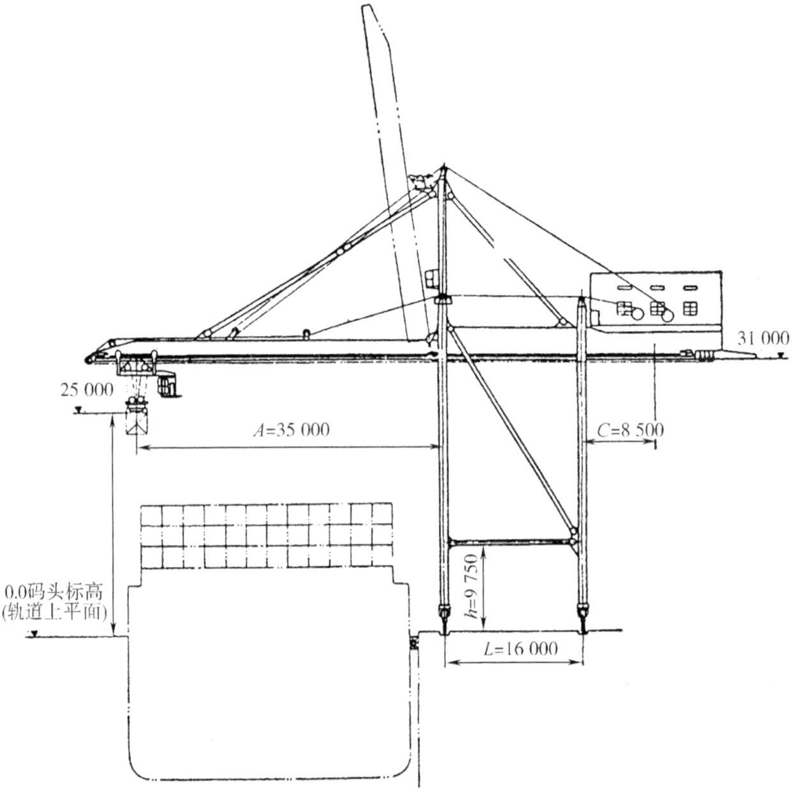

图 4－4　卸船机

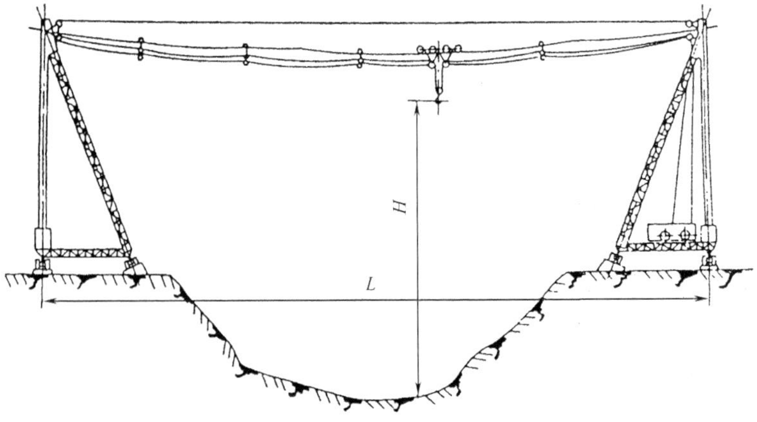

图 4－5　缆索起重机

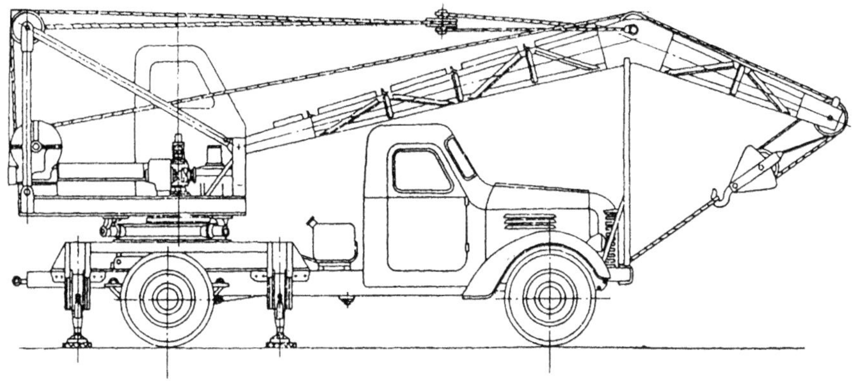

图 4－6　汽车起重机

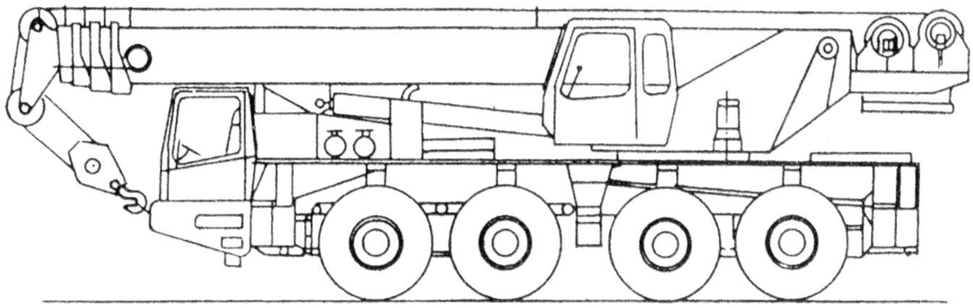

图 4－7　轮胎起重机

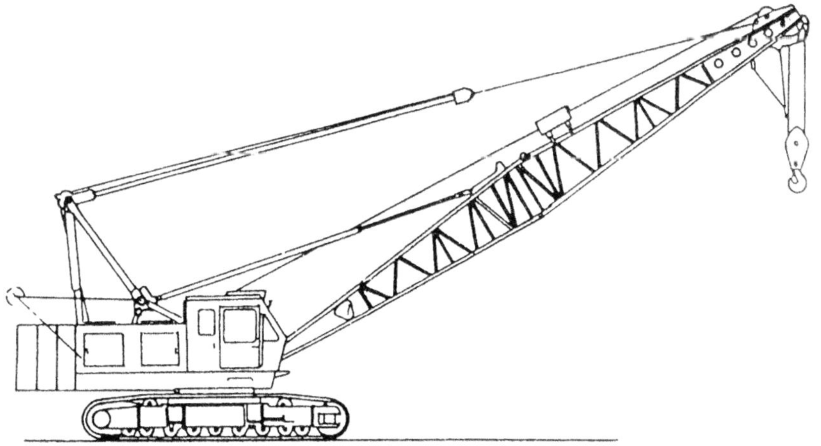

图 4－8　履带起重机

②塔式起重机。其结构特点是臂架长(服务范围大)、塔身高(增加升降高度)、设计精巧,可以快速安装、拆卸。轨道临时铺设在工地上,以适应经常搬迁的需要(见图4-9)。

③门座式起重机。它是回转臂架安装在门形座架上的起重机,沿地面轨道运行的门座架下可通过铁路车辆或其他车辆,多用于港口装卸作业,或造船厂进行船体与设备装配(见图4-10)。

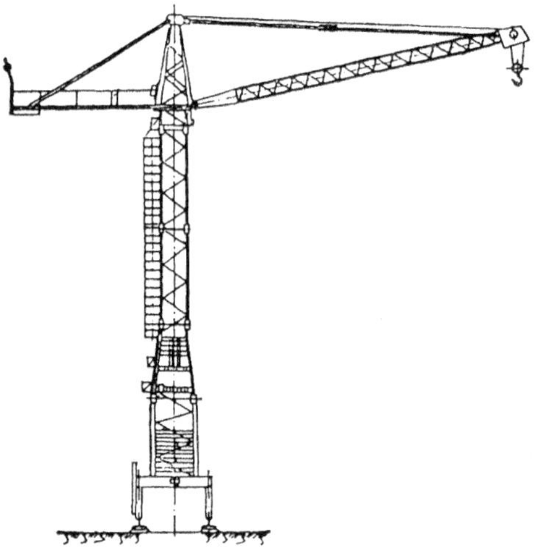

图4-9　塔式起重机

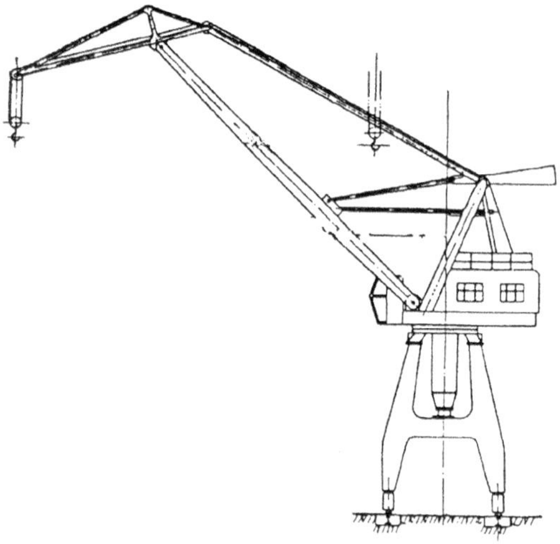

图4-10　门座式起重机

二、起重机的组成

起重机械由驱动装置、工作机构、取物装置、操纵控制系统和金属结构组成(见图4-11)。通过对控制系统的操纵,驱动装置将动力能量输入,转变为机械能(即适宜的力或运动速度),再传递给取物装置。取物装置将被搬运物料与起重机联系起来,通过工作机构单独或组合运动,完成物料搬运任务。可移动的金属结构将各组成部分连接成一个整体,并承载起重机的自重和吊重。

1. 驱动装置

驱动装置是用来驱动工作机构的动力设备的。常见的驱动装置有电力驱动、内燃机驱动和人力驱动等。电能是清洁、经济的能源,电力驱动是现代起重机的主要驱动型式,几乎所有的在有限范围内运行的有轨起重机、升降机、电梯等都采用电力驱动。对于可以远距离移动的流动式起重机(如汽车起重机、轮胎起重机和履带起

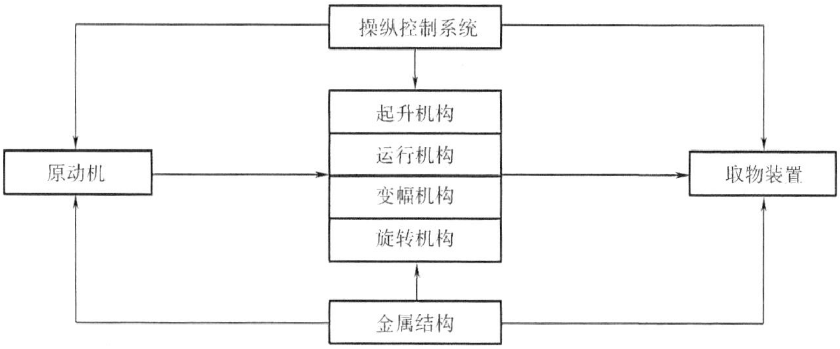

图 4－11 起重机的组成

重机)多采用内燃机驱动。人力驱动适用于一些轻小起重设备,也用作某些设备的辅助、备用驱动和意外(或事故状态)的临时动力。

2. 工作机构

工作机构包括起升机构、运行机构、变幅机构和旋转机构,被称为起重机的四大机构。

(1)起升机构,是用来实现物料的垂直升降的机构,是任何起重机不可缺少的部分,因而是起重机最主要、最基本的机构。

(2)运行机构,是通过起重机或起重小车运行来实现水平搬运物料的机构,有无轨运行和有轨运行之分,按其驱动方式不同分为自行式和牵引式两种。

(3)变幅机构,是臂架起重机特有的工作机构。变幅机构通过改变臂架的长度和仰角来改变作业幅度。

(4)旋转机构,是使臂架绕着起重机的垂直轴线作回转运动,在环形空间运移动物料。

起重机通过某一机构的单独运动或多机构的组合运动,来达到搬运物料的目的。

3. 取物装置

取物装置是通过吊、抓、吸、夹、托或其他方式,将物料与起重机联系起来进行物料吊运的装置。根据被吊物料不同的种类、形态、体积大小,采用不同种类的取物装置。例如,成件的物品常用吊钩、吊环,散料(如粮食、矿石等)常用抓斗、料斗,液体物料使用盛筒、料罐等。也有针对特殊物料的特种吊具,如吊运长形物料的起重横梁,吊运导磁性物料的起重电磁吸盘,专门为冶金等部门使用的旋转吊钩,还有螺旋卸料和斗轮卸料等取物装置,以及集装箱专用吊具等。合适的取物装置可以减轻作业人员的劳动强度,大大提高工作效率。防止吊物坠落,保证作业人员的安全和吊物不受损伤是对取物装置安全的基本要求。

4. 金属结构

金属结构是以金属材料轧制的型钢（如角钢、槽钢、工字钢、钢管等）和钢板作为基本构件，通过焊接、铆接、螺栓连接等方法，按一定的组成规则连接，承受起重机的自重和载荷的钢结构。金属结构的重量约占整机重量的40%～70%左右，重型起重机可达90%；其成本约占整机成本的30%以上。金属结构按其构造可分为实腹式（由钢板制成，也称箱型结构）和格构式（一般用型钢制成，常见的有桁架和格构柱）两类，组成起重机金属结构的基本受力构件。这些基本受力构件有柱（轴心受力构件）、梁（受弯构件）和臂架（压弯构件），各种构件的不同组合形成功能各异的起重机。受力复杂、自重大、耗材多和整体可移动性是起重机金属结构的工作特点。

起重机的金属结构是起重机的重要组成部分，它是整台起重机的骨架，将起重机的机械、电气设备连接组合成一个有机的整体，承受和传递作用在起重机上的各种载荷并形成一定的作业空间，以便使起吊的重物顺利搬运到指定地点。金属结构的垮塌破坏会给起重机带来极其严重甚至灾难性的后果。

5. 控制操纵系统

通过电气、液压系统控制操纵起重机各机构及整机的运动，进行各种起重作业。控制操纵系统包括各种操纵器、显示器及相关元件和线路，是人机对话的接口。安全人机学的要求在这里得到集中体现。该系统的状态直接关系到起重作业的质量、效率和安全。

起重机与其他一般机器的显著区别是庞大、可移动的金属结构和多机构的组合工作。间歇式的循环作业、起重载荷的不均匀性、各机构运动循环的不一致性、机构负载的不等时性、多人参与的配合作业等特点，又增加了起重机的作业复杂性、安全隐患多、危险范围大、事故易发点多、事故后果严重，因而起重机的安全格外重要。

第二节　起重伤害事故

起重事故是指在进行各种起重作业（包括吊运、安装、检修、试验）中发生的重物（包括吊具、吊重或吊臂）坠落、夹挤、物体打击、起重机倾翻、触电等事故。起重伤害事故可造成重大的人员伤亡或财产损失。根据不完全统计，在事故多发的特殊工种作业中，起重作业事故的起数高，事故后果严重，重伤、死亡人数比例大，已引起有关方面的高度重视。

一、起重作业属于特殊作业,起重机械属于危险设备

从安全角度看,与一人一机在较小范围内的固定作业方式不同,起重机的功能是将重物提升到空间进行装卸吊运。为满足作业需要,起重机械需要有特殊的结构形式,使起重机和起重作业方式本身就存在着诸多危险因素。概括起来起重作业有如下特点。

1. 吊物具有很高的势能

被搬运的物料个大体重(一般物料均上吨重)、种类繁多、形态各异(包括成件、散料、液体、固液混合等物料),起重搬运过程是重物在高空中的悬吊运动。

2. 起重作业是多种运动的组合

四大机构组成多维运动,体形高大金属结构的整体移动,大量结构复杂、形状不一、运动各异、速度多变的可动零部件,形成起重机械的危险点多且分散的特点,给安全防护增加难度。

3. 作业范围大

金属结构横跨车间或作业场地,高居其他设备、设施和施工人群之上,起重机带载可以部分或整体在较大范围内移动运行,使危险的影响范围加大。

4. 多人配合的群体作业

起重作业的程序是地面司索工捆绑吊物、挂钩;起重司机操纵起重机将物料吊起,按地面指挥,通过空间运行,将吊物放到指定位置摘钩、卸料。每一次吊运循环,都必须是多人合作完成,无论哪个环节出问题,都可能发生意外。

5. 作业条件复杂多变

在车间内,地面设备多,人员集中;在室外,受气候、气象条件和场地限制的影响,特别是流动式起重机还涉及地形和周围环境等多因素的影响。

总之,重物在空间的吊运、起重机的多机构组合运动、庞大金属结构整机移动性,以及大范围、多环节的群体运作,使起重作业的安全问题尤其突出。

二、起重伤害事故形式

1. 重物坠落

吊具或吊装容器损坏、物件捆绑不牢、挂钩不当、电磁吸盘突然失电、起升机构的零件故障(特别是制动器失灵、钢丝绳断裂)等都会引发重物坠落。处于高位置的物体具有势能,当坠落时,势能迅速转化为动能,上吨重的吊载意外坠落,或起重机的金属结构件破坏、坠落,都可能造成严重后果。

2. 起重机失稳倾翻

起重机失稳有两种类型：一是由于操作不当（例如超载、臂架变幅或旋转过快等）、支腿未找平或地基沉陷等原因使倾翻力矩增大，导致起重机倾翻；二是由于坡度或风载荷作用，使起重机沿路面或轨道滑动，导致脱轨翻倒。

3. 挤压

起重机轨道两侧缺乏良好的安全通道或与建筑结构之间缺少足够的安全距离，使运行或回转的金属结构机体对人员造成夹挤伤害；运行机构的操作失误或制动器失灵引起溜车，造成碾压伤害等。

4. 高处跌落

人员在离地面大于2m的高度进行起重机的安装、拆卸、检查、维修或操作等作业时，从高处跌落造成的伤害。

5. 触电

起重机在输电线附近作业时，其任何组成部分或吊物与高压带电体距离过近，感应带电或触碰带电物体，都可以引发触电伤害。

6. 其他伤害

其他伤害是指人体与运动零部件接触引起的绞、碾、戳等伤害；液压起重机的液压元件破坏造成高压液体的喷射伤害；飞出物件的打击伤害；装卸高温液体金属、易燃易爆、有毒、腐蚀等危险品，由于坠落或包装捆绑不牢破损引起的伤害；等等。

三、起重伤害事故的特点

起重伤害事故有如下特点。

第一，事故大型化、群体化，一起事故有时涉及多人，并可能伴随大面积设备设施的损坏。

第二，事故类型集中，一台设备可能发生多起不同性质的事故是不常见的。

第三，事故后果严重，只要是伤及人，往往是恶性事故，一般不是重伤就是死亡。

第四，伤害涉及的人员可能是司机、司索工和作业范围内的其他人员，其中司索工被伤害的比例最高。文化素质低的人群是事故高发人群。

第五，在安装、维修和正常起重作业中都可能发生事故。其中，起重作业中发生的事故最多。

第六，事故高发行业中，建筑、冶金、机械制造和交通运输等部门较多，与这些部门起重设备数量多、使用频率高、作业条件复杂有关。

第七，起重事故类别与机种有关，重物坠落是各种起重机共同的易发事故，此外还有桥架式起重机的夹挤事故，汽车起重机的倾翻事故，塔式起重机的倒塔折臂事故，室外轨道起重机在风载作用下的脱轨翻倒事故以及大型起重机的安装事故等。

四、事故原因的分析

1. 起重机的不安全状态

首先是设计不规范带来的风险，其次是制造缺陷，诸如选材不当、加工质量问题、安装缺陷等，使带有隐患的设备投入使用。大量的问题存在于使用环节，例如，不及时更换报废零件、缺乏必要的安全防护、保养不良带病运转，以至造成运动失控、零件或结构破坏等。总之，设计、制造、安装、使用等任何环节的安全隐患都可能带来严重后果。起重机的安全状态是保证起重安全的重要前提和物质基础。

2. 人的不安全行为

人的行为受到生理、心理和综合素质等多种因素的影响，其表现是多种多样的。例如：操作技能不熟练，缺少必要的安全教育和培训；非司机操作，无证上岗；违章违纪蛮干，不良操作习惯；判断操作失误，指挥信号不明确，起重司机和起重工配合不协调等。总之，安全意识差和安全技能低下是引发事故主要的人为原因。

3. 环境因素

超过安全极限或卫生标准的不良环境，室外起重机受到气候条件的影响，直接影响人的操作意识水平，使失误机会增多，身体健康受到损伤。另外，不良环境还会造成起重机系统功能降低甚至加速零、部、构件的失效，造成安全隐患。

4. 安全卫生管理缺陷

安全卫生管理包括领导的安全意识水平、对起重设备的管理和检查实施、对人员的安全教育和培训、安全操作规章制度的建立等。管理上的任何疏忽和不到位，都会给起重安全埋下隐患。

起重机的不安全状态和操作人员的不安全行为是事故的直接原因，环境因素和管理是事故发生的间接条件。事故的发生往往是多种因素综合作用的结果，只有加强对相关人员、起重机、环境及安全制度整个系统的综合管理，才能从根本上解决问题。

第五章　起重机技术参数与载荷

第一节　起重机主要技术参数

起重机主要参数是表征起重机主要技术性能指标的参数，是起重机设计的依据，也是起重机安全技术要求的重要依据。

一、起重量 G

起重量指被起升重物的质量，单位为 kg 或 t。可分为额定起重量、最大起重量、总起重量、有效起重量等。

1. 额定起重量 G_n

额定起重量为起重机能吊起的物料连同可分吊具或属具（如抓斗、电磁吸盘、平衡梁等）质量的总和。

2. 总起重量 G_z

总起重量为起重机能吊起的物料连同可分吊具和长期固定在起重机上的吊具和属具（包括吊钩、滑轮组、起重钢丝绳以及在起重小车以下的其他起吊物）的质量总和。

3. 有效起重量 G_p

有效起重量为起重机能吊起的物料的净质量。

该参数需要进行如下说明。

第一，起重机标牌上标定的起重量，通常都是指起重机的额定起重量，应醒目表示在起重机结构的明显位置上。

第二，对于臂架类型起重机来说，其额定起重量是随幅度而变化的，其起重特性指标是用起重力矩来表征的。标牌上标定的值是最大起重量。

第三，带可分吊具（如抓斗、电磁吸盘、平衡梁等）的起重机，其吊具和物料质量的总和是额定起重量，允许起升物料的质量是有效起重量。

二、起升高度 H

起升高度是指起重机运行轨道顶面（或地面）到取物装置上极限位置的垂直距离，单位为 m。通常用吊钩时，算到吊钩钩环中心；用抓斗及其他容器时，算到容器底部。

1. 下降深度 h

当取物装置可以放到地面或轨道顶面以下时，其下放距离称为下降深度。即吊具最低工作位置与起重机水平支承面之间的垂直距离。

2. 起升范围 D

起升范围为起升高度和下降深度之和，即吊具最高和最低工作位置之间的垂直距离。

$$D = H + h$$

三、跨度 S

跨度指桥式类型起重机运行轨道中心线之间的水平距离，单位为 m。

桥式类型起重机的小车运行轨道中心线之间的距离称为小车的轨距。

地面有轨运行的臂架式起重机的运行轨道中心线之间的距离称为该起重机的轨距。

四、幅度 L

旋转臂架式起重机的幅度是指旋转中心线与取物装置铅垂线之间的水平距离，单位为 m。非旋转类型的臂架起重机的幅度是指吊具中心线至臂架后轴或其他典型轴线之间的水平距离。

当臂架倾角最小或小车位置与起重机回转中心距离最大时的幅度为最大幅度；反之为最小幅度。

五、工作速度 v

工作速度是指起重机工作机构在额定载荷下稳定运行的速度。

1. 起升速度 v_q

起升速度是指起重机在稳定运行状态下，额定载荷的垂直位移速度，单位为 m/min。

2. 大车运行速度 v_k

大车运行速度是指起重机在水平路面或轨道上带额定载荷的运行速度，单位为

m/min。

3. 小车运行速度 v_t

小车运行速度是指稳定运动状态下，小车在水平轨道上带额定载荷的运行速度，单位为 m/min。

4. 变幅速度 v_l

变幅速度是指稳定运动状态下，在变幅平面内吊挂最小额定载荷，从最大幅度至最小幅度的水平位移平均线速度，单位为 m/min。

5. 行走速度 v_o

行走速度是指在道路行驶状态下，流动式起重机吊挂额定载荷的平稳运行速度，单位为 km/h。

6. 旋转速度 ω

旋转速度是指稳定运动状态下，起重机绕其旋转中心的旋转速度，单位为 r/min。

第二节　起重机工作级别

起重机工作级别的划分原则是在荷载不同、作用频次不同的情况下，具有相同寿命的起重机分在同一级别。划分工作级别的目的是为设计、制造和用户的选用提供合理、统一的技术基础和参考标准，以取得较好的安全、经济效果，亦可准确地反映起重机的工作状态。它还可提高起重机零部件的通用化水平，实现不同起重量起重机的零部件在相同工作级别的起重机上通用。起重机工作级别是起重机各组成部分的零、部、构件设计的重要依据，也是安全检查、事故分析计算和报废标准确定的依据。一般来说，工作级别不同，安全系数就不同，报废标准也不同。

一、起重机工作级别

1. 起重机的利用等级

利用等级表征起重机在整个设计寿命期间的使用频繁程度，按设计寿命期内总的工作循环次数 N 分为十级（见表 5－1）。

表 5-1　起重机利用等级

利用等级	总的工作循环次数 N	附注
U_0	1.6×10^4	不经常使用
U_1	2.2×10^4	
U_2	3.3×10^4	
U_3	1.25×10^5	
U_4	2.5×10^5	经常轻闲地使用
U_5	5×10^5	经常中等地使用
U_6	1×10^6	不经常繁忙地使用
U_7 U_8 U_9	2×10^6 4×10^6 $>4\times10^6$	繁忙地使用

2. 起重机的载荷状态

载荷状态表明起重机受载的轻重程度，与两个因素有关，即所起升的载荷与额定载荷之比 P_i/P_{max} 和各个起升载荷的作用次数与总的工作循环次数之比，n_i/N。表示二者关系的载荷谱系数 K_p 由下式计算：

$$K_p = \sum\left[\frac{n_i}{N}\left(\frac{P_i}{P_{max}}\right)^m\right]$$

式中：K_p——载荷谱系数；

n_i——载荷 P_i 的作用次数；

N——总的工作循环次数，$N=\sum n_i$；

P_i——第 i 个起升载荷，$i=1,2,\cdots,n$；

P_{max}——最大起升载荷；

m——指数，此处取 $m=3$。

起重机的载荷状态按名义载荷谱系数分为四级（见表 5-2）。

如果计算出来的 K_p 值介于表 5-2 所列两值之间，应取与其最接近且稍偏大的那一级的名义值，按这样确定工作级别来进行起重机设计是偏于安全的。

表 5－2　起重机载荷状态分级及其名义载荷谱系数

载荷状态	名义载荷谱系数(K_p)	说明
Q1－轻	0.125	很少起升额定载荷,一般起升轻微载荷
Q2－中	0.25	有时起升额定载荷,一般起升中等载荷
Q3－重	1.5	经常起升额定载荷,一般起升较重载荷
Q4－特重	1.0	频繁起升额定载荷

综合考虑利用等级和载荷状态,按对角线原则,起重机工作级别分为 A1～A8 八级(见表 5－3)。

表 5－3　起重机工作级别的划分

载荷状态	名义载荷谱系数(K_p)	起重机利用等级									
		U_0	U_1	U_2	U_3	U_4	U_5	U_6	U_7	U_8	U_9
Q1－轻	0.125			A1	A2	A3	A4	A5	A6	A7	A8
Q2－中	0.25		A1	A2	A3	A4	A5	A6	A7	A8	
Q3－重	0.5	A1	A2	A3	A4	A5	A6	A7	A8		
Q4－特重	1.0	A2	A3	A4	A5	A6	A7	A8			

常用起重机的工作级别见表 5－4。

表 5－4　起重机工作级别举例

起重机型式			工作级别
桥式起重机	吊钩式	电站安装及检修用	A1,A2,A3
		车间及仓库用	A3,A4,A5
		繁重工作车间及仓库用	A6,A7
	抓斗式	间断装卸用	A6,A7
		连续装卸用	A8
	冶金专用	吊料箱用	A7,A8
		加料用	A8
		铸造用	A6,A7,A8
		锻造用	A7. A8

续表

起重机型式		工作级别
门式起重机	一般用途吊钩式	A5,A6
	装卸用抓斗式	A7,A8
	电站用吊钩式	A2,A3
	造船安装用吊钩式	A4,A5
	装卸集装箱用	A6,A7,A8
装卸桥	料场装卸用抓斗式	A7,A8
	港口装卸用抓斗式	A8
	港口装卸集装箱用	A6,A7,A8
门座起重机	安装用吊钩式	A3,A4,A5
	装卸用吊钩式	A6,A7
	装卸用抓斗式	A7,A8
塔式起重机	一般建筑安装用	A2,A3,A4
	用吊罐装卸混凝土	A4,A5,A6
汽车、轮胎、履带、铁路起重机	安装及装卸用吊钩式	A1,A2,A3,A4
	装卸用抓斗式	A4,A5,A6
缆索起重机	安装用吊钩式	A3,A4,A5
	装卸或施工用吊钩式	A6,A7
	装卸或施工用抓斗式	A7,A8

二、起重机结构工作级别

起重机结构工作级别按结构件中的应力状态(名义应力谱系数,相应于表5-2中名义载荷谱系数)和应力循环次数(应力循环等级,相应于表5-1中总的工作循环次数)分为A1~A8级(见表5-3)。其划分方式与起重机工作级别的划分方式相同。起重机的载荷谱和工作循环次数是决定构件应力谱和应力循环次数的依据。结构工作级别不一定与起重机的工作级别相同,视具体情况而定。

三、机构工作级别

机构工作级别按各个工作机构的利用等级(表明机构工作的繁忙程度,即机构设计总使用寿命期内处于运转状态的总小时数)和载荷状态(表明机构受载的轻重程度)来划分。

1. 机构利用等级

利用等级按机构总设计寿命(在设计假定的使用年数内处于运转的总小时数)分为十级(见表5-5)。

表5-5 机构利用等级

机构利用等级	总设计寿命/h	说明
T_0 T_1 T_2 T_3	200 400 800 1 600	不经常使用
T_4	3 200	常轻闲地使用
T_5	6 300	经常中等地使用
T_6	12 500	经常繁忙地使用
T_7 T_8 T_9	25 000 50 000 100 000	繁忙地使用

2. 机构的载荷状态

机构的载荷状态可用载荷谱系数 K_m 表征。其值按下式计算：

$$K_m = \sum \left[\frac{t_i}{t_T} \left(\frac{P_i}{P_{max}} \right)^m \right]$$

式中：m——机构零件材料疲劳试验曲线的指数，此处取 $m=3$；

P_i——机构在工作时间内所承受的各个不同的载荷，$i=1,2,\cdots,n$；

P_{max}——P_i 的最大值；

t_i——机构承受各个不同载荷的持续时间，$i=1,2,\cdots,n$；

t_T——所有不同载荷作用的总持续时间：$t_T = \sum t_i = t_l + t_2 + \cdots + t_n$。

机构名义载荷谱系数分为四级(见表5-6)。

表 5－6　机构载荷状态分级及其名义载荷谱系数

载荷状态	机构名义载荷谱系数 K_m	说明
L1－轻	0.125	常承受的载荷,偶尔承受最大的载荷
L2－中	0.25	经常承受中等载荷,较少承受最大的载荷
L3－重	0.50	经常承受较重载荷,也常承受最大的载荷
L4－特重	1.00	经常承受最大的载荷

载荷谱图是表示载荷大小与其出现频次关系的图形(见图 5－1),当机构的实际载荷变化情况已知时,实际载荷谱系数可先根据实际情况绘制载荷图谱,直接按公式计算,然后按表选择不小于并与之最接近的名义载荷谱系数;当机构的实际载荷状态未知时,则可按表中的说明栏的内容或按与标准载荷图谱最接近的情况,选择适当的载荷状态级别。

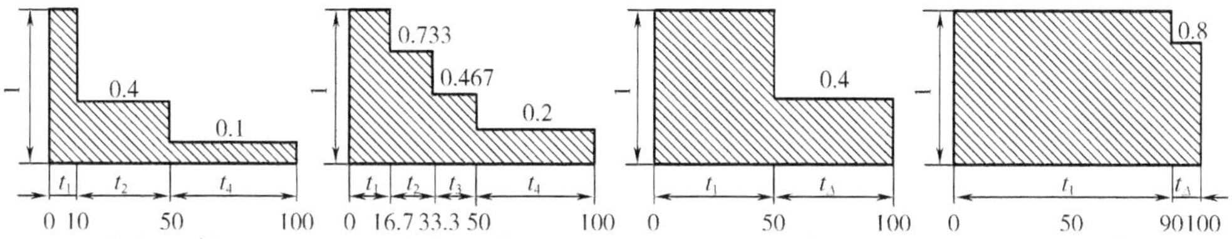

图 5－1　载荷谱图

机构工作级别根据机构的利用等级和载荷状态,按对角线原则,分为 M1 ~ M8 八级(见表 5－7)。

表 5－7　机构工作级别的划分

载荷状态	机构名义载荷谱系数(K_m)	机构利用等级									
		T_0	T_1	T_2	T_3	T_4	T_5	T_6	T_7	T_8	T_9
L1－轻	0.125			M1	M2	M3	M4	M5	M6	M7	M8
L2－中	0.25		M1	M2	M3	M4	M5	M6	M7	M8	
L3－重	0.5	M1	M2	M3	M4	M5	M6	M7	M8		
L4－特重	1.0	M2	M3	M4	M5	M6	M7	M8			

常用起重机的机构工作级别见表 5－8。

表 5-8 机构工作

起重机型式			主起升机构			副起升机构		
			利用等级	载荷情况	工作级别	利用等级	载荷情况	工作级别
桥式起重机	一般用途（吊钩式）	电站安装及检修用	T_2	L1，L2	M1，M2	T_3	L1	M2
		车间及仓库用	T_3，T_4	L1，L2	M2，M3，M4	T_4，T_5	L1，L2	M3，M4，M5
		繁重工作车间及仓库用	T_5，T_6	L2，L3	M5，M6，M7	T_5	L3	M6
	抓斗式	间断装卸用	T_5，T_6	L3	M6，M7			
		连续装卸用	T_6，T_7	L3	M7，M8			
	冶金专用	吊料箱用	T_6，T_7	L3	M7，M8			
		加料用	T_7，T_8	L3	M8	T_7，T_8	L3	M8
		铸造用	T_6，T_7	L3，L4	M7，M8	T_6，T_7	L3，L4	M7，M8
		锻造用	T_6，T_7	L3	M7，M8	T_6	L3	M7
装卸桥	料场装卸用抓斗式		T_6，T_7	L3，L4	M7，M8			
	港口装卸用抓斗式		T_6，T_7	L3，L4	M7，M8			
	港口装卸集装箱用		T_5，T_6	L2，L3	M5，M6，M7			
门座起重机	安装用吊钩式		T_5	L1，L2	M4，M5	T_5	L1，L2	M4，M5
	装卸用吊钩式		T_5	L2	M5			
	装卸用抓斗式		T_6，T_7	L3	M7，M8			
塔式起重机	建筑、施工安装用	$H<60$m	T_2，T_3，T_4	L2	M2，M3，M4			
		$H>60$m	T_4，T_5	L2	M4，M5			
	输送混凝土用	$H<60$m	T_3，T_4	L2，L3	M4，M5			
		$H>60$m	T_4，T_5	L2，L3	M4，M5，M6			
汽车、轮胎、履带、铁路起重机	安装及装卸用吊钩式		T_4，T_5	L1，L2	M3，M4			
	装卸用抓斗式		T_5，T_6	L2，L3	M5，M6，M7			
缆索起重机	安装用吊钩式		T_3，T_4，T_5	L2	M3，M4，M5			
	装卸用吊钩式		T_5，T_6	L3	M6，M7			
	装卸用抓斗式或输送混凝土用		T_6，T_7	L3，L4	M7，M8			

级别举例

小车运行机构			大车运行机构			回转机构			变幅机构		
利用等级	载荷情况	工作级别	利用等级	载荷情况	工作级别	利用等级	载荷情况	工作级别	利用等级	载荷情况	工作级别
T_2	L1,L2	M1,M2	T_2	L1	M1						
T_4,T_5	L1,L2	M3,M4,M5	T_4,T_5	L1,L2	M3,M5						
T_4,T_5	L3	M5,M6	T_6	L2,L3	M6,M7						
T_5,T_6	L3	M6,M7,M8	T_5,T_6	L3	M6,M7						
T_5,T_6	L3	M6,M7	T_5,T_6	L3	M6,M7						
T_5,T_6	L3	M6,M7	T_6	L3	M7						
T_7,T_8	L3	M8	T_7,T_8	L3	M8	T_7	L3	M7			
T_6	L3,L4	M7,M8	T_6,T_7	L3	M7,M8						
T_5,T_6	L3	M6,M7	T_6,T_7	L3	M7,M8						
T_6,T_7	L3,L4	M7,M8	T_5	L2,L3	M5,M6				T_4	L1	M3
T_6,T_7	L3,L4	M7,M8	T_6	L2,L3	M6,M7				T_4	L1	M3
T_5,T_6	L2,L3	M5,M6,M7	T_5,T_6	L2,L3	M5,M6,M7				T_4	L1	M3
			T_3,T_4	L2	M3,M4	T_4	L3	M5	T_4	L3	M5
			T_3	L2	M3	T_4	L3	M5	T_4	L3	M5
			T_4	L2	M4	T_5,T_6	L3	M6,M7	T_5	L3	M6
T_3	L1,L2	M3	T_2	L3	M3	T_2,T_3,T_4	L3	M3,M4,M5	T_2,T_3	L3	M2,M3
T_3,T_4,T_5	L2	M3	T_3	L2	M3	T_2,T_3,T_4	L3	M3,M4,M5	T_2,T_3	L3	M2,M3
T_5	L3	M5,M6	T_2,T_3,T_4,T_5	L3	M3,M4,M5,M6	T_4,T_5	L3	M5,M6	T_3,T_4	L3	M4,M5
T_5	L3	M6	T_3	L2	M3	T_4,T_5	L3	M5,M6	T_3,T_4	L3	M4,M5
			T_3,T_4	L1,L2	M2,M3,M4	T_4	L2	M4	T_4	L2	M4
			T_4,T_5	L2	M4,M5	T_5	L2,L3	M5,M6	T_4,T_5	L2,L3	M4,M5
T_3,T_4	L2	M3,M4	T_3,T_4	L2	M3,M4						
T_5,T_6	L2,L3	M5,M6	T_4,T_5	L2	M4,M5						
T_6	L3	M7	T_4,T_5	L2	M4,M5						

起重机工作级别与安全有着十分密切的关系,需要说明如下。

第一,起重机工作级别与起重机的起重量是两个不同的概念,二者不能混为一谈。起重量一般是指一次起升物料的最大质量,而工作级别是起重机综合工作特性参数。起重量大,工作级别未必高;起重量小,工作级别未必低。即使起重量相同的两台同类型起重机,只要工作级别不同,零、部、构件采用的安全系数就可能不相同,型号、尺寸、规格也不相同。如果仅看起重吨位而忽略工作级别,把工作级别轻的起重机频繁、满负荷使用,那么就会加速易损零部件报废,使故障频发,甚至引起事故,影响安全。

第二,起重机和金属结构的工作级别与机构工作级别是不同的。起重机工作级别的划分,是以金属结构受力状态为依据,对于同一台起重机,由于各个工作机构受载的不一致性和工作的不等时性,同一台起重机的不同机构的工作级别及机构、结构与起重机的工作级别往往不一致。在零部件的报废和更新时,要特别注意核对零部件所在机构或金属结构的工作级别。

第三节　起重机的计算载荷

起重机械在运行过程中,要承受各种载荷(如静载、动载、交变载、冲击载、振动载等),各承载零件和结构件会产生相应的应力和变形,如果超过一定的限度,就会丧失功能甚至破坏,从而造成危险。

起重机在作业过程中,承受载荷的复杂性不仅反映在载荷种类的多样性上,而且随着起重机作业的工作状况的不同而表现出多变的特征。载荷是起重机及其组成零部件正常工作受力分析的原始依据,也是零部件报废或事故原因判断分析的依据,载荷确定得准确与否将直接影响计算结果的安全性和事故结论的正确性。

一、起重机载荷的作用方式

1. 静载荷

当起重机处于静止状态或稳定运行状态时,起重机只受到自重载荷和起升载荷的静载荷作用。

(1)自重载荷 P_G。它包括起重机的金属结构、机械设备、电气设备,以及附设在起重机上的存仓或输送机及其上的物料等的重力(起升载荷的重力除外)。载荷的作用方式可以分别考虑,一般情况下,机械设备和电气设备的载荷视为集中载荷;桁架结构的自重看作节点载荷;箱型结构的自重作为均布载荷。

(2)起升载荷 P_Q。这是指所有起升质量的重力,包括允许起升的最大有效物品、取物装置(如下滑轮组、吊钩、吊梁、抓斗、容器、起重电磁铁等)、悬挂挠性件,以及其他在升降中的设备质量的重力。起升高度小于 50m 的起升钢丝绳的重量可以不计。

2. 动载荷

动载荷是起重机在运动状态改变时产生的动载效应。它是强度计算的重要依据,对疲劳计算也有影响。

起重机不工作或吊载静止在空中时,其自重载荷和起升载荷处于静止状态。在起重机工作时,当运动状态改变,动载效应使原有静力载荷值增加,其增大的部分就是动载荷。动载荷包括在变速运动中结构自重和起升载荷产生的惯性载荷;由于车轮经过不平整轨道接头或运动部分对缓冲器的撞击产生的冲击载荷;惯性载荷和冲击载荷使金属结构和机构的弹性系统产生振动的振动载荷。动载荷与运动方向和工作速度(加速度)有关,与结构因素(如系统质量的分布,系统的刚度和阻尼等)有关,而且与使用条件(如外载荷的大小及其变化规律、有无冲击等)有关。为了计算方便,通常用动力系数(动载荷与静载荷的比值)表示。使用时,一般根据实际情况,查阅起重机设计规范及有关手册选用。

二、垂直动载荷

1. 起升冲击系数 φ_1

起升质量突然离地起升或下降制动时,自重载荷将产生沿其加速度相反方向的冲击作用。在考虑这种工况的载荷组合时,起升冲击系数与起重机自重载荷相乘。φ_1 的数值范围如下:

$$0.9 \leqslant \varphi_1 \leqslant 1.1$$

2. 起升载荷动载系数 φ_2

起升质量突然离地起升或下降制动时,考虑被吊物品重力的动态效应的起升载荷增大系数。在考虑这种工况的载荷组合时,起升载荷动载系数与起升载荷相乘。φ_2 值的大小与起升速度、系统刚度及操作情况有关,一般在 1.0 ~ 2.0 范围内。起升速度越大,系统刚度越大,操作越猛烈,则 φ_2 值也越大。φ_2 值可用如下公式估算:

$$\varphi_2 = 1 + cv\sqrt{\frac{1}{\delta g(\lambda_0 + y_0)}}$$

式中:v——额定起升速度,m/s;

c——操作系数,$c = \frac{v_0}{v}$,v_0 为起升质量离地瞬间的起升速度,m/s;

g——重力加速度；

λ_0——在额定起升载荷作用下，下滑轮组对上滑轮组的位移量，m；

y_0——在额定起升载荷作用下物品悬挂处的结构静变位值，m；

δ——结构质量影响系数。

3. 突然卸荷冲击系数 φ_3

当起升质量部分或全部突然卸载时，将对结构产生动态减载作用。这种工况对金属结构和起重机抗倾覆的稳定性计算非常有用。减小后的起升载荷等于突然卸载的冲击系数与起升载荷的乘积。φ_3 的计算公式为：

$$\varphi_3 = 1 - \frac{\Delta m}{m}(1 + \beta_3)$$

式中：Δm——起升质量中突然卸去的那部分质量，kg；

m——起升质量，kg；

β_3——起重机的系数，对于抓斗起重机或类似起重机，$\beta_3 = 0.5$；对于电磁起重机或类似的起重机，$\beta_3 = 1.0$。

4. 运行冲击系数 φ_4

起重机或小车通过不平道路或轨道接缝时的铅垂方向的冲击效应。在考虑这种工况的载荷组合时，应将自重载荷和起升载荷乘以运行冲击系数。运行冲击系数与起重机或小车的运行速度、轨道或道路状况有关。对有轨运行的，其运行冲击系数可按下式计算：

$$\varphi_4 = 1.10 + 0.058v\sqrt{h}$$

式中：h——轨道接缝处两轨道面的高度差，mm；

v——运行速度，m/s。

三、水平载荷

1. 运行水平惯性力 P_H

运行水平惯性力是起重机自身质量和起升质量在运行机构启动或制动时产生的沿水平方向的惯性力。惯性力作用在相应的质量上，按下式计算：

$$P_H = 1.5ma$$

式中：m——产生水平运行惯性力的相应质量，kg 或 t；

a——运行加(减)速度，m/s^2；

1.5——考虑起重机驱动力对结构产生的动力效应的系数。

运行惯性力 P_H 计算的结果按不大于主动车轮与钢轨间的粘着力取值。

2. 回转和变幅运动的水平力 P_H

臂架式起重机回转和变幅机构运动时，起升质量产生的水平力由于受到诸如包括风力、变幅和回转启制动时产生的惯性力和回转运动时的离心力、司机操作方法与熟练程度等多种因素的影响，会发生悬挂物品的钢丝绳对铅垂线的偏斜，因而引起物品摆动，对金属结构有附加水平力的作用。一般综合考虑，按吊重绳索相对于铅垂线的偏摆角所引起的水平分力计算。偏摆角根据不同种类的起重机按表 5－9 选取：

α_{I}——正常工作情况下吊重绳的偏摆角。计算电动机功率时，取 $\alpha_{\mathrm{I}}=(0.25\sim0.3)\alpha_{\mathrm{II}}$；计算机械零件的疲劳及磨损时，取 $\alpha_{\mathrm{I}}=(0.3\sim0.4)\alpha_{\mathrm{II}}$。

α_{II}——工作情况下吊重绳的最大偏摆角，(°)。

表 5－9　臂架起重机吊重相对于铅垂线的偏摆角推荐值

起重机类型	装卸用门座起重机		安装用门座起重机		轮胎式起重机
	$n\geqslant2\ \mathrm{min}^{-1}$	$n<2\ \mathrm{min}^{-1}$	$n\geqslant0.33\ \mathrm{min}^{-1}$	$n<0.33\ \mathrm{min}^{-1}$	
臂架平面内 α_{II}	12°	10°	4°	2°	3°～6°
垂直臂架平面内 α_{II}	14°	12°	4°	2°	

在起重机金属结构计算中，臂架式起重机回转和变幅机构启动或制动时，起重机的自身质量和起升质量（此时把它看作与起重臂刚性固接）产生的水平力，等于该质量与该质量中心的加速度乘积的 1.5 倍。通常忽略起重机自身质量的离心力。此时起升质量所受的风力要单独计算，并且按最不利方向叠加。

3. 起重机偏斜运行时的水平侧向力 P_s

桥架类型起重机在大车运行过程中出现偏斜运行时，产生垂直作用于车轮轮缘或水平导向轮上的水平侧向力。

造成起重机偏斜运行的因素是很复杂的，例如，走轮的安装误差使轴线不垂直于轨道，两侧驱动电动机的转速或走轮直径有差异，轨道面的不平度，起重机或起重小车没有四个支点着地而使驱动轮的弹性滑移不一致等原因，均会诱发起重机偏斜运行。不少因素带有明显的随机性，很难从理论上对水平侧向力作定量分析，通常用试验和统计办法归纳的经验公式近似计算：

$$P_s=\frac{1}{2}\sum P\cdot\lambda$$

式中：$\sum P$——起重机发生侧向力一侧经常出现的最不利轮压之和；

λ——水平侧向力系数。

4. 碰撞载荷 P_c

碰撞发生在起重机或起重小车超过行程限制与轨道终端止挡器的撞击;同一跨度轨道上有多台起重机作业时,两台起重机之间的相互碰撞。碰撞偶然发生,碰撞载荷应作为一种特殊载荷来加以考虑。碰撞载荷在起重机上的分布取决于起重机的质量分布情况,计算时应考虑起重小车位于最不利的位置,而不考虑起升、运行冲击系数或起升载荷动载系数。

作用在缓冲器上的碰撞载荷根据能量原理,假定碰撞动能在碰撞过程中完全为缓冲器所吸收,按缓冲器在下列碰撞速度下所吸收的动能计算:

(1)无自动减速装置或限位开关时的碰撞速度,大车取85%额定运行速度,小车取额定速度。

(2)有自动减速装置或限位开关时,按减速后的实际碰撞速度计算,但不小于50%额定运行速度。

缓冲器的固定连接和缓冲器的止挡件,应按起重机额定速度碰撞的条件进行计算。

四、风载荷 P_w

风是自然现象,露天工作的起重机受到风载荷的作用,会给起重作业造成干扰,引发事故,有时甚至给起重机带来灾难性的后果。

起重机的风载荷分为工作状态风载荷和非工作状态风载荷两类。工作状态风载荷是起重机在正常工作情况下所能承受的最大计算风力;非工作状态风载荷是起重机非工作时所受的最大计算风力(如暴风产生的风力)。在计算起重机风载荷时,应考虑风对起重机是沿着最不利的方向作用的。风载荷按下式计算:

$$P_w = CK_h qA$$

式中:P_w——作用在起重机上或物品上的风载荷,N;

C——风力系数;

K_h——风压高度变化系数;

q——计算风压,N/m^2;

A——起重机或物品垂直于风向的迎风面积,m^2。

1. 计算风压 q

计算风压与空气密度和风速有关,可按下式计算:

$$q = 0.613v^2$$

式中:q——计算风压,N/m^2;

v——计算风速,m/s。

计算风压规定为按空旷地区离地 10m 高度处的计算风速来确定。工作状态的计算风速按阵风风速(即瞬时风速)考虑,非工作状态的计算风速按 2min 的平均风速考虑。

计算风压分 q_{I},q_{II},q_{III}三种。

q_{I}为起重机正常工作状态计算风压,用于选择电动机功率的计算及机构零部件的发热和磨损计算。

q_{II}起重机工作状态最大计算风压,用于计算机构零部件和金属结构的强度、刚度及稳定性;计算驱动装置的过载能力及整机工作状态下的抗倾覆稳定性。

q_{III}为起重机非工作状态计算风压,用于验算此时起重机机构零部件及金属结构的强度、整机抗倾覆稳定性和起重机的防风抗滑安全装置、锚定装置的设计验算。

室外工作的起重机的计算风压如表 5－10 所示。

表 5－10　起重机的计算风压　　N/m^2

地区	工作状态计算风压		非工作状态计算风压②
	q_{I}	q_{II}	q_{III}
内陆	$0.6q_{\mathrm{II}}$	150	500～600
沿海①		250	600～1 000
台湾及海南诸岛		250	1 500

注:①沿海地区系指大陆离海岸线 100km 以内的大陆或海岛地区。

②非工作状态计算风压的取值:内陆的华北、华中和华南地区宜取小值;西北、西南和东北地区宜取大值;沿海以上海为界,以北取较小值,以南取较大值,上海可取 $800N/m^2$。;在内河港口峡谷风口地区、经常受特大暴风作用的地区或只在小风地区工作的起重机,其非工作状态计算风压应按当地气象资料提供的常年最大风速计算。

2. 风压高度变化系数 K_h

起重机的工作状态计算风压不考虑高度变化。所有起重机的非工作状态计算风压均需考虑高度变化。计算风载荷时,可沿起重机高度划分成 20m 高的等风压区段。以各段中点高度的系数乘以计算风压。风压高度变化系数(K_h)的取值按陆上、海上及海岛两种情况计算。陆上为:

$$K_h = \left(\frac{h}{10}\right)^{0.3}$$

海上及海岛为:

$$K_h = \left(\frac{h}{10}\right)^{0.2}$$

式中：h——距离地（或海）面的高度，m。

3. 风力系数 C

风力系数与结构物的体型、尺寸等有关，一般起重机单片结构和单根构件的风力系数（C）如表 5－11 所示。

4. 迎风面积 A

起重机结构和物品的迎风面积应按最不利迎风方位计算，并取垂直于风向平面上的投影面积。

表 5－11　单片结构的风力系数

结构型式	型钢平面桁架充实率（φ）	型钢、钢板、钢板梁和箱形构件 l/h（l 为结构或构件长度，m；h 为构件迎风面积高度。m；）						圆管及管结构 qd^2（q 为计算风压，N/m^2；d 为管子外径，m。）					封闭司机室、机器房、平衡重、钢丝绳和物品
	0.3～0.6	5	10	20	30	40	50	<1	$\leqslant 3$	7	10	$\geqslant 13$	
C	1.6	1.3	1.4	1.6	1.7	1.8	1.9	1.3	1.2	1.0	0.9	0.7	1.1～1.2

注：司机量在地面上的，取 $C=1.1$；悬空的，取 $C=1.2$。

（1）单片结构的迎风面积为：

$$A = \varphi A_1$$

式中：A——结构或物品的实际迎风面积，m^2；

A_1——结构或物品的外轮廓面积，m^2；

φ——结构的充实率，即 $\varphi = A/A_1$，如表 5－12 所示。

表 5－12　结构的充实率

受风结构类型和物品	实体结构和物品	1.0
	机构	0.8～1.0
	型钢制成的桁架	0.3～0.6
	钢管桁架结构	0.2～0.4

（2）多片并列等高的型式相同的结构，考虑前片对后片的挡风作用，其总迎风面积为：

$$A = (1 + \eta + \eta^2 + \cdots + \eta^{n-1})\varphi A_1$$

式中：φA_1——前片（第 1 片）结构的迎风面积；

η——两片相邻的桁架前片对后片的挡风折减系数，它可根据结构的充实率

(φ)和两片构件之间的间隔比(a/h),查起重机设计手册。

a——两片构件之间的间隔;

n——并列的相同型式和尺寸的结构片数。

(3)吊运物品的迎风面积应按其实际轮廓尺寸在垂直于风向平面上的投影来决定。物品的轮廓尺寸不明确时,允许采用近似方法加以估算。

五、其他载荷

1. 自然载荷

自然载荷是指风、冰、雪、地震和温度变化等自然因素所造成的载荷,一般不予考虑。需要考虑时,可按有关规范确定或由用户提供有关资料进行计算。

2. 安装载荷

在设计起重机时,必须考虑起重机安装过程产生的载荷。露天工作的起重机,安装时风压按 100N/m^2 取值。

3. 坡度载荷

起重机坡度载荷按下列规定计算:流动起重机,需要时按具体情况考虑;轨道式起重机,轨道坡度不超过 0.5% 时不计算坡度载荷,否则按实际坡度计算坡度载荷。

4. 工艺载荷

工艺载荷是指起重机在工作过程中,由于生产工艺的需要而产生的载荷。作为一种特殊载荷进行考虑,其形式和大小将由实际情况具体决定。

5. 试验载荷

起重机投入使用前,必须进行超载动态试验及超载静态试验。试验场地应坚实、平整,风速一般不超过 8.3m/s。

(1)动态试验载荷 P_{dt}。试验载荷应作用于起重机最不利的位置,且应考虑试验时起重机需完成的各种运动和组合运动。P_{dt}取值为额定载荷的 110% 与动载系数(φ_6)的乘积,φ_6 的计算公式如下:

$$\varphi_6 = \frac{1}{2}(1+\varphi_2)$$

(2)静态试验载荷。其取值为额定载荷的 125%。试验载荷应作用于起重机最不利位置,且应平稳无冲击地加载。

根据我国情况,地震和冰雪载荷一般不必考虑;安装和运输载荷与安装和运输方法有关,应视具体情况计算;工艺载荷根据起重机所完成的特殊作业来确定。

第四节　载荷分类与计算原则

一、载荷分类与载荷组合

作用在起重机上的载荷分为三类，即：基本载荷、附加载荷和特殊载荷。

1. 基本载荷

基本载荷是指始终或经常作用在起重机结构上的载荷，包括自重载荷、起升载荷、惯性水平载荷，并且要考虑动载系数（$\varphi_1,\varphi_2,\varphi_4$）与相应静载荷相乘的动载效应。对于某些用抓斗（料箱）或电磁盘作业的起重机，应考虑由于突然卸载使起升载荷产生的动态减载作用。

2. 附加载荷

附加载荷是指起重机在正常工作状态下结构所受到的非经常性作用的载荷。包括起重机工作状态下作用在结构上的最大风载荷、起重机偏斜运行侧向力，还需根据实际情况决定而考虑的温度载荷、冰雪载荷及某些工艺载荷等。

3. 特殊载荷

特殊载荷是指起重机处于非工作状态时，结构可能受到的最大载荷或者在工作状态下结构偶然受到的不利载荷。前者如结构所受到的非工作状态的最大风载荷、试验载荷，还需根据实际情况决定而考虑的安装载荷、地震载荷和某些工艺载荷等；后者如起重机在工作状态下所受到的碰撞载荷等。

只考虑基本载荷组合者为组合Ⅰ，考虑基本载荷和附加载荷组合者为组合Ⅱ，考虑基本载荷和特殊载荷组合者或三类载荷都组合者为组合Ⅲ。

各类载荷组合是结构强度和稳定性计算的原始依据，强度和稳定性的安全系数必须同时满足载荷组合Ⅰ，Ⅱ和Ⅲ三类情况下的规定值，疲劳强度只按载荷组合Ⅰ进行计算（见表5-13）。

二、计算原则与安全系数

1. 计算的基本原则

为保证起重机安全、正常地工作，其金属结构和机构的零部件应满足强度、稳定性和刚度的要求。强度和稳定性要求是指结构构件在载荷作用下产生的内力不应超过许用的承载能力（指强度、疲劳强度和稳定性方面的许用承载能力）；刚度要求是指结构在载荷作用下产生的变形量不应超过许用的变形值，并且结构的自振周期不应超过许用的振动周期。

表 5-13 载荷与载荷组合

类别	载荷名称	符号	组合Ⅰ $Ⅰ_a$	组合Ⅰ $Ⅰ_b$	组合Ⅰ $Ⅰ_c$	组合Ⅰ $Ⅰ_d$	组合Ⅱ $Ⅱ_a$	组合Ⅱ $Ⅱ_b$	组合Ⅱ $Ⅱ_c$	组合Ⅲ $Ⅲ_a$	组合Ⅲ $Ⅲ_b$	组合Ⅲ $Ⅲ_c$	组合Ⅲ $Ⅲ_d$	组合Ⅲ $Ⅲ_e$	组合Ⅲ $Ⅲ_f$
基本载荷	自重载荷	P_G	$\varphi_1 P_G$	$\varphi_4 P_G$	P_G	$\varphi_1 P_G$	$\varphi_1 P_G$	$\varphi_4 P_G$	$\varphi_1 P_G$	P_G	P_G	P_G	$\varphi_1 P_G$	P_G	$\varphi_4 P_G$
	起升冲击系数	φ_1			—					—	—	—		—	
	运行冲击系数	φ_4													
	起升载荷	P_Q	$\varphi_2 P_Q$	$\varphi_4 P_Q$	P_Q	—	$\varphi_2 P_Q$	$\varphi_4 P_Q$	—		P_Q	P_Q	—		—
	起升载荷动载系数	φ_2		—	—			—							
	突然卸载冲击系数	φ_3	—			$\varphi_3 P_Q$	—		$\varphi_3 P_Q$		—	—			
	水平载荷	P_H	P_{H1}	P_{H1}	P_{H2}	P_{H1}	P_{H2}	P_{H2}	P_{H2}				P_{H1}		
附加载荷	工作状态的风载荷和物品受风作用对结构产生的水平载荷	$P_{W,i}$	—				$P_{W,i}$	$P_{W,i}$	$P_{W,i}$	—	$P_{W,i}$	—	—	—	—
	偏斜运行引起的侧向力	P_s					—	P_s	—	—	—	—	P_s		
特殊载荷	非工作状态的风载荷	$P_{W,o}$								—	—	—	—	—	—
	碰撞载荷	P_c								$P_{W,o}$	—	—			
	带有刚性导架的小车的倾翻水平力	P_{SL}								—	P_c	—			
	试验载荷	P_t								—	—	—	$\varphi_6 P_{dt}$	P_{st}	

注:1 对于组合Ⅱ,在计算 P_{H2} 时应考虑风对启(制)动时间的影响。

2 组合 $Ⅲ_a$ 也可用于安装工况,此时 P_G 按安装设计而定,$P_{W,o}$ 为安装风载。

3 P_{dt} 和 P_{st},分别为动态试验载荷和静态试验载荷;φ_6 为动态试验时的起升载荷动载系数,$\varphi_6 \approx 0.5(1+\varphi_2)$。

4 组合 $Ⅲ_f$ 仅对无轨高速运行的汽车起重机和轮胎起重机而言,是在恶劣道路上行驶的工况,此时 φ_4 须按实际情况取值。

5 温度载荷、安装载荷、坡度载荷、地震载荷和工艺载荷等在需要考虑时,载荷组合由具体情况决定。

起重机的零部件和金属结构应进行以下计算:①疲劳、磨损或发热的计算;②强度计算;③强度验算。与这三类计算相适应,起重机的计算载荷有下列三种组合。

(1)寿命(耐久性)计算载荷——第Ⅰ类载荷。该载荷是用来计算零部件或金属结构的耐久性、磨损或发热的。按正常工作时的等效载荷进行计算,不仅计算载荷大小,还要考虑它们的作用时间。

对于受变载荷作用的机构零件和金属结构,当应力变化循环次数足够多时,应进行疲劳计算;当应力变化循环次数较少或很少时,就不必进行疲劳计算。工作级别是 A6,A7,A8 级起重机的金属结构构件和机构零件应验算疲劳。

(2)强度计算载荷——第Ⅱ类载荷。该类载荷是用来计算零部件或金属结构的强度、受压和平面弯曲构件的稳定性、结构件的刚度、起重机的整体稳定性与轮压的,按工作状态最大载荷进行强度计算。确定强度计算载荷时,应选取可能出现的最不利的载荷组合。

(3)验算载荷——第Ⅲ类载荷。该类载荷是用来验算起重机的某些装置(如夹轨器)、变幅机构、支承旋转装置的某些零件和金属结构的强度和构件的稳定性,以及起重机的整体稳定性的,按非工作状态最大载荷及特殊载荷(安装载荷、运输载荷及冲击载荷等)进行强度验算。

在起重机事故处理时,由金属结构和机构的零部件破坏导致的事故,应进行必要的验算。验算时,按实际工况的实际载荷进行。

2. 计算方法

目前起重机的计算采用许用应力法,即在强度计算中以材料的屈服极限,在稳定性计算中以稳定临界应力,在疲劳强度计算中以疲劳强度极限除以一定的安全系数,分别得到强度、稳定性和疲劳强度的许用应力。结构构件的计算应力不得超过其相应的许用值。

许用应力法计算的步骤是:根据相应的计算载荷确定计算应力、根据所用材料的机械特性确定强度极限,然后进行比较,使强度极限与计算应力的比等于或大于安全系数。强度验算应满足不等式:

$$\text{计算应力} \leqslant \frac{\text{零件的屈服点或疲劳强度极限}}{\text{强度安全系数}}$$

3. 安全系数

强度计算与疲劳计算的基本条件是零件危险截面的计算应力不得大于许用应力,即比材料极限应力小一个倍数,这个倍数即为安全系数。

安全系数的选择既要确保安全、可靠、耐用,又要充分利用材料,做到技术先进,经济合理。起重机零件或构件的安全系数可按下式计算:

$$k = 1 + k_1 + k_2$$

式中：k_1——考虑材料的最小强度储备，它与计算零件或构件的重要性以及载荷和应力的计算精确程度有关；

k_2——考虑材料的不均匀性、内部可能存在的缺陷，以及实际尺寸与设计尺寸的误差等因素。

当起重机某些部分损坏会引起物品坠落、臂架下落、旋转部分倾覆、起重机倾覆，或当起重机撞在止挡器或相邻的起重机上会造成剧烈的冲击时，此类部件应有较高的安全系数；当起重机某些部件在破坏以后仅使起重机停止工作，则安全系数可以取低些。对于锻件和轧制件可取较低值；对于铸件则应取较高值。

(1)金属结构计算的安全系数。起重机的金属结构件应进行强度、刚度、稳定性计算，一般不考虑材料的塑性影响。对工作级别是A6，A7，A8级的构件应验算疲劳。结构计算的安全系数可见表5－14。

表5－14 结构件强度安全系数

载荷组合类别	组合Ⅰ	组合Ⅱ	组合Ⅲ
安全系数	$n_{\mathrm{I}}=1.5$	$n_{\mathrm{II}}=1.33$	$n_{\mathrm{III}}=1.15$

(2)零件计算的安全系数。零件的强度计算包括静强度计算和寿命计算两种。静强度计算包括验算零件的脆性断裂和塑性变形；寿命计算包括零件的疲劳强度计算和滑动摩擦件覆盖面的耐磨损计算。零件计算的安全系数可见表5－15。危险点的计算应力用材料力学通常方法计算，相当应力按合适的强度理论予以合成。

表5－15 零件强度安全系数

疲劳验算 (n_{I})	静强度验算	
	工作最大载荷(n_{II})	非工作最大载荷，特殊载荷(n_{III})
1.25	1.50	1.15

注：对于运输熔化金属及危险物品等特别重要的起重机安全系数应适当加大。

第六章　起重机易损零部件安全技术

第一节　吊　　钩

吊钩是起重机最常使用的取物装置，与动滑轮组合成吊钩组，通过起升机构的卷绕系统将被吊物料与起重机联系起来。

吊钩在起重作业中受到频繁、冲击重载荷的反复作用，一旦发生断裂，可导致重物坠落，造成重大人身伤亡事故。因此，要求吊钩有足够的承载力，同时要求有一定韧性，避免突然断裂的危险，以保证作业人员的安全和被吊运物料不受损害。

一、概述

吊钩组是起重机上应用最普遍的取物装置，它由吊钩、吊钩螺母、推力轴承、吊钩横梁、滑轮、滑轮轴以及拉板等零件组成。

1. 吊钩的分类

目前常用的吊钩按形状分为单钩和双钩（见图 6－1）。按制造方法分为模锻钩和叠片钩。

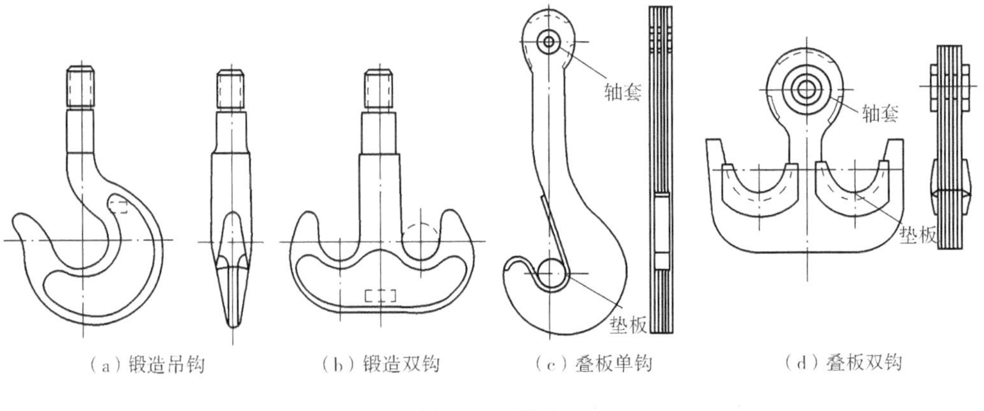

图 6－1　吊钩

(1)模锻吊钩为整体锻造,成本低,制造使用都很方便,缺点是一旦破坏即要整体报废。模锻单钩在中小起重机(80t 以下)上广泛采用。双钩制造较单钩复杂,但受力对称,钩体材料较能充分利用,主要在大型起重机(起重量 80t 以上)上采用。

(2)叠片式吊钩(板钩)是由切割成形的多片钢板叠片铆接而成,并在吊钩口上安装护垫板,这样可减小钢丝绳磨损,使载荷能均匀地传到每片钢板上。叠片式吊钩制造方便,由于钩板破坏仅限于个别钢板,一般不会同时整体断裂,故工作可靠性较整体锻造吊钩为高。缺点是:只能做成矩形截面,钩体材料不能充分利用,自重较大,主要用于大起重量或冶金起重机(如铸造起重机)上。

一般不允许使用铸造钩,因为铸造在工艺上难以避免铸造缺陷;由于无法防止焊接产生的应力集中和可能产生的裂纹,不允许焊接制造吊钩,也不允许用补焊的办法修复吊钩。

2. 吊钩材料

起重机吊钩除承受物品重量外,还要承受起升机构启动与制动时引起的冲击载荷作用,应具有较高的机械强度与冲击韧性。由于高强度材料通常对裂纹和缺陷敏感,吊钩一般采用优质低碳镇静钢或低碳合金钢制造。

3. 吊钩的结构

吊钩的结构以锻造单钩为例说明。吊钩可以分为钩身和钩柄两部分。钩身是承受载荷的主要区段,制成弯曲形状,并留有钩口以便挂吊索。它最常见的截面形状是梯形,最合理的受力截面是 T 形(但锻造工艺复杂)。钩柄常制有螺纹,便于用吊钩螺母将钩子支承在吊钩横梁上。

二、吊钩的强度计算

计算载荷考虑起升载荷动载系数 φ_2。

吊钩危险断面(见图 6-2)有三个,水平断面 $A—A$、垂直断面 $B—B$、钩柄螺纹根部 $C—C$ 断面。按平面弹性曲杆理论对吊钩的受载状况进行受力分析。

1. 钩身水平断面 $A—A$

$A—A$ 断面受力最大。起升载荷 P_Q 对 $A—A$ 断面的作用为偏心拉力,在断面上形成弯曲和拉伸组合应力作用。断面内侧应力为最大拉应力 σ_1,断面外侧为最大压应力 σ_2,计算公式如下:

$$\sigma_1 = \frac{\varphi_2 Q 2e_1}{F_A KD} \leqslant [\sigma]$$

$$\sigma_2 = \left| -\frac{\varphi_2 Q}{F_A K} \frac{2e_2}{(D+2h)} \right| \leqslant [\sigma]$$

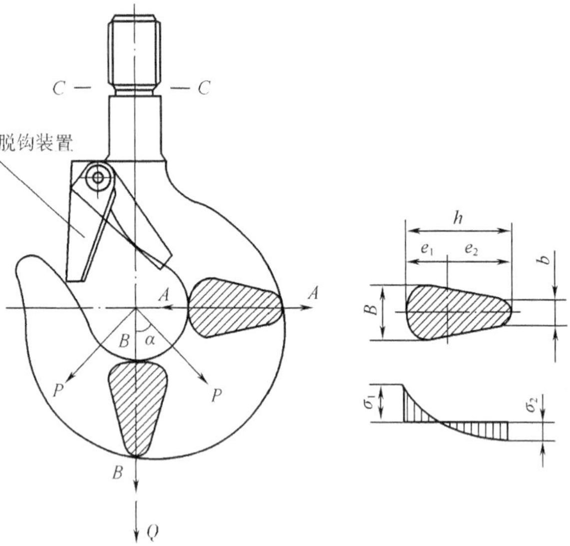

图 6－2　吊钩计算简图

式中：$[\sigma]$——吊钩许用应力，$[\sigma]=\dfrac{\sigma_s}{n}$；

φ_2——起升载荷动载系数；

Q——额定起重量的重力；

F_A——$A—A$ 断面面积；

K——曲杆断面的形状系数，$K=-\dfrac{1}{F}\int_{-e_1}^{e_2}\dfrac{x}{R_0+x}\mathrm{d}F$。对梯形断面：

$$K=\frac{2R_0}{(B+b)h}\left\{\left[b+\frac{B-b}{h}(R_0+e_2)\right]\ln\frac{R_0+e_2}{R_0-e_1}-(B-b)\right\}-1$$

其中，$R_0=\dfrac{D}{2}+e_1$；

e_1,e_2——断面形心至钩内、外侧的距离；

h——梯形断面的高；

B,b——梯形断面的大、小边长；

D——钩口直径；

n——安全系数，一般用途时，$n=1.3$；用于吊熔化金属时，$n=2.5$。

2. 钩身垂直断面 $B—B$

$B—B$ 断面虽然受力不如 $A—A$ 断面大，却是吊索强烈磨损的部位。随着断面面积减小，承载能力下降，应按实际磨损的断面尺寸计算。危险的受力情况是当系物吊索分支的夹角较大时。吊索每分支受力为：

$$P = \frac{Q}{2\cos\alpha}$$

分解此力，偏心拉力为 $P\sin\alpha = \frac{Q}{2}\tan\alpha_{\max}$；切力为 $P\cos\alpha = \frac{Q}{2}$。偏心拉力产生与 A—A 断面相似的受力情况按 $\alpha_{\max} = 45°$ 考虑，B—B 断面的内侧拉应力 σ_3 为：

$$\sigma_3 = \frac{\varphi_2 Q e'_1}{F_B K_B D}$$

切应力为：

$$\tau = \frac{\varphi_2 Q}{F_B}$$

式中：F_B——B—B 断面面积。

$$\sigma = \sqrt{\sigma_3^2 + 3\tau^2} \leqslant [\sigma]$$

3. 钩柄尾部的螺纹部位 C—C 断面

螺纹根部应力集中，容易受到腐蚀，会在缺陷处断裂。螺纹的强度计算只验算拉应力：

$$\sigma = \frac{\varphi_2 Q}{F_C} = \frac{\varphi_2 Q}{\frac{\pi d_1^2}{4}} = \frac{4\varphi_2 Q}{\pi d_1^2} \leqslant [\sigma]$$

$$[\sigma] = \frac{\sigma_s}{n}$$

式中：F_C——螺纹根部断面面积；

d_1——螺纹根部直径；

n——安全系数，通常取 $n = 4$。

三、吊钩的安全检查

经常和定期安全检查是保证吊钩安全的重要环节。安全检查包括安装使用前检查和在用吊钩的检查。危险断面是安全检查的重点。

1. 安装使用前检查

吊钩应有制造厂的检验合格证明（吊钩额定起重量和检验标记应打印在钩身低应力区），否则应该对吊钩进行材料化学成分检验和必要的机械性能试验（如拉力试验、冲击试验）。另外，还应测量吊钩的原始开口度尺寸。

2. 表面检查

通过目测、触摸检查吊钩的表面状况。在用吊钩的表面应该光洁,无毛刺,无锐角,不得有裂纹、折叠、过烧等缺陷,吊钩缺陷不得补焊。

3. 内部缺陷检查

主要通过探伤装置检查吊钩的内部状况。吊钩不得有内部裂纹、白点和影响使用安全的任何夹杂物等缺陷。必要时,应进行内部探伤检查。

4. 安全装置

有条件的应该安装防止吊物意外脱钩的安全装置。

四、吊钩的报废

吊钩出现下列情况之一时应予报废:①裂纹;②危险断面磨损达原尺寸的10%;③开口度比原尺寸增加15%;④钩身扭转变形超过10°;⑤吊钩危险断面或吊钩颈部产生塑性变形;⑥吊钩螺纹被腐蚀;⑦片钩衬套磨损达原尺寸的50%时,应更换衬套;⑧片钩心轴磨损达原尺寸的5%时,应更换心轴。

第二节　钢丝绳

钢丝绳强度高、自重轻、柔韧性好、耐冲击,安全可靠。在正常情况下使用的钢丝绳不会发生突然破断,但可能会因为承受的载荷超过其极限破断力而破坏。钢丝绳的破坏是有前兆的,总是从断丝开始,极少发生整条绳的突然断裂。钢丝绳广泛应用在起重机上。钢丝绳的破坏会导致严重的后果,所以钢丝绳既是起重机械的重要零件之一,也是保证起重作业安全的关键环节。

一、概述

1. 钢丝绳的构造

钢丝绳是由多层钢丝捻成股,再以绳芯为中心,由一定数量股捻绕成螺旋状的绳。

(1)钢丝。钢丝绳起到承受载荷的作用,其性能主要由钢丝决定。钢丝是碳素钢或合金钢通过冷拉或冷轧而成的圆形(或异形)丝材,具有很高的强度和韧性,并根据使用环境条件不同对钢丝进行表面处理。

(2)绳芯。它是用来增加钢丝绳弹性和韧性、润滑钢丝、减轻摩擦,提高使用寿命的。常用绳芯有机纤维(如麻、棉)、合成纤维、石棉芯(高温条件)或软金属等材料。

2. 钢丝绳的类型

起重机用钢丝绳采用双捻多股圆钢丝绳。

(1)按钢丝的接触状态分类,可分为点接触、线接触和面接触钢丝绳(见图6－3)。

①点接触钢丝绳[亦称普通型,见图6－4(a)]是采用等直径钢丝捻制。由于各层钢丝的捻距不等,各层钢丝与钢丝之间形成点接触[见图6－3(a)]。受载时钢丝的接触应力很高,容易磨损、折断,寿命较低,优点是制造工艺简单、价廉。点接触钢丝绳常作为起重作业的捆绑吊索,起重机的工作机构也有采用。

②线接触钢丝绳是采用直径不等的钢丝捻制。将内外层钢丝适当配置,使不同层钢丝与钢丝之间形成线接触[见图6－3(b)],使受载时钢丝的接触应力降低。线接触绳承载力高、挠性好、寿命较高。常用的线接触钢丝绳有西尔型[亦称外粗式,见图6－4(b)]、瓦林吞型[亦称粗细型,见图6－4(c)]、填充型[亦称密集式,见图6－4(d)]等。《起重机设计规范》推荐,在起重机的工作机构中优先采用线接触钢丝绳。

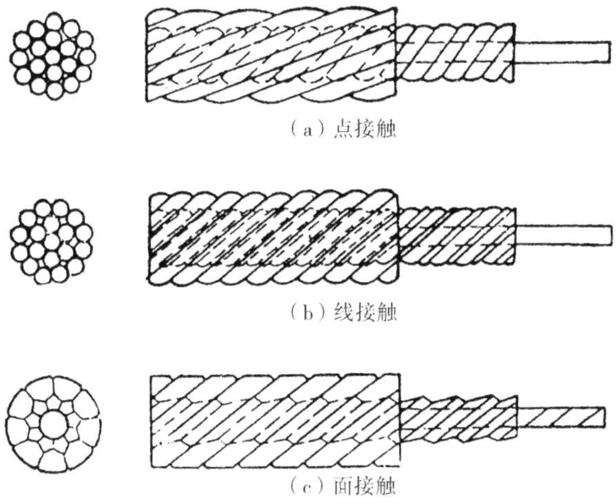

图6－3　钢丝绳中丝与丝的接触状态

③面接触钢丝绳[也称密封式,见图6－4(e)]。通常以圆钢丝为股芯,最外一层或几层采用异形断面的钢丝,层与层之间是面接触[见图6－3(c)],用挤压方法绕制而成。其特点是,表面光滑、挠性好、强度高、耐腐蚀,但制造工艺复杂,价格高,起重机上很少使用,常用作缆索起重机和架空索道的承载索。

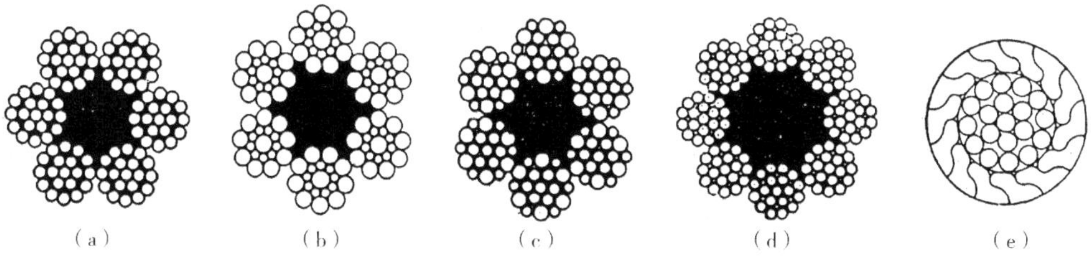

图6－4　钢丝绳的断面形式

(2)按钢丝绳的捻向分类。根据钢丝绳由丝捻成股的方向与由股捻成绳的方向是否一致,可分为:

①交互捻钢丝绳(也称交绕绳)。其丝捻成股与股捻成绳的方向相反。由于股与绳的捻向相反[见图6-5(c),(d)],使用中不易扭转和松散,在起重机上广泛使用。

②同向捻钢丝绳(也称顺绕绳)。其丝捻成股与股捻成绳的方向相同[见图6-5(a),(b)],挠性和寿命都较交互捻绳要好,但因其易扭转、松散,一般只用来做牵引绳。

③不扭转钢丝绳。这种钢丝绳在设计时,使股与绳的扭转力矩相等,方向相反,克服了在使用中的扭转现象,常在起升高度较大的起重机上使用,并越来越受到重视。

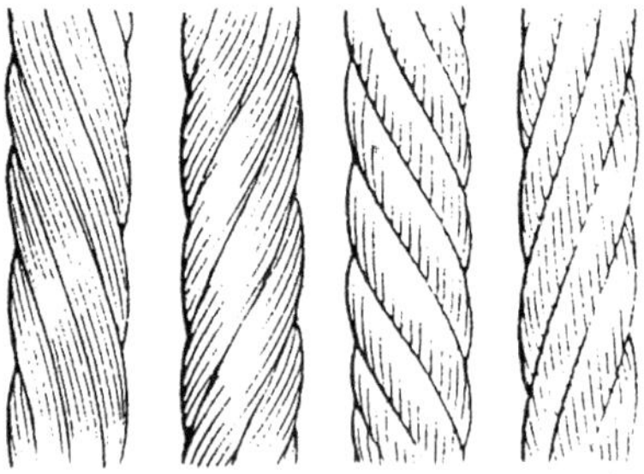

图6-5 钢丝绳的捻向

二、钢丝绳的选用

钢丝绳按所收最大工作静拉力计算选用,要满足承载能力和寿命要求。

1. 钢丝绳承载能力的计算

钢丝绳承载能力的计算有两种方法,可根据具体情况选择其中一种。

(1)公式法(ISO推荐):

$$d = c\sqrt{S}$$

$$c = \sqrt{\frac{n}{k\omega\left(\frac{\pi}{4}\right)\sigma_b}}$$

$$\omega = \frac{\text{钢丝断面面积之总和}}{\text{钢丝绳横断面毛面积}}$$

式中:d——钢丝绳最小直径,mm;

S——钢丝绳最大工作静拉力;

c——选择系数,mm/$\sqrt{\text{N}}$;

n——安全系数,根据工作机构的工作级别确定;

k——钢丝绳捻制折减系数;

ω——钢丝绳充满系数;

σ_b——钢丝的公称抗拉强度,N/mm^2。

(2)安全系数法：

$$F_0 \geqslant Sn$$

$$F_0 = k\sum S_{丝}$$

式中：F_0——所选钢丝绳的破断拉力，N；

S——钢丝绳最大工作静拉力；

n——安全系数，根据工作机构的工作级别确定(见表6-1和表6-2)；

k——钢丝绳捻制折减系数；

$\sum S_{丝}$——钢丝破断拉力总和，根据钢丝绳的结构查钢丝绳性能手册(见表6-3和表6-4)。

表6-1　工作机构用钢丝绳的安全系数

机构工作级别	M1,M2,M3	M4	M5	M6	M7	M8
安全系数(n)	4	4.5	5	6	7	9

表6-2　其他用途钢丝绳的安全系数

用途	支承动臂	起重机械自身安装	缆风绳	吊挂和捆绑
安全系数(n)	4	2.5	3.5	6

注：对于吊运危险物品的起升用钢丝绳一般应选用比设计工作级别高一级的工作级别安全系数。

表6-3　6×19钢丝绳

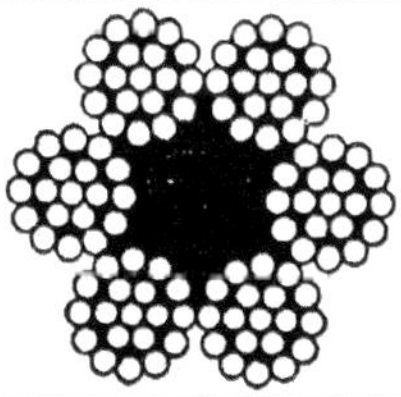

绳6×19　　名称：钢丝绳(见GB 1102)

股(1+6+12)　　$S=\alpha\sum S_{丝}$

绳纤维芯　　$\alpha=0.85$

直径		钢丝总断面积	参考质量	钢丝绳公称抗拉强度/$N\cdot mm^{-2}$				
钢丝绳	钢丝			1 400	1 550	1 700	1 850	2 000
				钢丝破断拉力总和($\sum S_{丝}$)				
mm		mm^2	kg/100m	N(不小于)				
6.2	0.4	14.32	13.53	20 000	22 100	24 300	26 400	28 600
7.7	0.5	22.37	21.14	31 300	34 600	38 000	41 300	44 700
9.3	0.6	32.22	30.45	45 100	49 900	54 700	59 600	64 400

续表

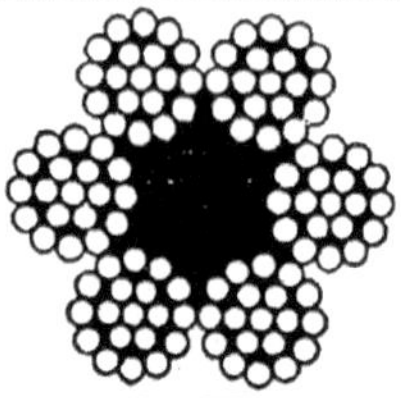

绳 6×19　　名称：钢丝绳（见 GB 1102）

股（1+6+12）　　$S=\alpha\sum S_{丝}$

绳纤维芯　　$\alpha=0.85$

直径		钢丝总断面积	参考质量	钢丝绳公称抗拉强度/$N\cdot mm^{-2}$				
				1 400	1 550	1 700	1 850	2 000
钢丝绳	钢丝			钢丝破断拉力总和（$\sum S_{丝}$）				
mm		mm^2	kg/100m	N（不小于）				
11.0	0.7	43.85	41.44	61 300	67 900	74 500	81 100	87 700
12.5	0.8	57.27	54.12	80 100	88 700	97 300	105 500	114 500
14.0	0.9	72.49	68.50	101 000	112 000	123 000	134 000	144 500
15.5	1.0	89.49	84.57	125 000	138 500	152 000	165 500	178 500
17.0	1.1	108.28	102.3	151 500	167 500	184 000	200 000	216 500
18.5	1.2	128.87	121.8	180 000	199 500	219 000	238 000	257 500
20.0	1.3	151.24	142.9	211 500	234 000	257 000	279 500	302 000
21.5	1.4	175.40	165.8	245 500	271 500	298 000	324 000	350 500
23.0	1.5	201.35	190.3	281 500	312 000	342 000	372 000	402 500
24.5	1.6	229.09	216.5	320 500	355 000	389 000	423 500	458 000
26.0	1.7	258.63	244.4	362 000	400 500	439 500	478 000	517 000
28.0	1.8	289.95	274.0	405 500	449 000	492 500	536 000	579 500
31.0	2.0	357.96	338.3	501 000	554 500	608 500	662 000	715 500
34.0	2.2	433.13	409.3	606 000	671 000	736 000	801 000	
37.0	2.4	515.46	487.1	721 500	798 500	876 000	953 500	
40.0	2.6	604.95	571.7	846 500	937 500	1 025 000	1 115 000	
43.0	2.8	701.60	663.0	982 000	1 085 000	1 190 000	1 295 000	
46.0	3.0	805.41	761.1	1 125 000	1 245 000	1 365 000	149 000	

表 6－4 6W(19)钢丝绳

绳 6W(19)

股$\left(1+6+\frac{6}{6}\right)$

绳纤维芯

名称:线接触钢丝绳(见 GB 1102)

$S=\alpha\sum S_{丝}$

绳纤维芯 $\alpha=0.85$

直径						钢丝总断面积	参考质量	钢丝绳公称抗拉强度/$N\cdot mm^{-2}$				
钢丝绳	钢丝							1 400	1 550	1 700	1 850	2 000
	中心	第一层	第二层		金属绳芯			钢丝破断拉力总和($\sum S_{丝}$)				
			大的	小的								
mm						mm^2	kg/100m	N(不小于)				
8.0	0.6	0.55	0.6	0.45	—	26.14	24.31	36 500	40 500	44 000	48 000	52 000
9.2	0.7	0.65	0.7	0.5	—	35.16	32.70	49 200	54 400	59 700	65 000	70 800
11.0	0.8	0.75	0.8	0.6	0.4	47.17	43.87	66 000	73 100	80 100	87 200	94 300
12.0	0.9	0.85	0.9	0.65	0.45	59.06	54.93	82 600	91 500	100 000	109 000	118 000
13.5	1.0	0.95	1.0	0.75	0.5	74.37	69.16	104 000	115 000	126 000	137 500	148 500
14.5	1.1	1.05	1.1	0.8	0.55	89.14	82.90	124 500	138 000	151 500	164 500	178 000
16.0	1.2	1.15	1.2	0.9	0.6	107.74	100.2	150 500	166 500	183 000	199 000	215 000
17.5	1.3	1.25	1.3	1.0	0.65	128.14	119.2	179 000	198 500	217 500	237 000	256 000
19.0	1.4	1.35	1.4	1.05	0.7	147.28	137.0	206 000	228 000	250 000	272 000	294 500
20.0	1.5	1.4	1.5	1.1	0.75	163.77	152.3	229 000	253 500	278 000	302 500	327 500
21.5	1.6	1.5	1.6	1.2	0.8	188.68	175.5	264 000	292 000	320 500	349 000	377 000
22.5	1.7	1.6	1.7	1.25	0.85	211.79	197.0	296 500	328 000	360 000	391 500	423 500
24.0	1.8	1.7	1.8	1.35	0.0	240.00	223.2	336 000	372 000	408 000	444 000	480 000
25.5	1.9	1.8	1.9	1.4	0.95	265.97	247.4	372 000	412 000	452 000	492 000	531 500
27.0	2.0	1.9	2.0	1.5	1.0	297.48	276.7	416 000	461 000	505 500	550 000	594 500
30.0	2.2	2.1	2.2	1.65	1.1	361.14	335.9	505 500	559 500	613 500	668 000	

续表

绳 6W(19)

股$\left(1+6+\frac{6}{6}\right)$

绳纤维芯

名称:线接触钢丝绳(见 GB 1102)

$S=\alpha\sum S_{丝}$

绳纤维芯 $\alpha=0.85$

直径						钢丝总断面积	参考质量	钢丝绳公称抗拉强度/$N\cdot mm^{-2}$				
钢丝绳	钢丝							1 400	1 550	1 700	1 850	2 000
	中心	第一层	第二层		金属绳芯			钢丝破断拉力总和($\sum S_{丝}$)				
			大的	小的								
mm						mm^2	kg/100m	N(不小于)				
32.5	2.4	2.3	2.4	1.8	1.25	430.97	400.8	603 000	668 000	732 500	797 000	
35.0	2.6	2.5	2.6	1.9	1.3	501.52	466.4	702 000	777 000	852 500	927 500	
38.0	2.8	2.7	2.8	2.1	1.45	589.13	547.9	824 500	913 000	1 000 000	1 085 000	
40.0	3.0	2.8	3.0	2.2	1.5	655.07	609.2	917 000	1 015 000	1 110 000	1 210 000	

2. 钢丝绳的寿命

钢丝绳的使用寿命总是随着配套使用的滑轮和卷筒的卷绕直径的减小而降低的，所以必须对影响其寿命的钢丝绳卷绕直径(即按钢丝绳中心计算的滑轮和卷筒的卷绕直径)做出限制，不得低于设计规范规定的值，即：

$$D_{0\min}\geqslant hd$$

式中：$D_{0\min}$——按钢丝绳中心计算的滑轮和卷筒允许的最小卷绕直径，mm；

d——钢丝绳直径，mm；

h——滑轮或卷筒直径与钢丝绳直径的比值(见表 6－5)。

表 6－5　滑轮或卷筒的 *h* 值

机构工作级别	M1,M2,M3	M4	M5	M6	M7	M8
卷筒 h_1	14	16	18	20	22.4	25
滑轮 h_2	16	18	20	22.4	25	28

注：1　采用不旋转钢丝绳时，应按机构工作级别取高一档的数值。

2　对于流动式起重机，可不考虑工作级别。取 $h_1=16$，$h_2=18$。

三、钢丝绳的标记方法

根据国家标准 GB 1102 圆股钢丝绳的规定，钢丝绳技术参数的标记方法如下：

钢丝绳

6 × 37 — 15.0 1550 — Ⅰ — 甲 — 镀 — 右交
① ② ③ ④ ⑤ ⑥ ⑦ ⑧ ⑨

标记中，①——钢丝绳的股数。

②——钢丝绳的结构型式，点接触普通型，标记“×”；线接触瓦林吞型（粗细式），标记“W”；线接触西尔型（外粗型），标记“X”；线接触填充型（密集式），标记“T”。

③——每股钢丝数。

④——钢丝绳的直径，mm。

⑤——钢丝的公称抗拉强度 σ_b，N/mm^2。

⑥——钢丝的韧性等级，根据钢丝的耐弯折次数分为三级。特级：用于重要场合，如载客电梯；Ⅰ级：用于起重机的各工作机构；Ⅱ级：用于次要场合，如捆绑吊索等。

⑦、⑧——钢丝表面镀锌处理，根据钢丝镀层的耐腐蚀性能分为三等级。甲级：用于严重腐蚀条件；乙级：用于一般腐蚀条件；丙级：用于较轻腐蚀条件。钢丝表面不做处理的，标记“光”，或不加标记。

⑨——钢丝绳的捻制方式。右捻绳标记“右”；左捻绳标记“左”；交互捻标记“交”；同向捻标记“同”。

四、钢丝绳的固定与连接

钢丝绳与其他零构件连接或固定的安全检查应注意两个问题：一是连接或固定方式与使用要求相符；二是连接或固定部位达到相应的强度和安全要求。

常用的连接和固定方式有以下几种（见图 6－6）：

1. 编结连接［见图 6－6(a)］

编结长度不应小于钢丝绳直径的 15 倍，且不应小于 300mm；连接强度不小于 75% 钢丝绳破断拉力。

2. 楔块、楔套连接［见图 6－6(b)］

钢丝绳一端绕过楔，利用楔在套筒内的锁紧作用使钢丝绳固定。固定处的强度约为绳自身强度的 75%～85%。楔套应该用钢材制造，连接强度不小于 75% 钢丝绳破断拉力。

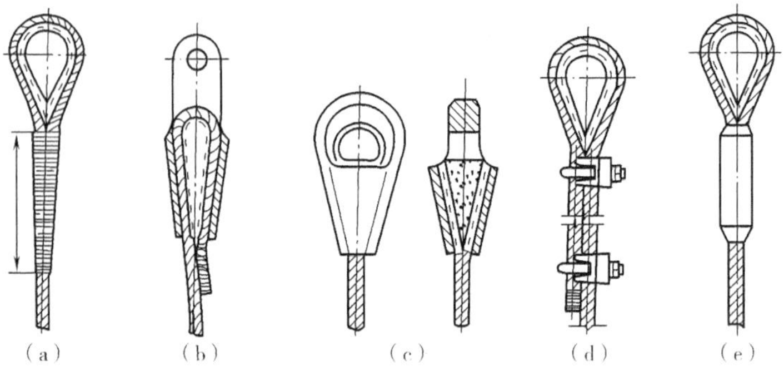

图 6－6　钢丝绳固接

3. 绳卡连接[见图 6－6(d)]

绳卡连接简单、可靠,得到广泛的应用。用绳卡固定时,应注意绳卡数量、绳卡间距、绳卡的方向和固定处的强度。

(1)连接强度不小于 85% 钢丝绳破断拉力。

(2)绳卡数量应根据钢丝绳直径满足表 6－6 的要求。

表 6－6　绳卡连接的安全要求

钢丝绳直径/mm	7～16	19～27	26～37	38～45
绳卡数量/个	3	4	5	6

(3)绳卡压板应在钢丝绳长头一边,绳卡间距不应小于钢丝绳直径的 6 倍。

4. 锥形套浇铸法和铝合金套压缩法等的连接[见图 6－6(c)]

钢丝绳末端穿过锥形套筒后松散钢丝,将头部钢丝弯成小钩,浇入金属液凝固而成。其连接应满足相应的工艺要求,固定处的强度与钢丝绳自身的强度大致相同。

五、钢丝绳的报废

钢丝绳受到强大的拉应力作用,通过卷绕系统时反复弯折和挤压造成金属疲劳,并且由于运动引起与滑轮或卷筒槽摩擦,经一段时间的使用,钢丝绳表层的钢丝首先出现缺陷。例如,断丝、锈蚀磨损、变形等,使其他未断钢丝所受的拉力更大,疲劳与磨损更厉害,从而使断丝速度加快。当钢丝绳的断丝数和变形发展到一定程度,钢丝绳无法保证正常安全工作,就应该及时报废、更新。

钢丝绳使用安全程度由下述各项标准考核:断丝的性质与数量;绳端断丝情况;

断丝的局部密集程度；断丝的增长率；绳股折断情况；绳径减小和绳芯折断情况；弹性降低；外部及内部磨损程度；外部及内部腐蚀程度；变形情况；由于热或电弧而造成的损坏情况；塑性伸长的增长率（见图6－7）等。

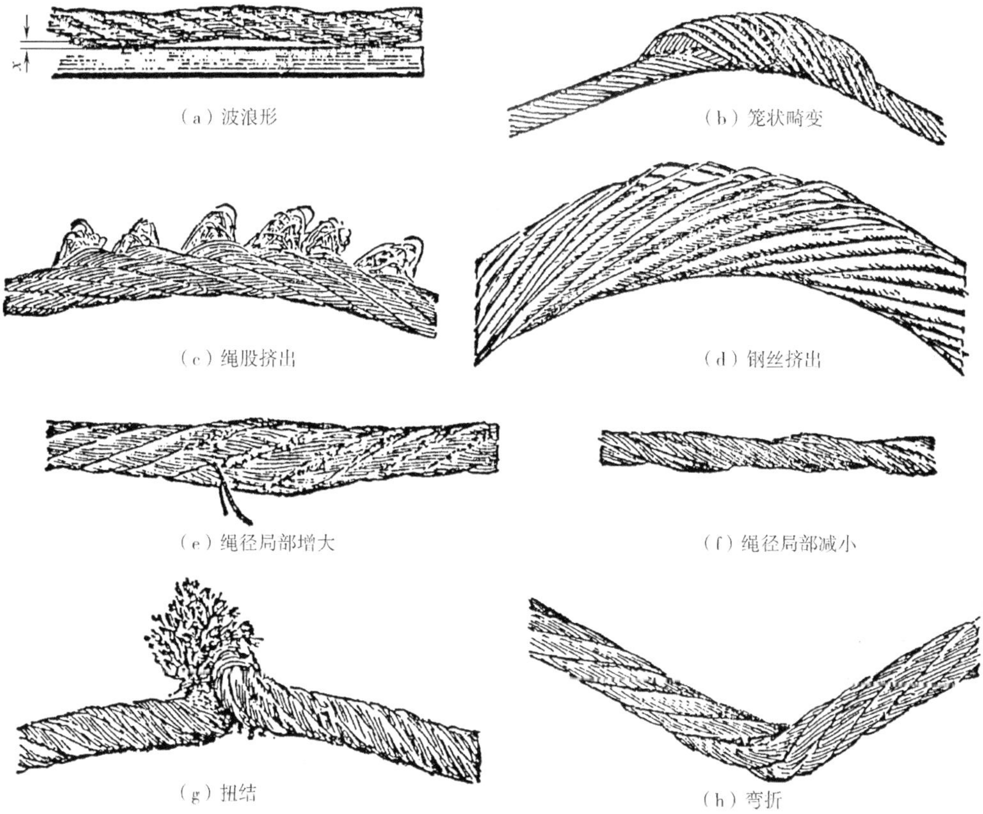

图6－7　钢丝绳的变形

钢丝绳的报废标准如下。

1. 断丝数

钢丝绳在任何一段节距内的断丝数达到表6－7的数值时，应该及时报废、更新。

表 6－7　钢丝绳报废断丝数

安全系数＼断丝数＼钢丝绳结构	钢丝绳结构			
	绳 6×19		绳 6×37	
	一个节距中的断丝数			
	交互捻	同向捻	交互捻	同向捻
<6	12	6	22	11
6～7	14	7	26	13
>7	16	8	30	15

注:1　表中断丝数是指细钢丝,粗钢丝每根相当于 1.7 根细钢丝。

2　一个节距是指每股钢丝绳缠绕一周的轴向距离。

2. 锈蚀磨损、断丝数折减

钢丝绳锈蚀或磨损时,应将表 6－7 断丝数按表 6－8 折减,并按折减后的断丝数报废。

表 6－8　折减系数表　　%

钢丝表面磨损或锈蚀量	10	15	20	25	30～40	>40
折减系数	85	75	70	60	50	0

3. 吊运危险品断丝数减半

吊运炽热金属或危险品的钢丝绳的报废断丝数应取一般起重机钢丝绳报废断丝数的一半,其中包括钢丝表面磨蚀进行的折减。

4. 绳端部断丝

当绳端或其附近出现断丝(即使数量少),如果绳长允许,应将断丝部位切去,重新安装。

5. 断丝的局部聚集程度

如果断丝聚集在小于一个节距的绳长内,或集中在任一绳股里,即使断丝数比表 6－7 所列数值少,也应予以报废。

6. 断丝的增长率

当断丝数逐渐增加,其时间间隔趋短,应认真检查并记录断丝增长情况,判明规律,确定报废日期。

7. 整股断裂

钢丝绳某一绳股整股断裂,应予报废。

8. 磨损

当外层钢丝磨损达40%，或由于磨损引起钢丝绳直径减小7%。

9. 腐蚀

当钢丝表面出现腐蚀深坑，或由于绳股生锈引起绳径增加或减小。

10. 绳芯损坏

由于绳芯损坏引起绳径显著减小、绳芯外露、绳芯挤出。

11. 弹性降低

钢丝绳弹性降低一般伴随有下述现象：绳径减小；绳节距伸长；钢丝或绳股之间空隙减小；绳股凹处出现细微褐色粉末；钢丝绳明显不易弯曲。

12. 变形

钢丝绳变形是指钢丝绳失去正常形状产生可见畸变，从外观上看可分为以下几种：波浪形，笼形畸变，绳股挤出，钢丝挤出，绳径局部增大，扭结，局部被压扁，弯折。

13. 过热

过热是指钢丝绳受到电弧闪络、过烧，或外表出现可识别的颜色改变等。电弧作用的钢丝绳外表颜色与正常钢丝绳难以区别，因而容易成为隐患。

钢丝绳的破坏表现形态各异，多种原因交错，每次检验均应对以上各项因素进行综合考虑，按标准掌握。在更换新钢丝绳前，应弄清并消除对钢丝绳有不利影响的设备的缺陷。

六、钢丝绳的使用和维护

必须坚持每个作业班次对钢丝绳的检查并形成制度。检查不留死角，对于不易看到和不易接近的部位应给予足够重视，必要时应作探伤检查。在检查和使用中应做到以下几点。

第一，使用检验合格的产品，保证其机械性能和规格符合设计要求。

第二，保证足够的安全系数，必要时使用前要做受力计算，不得使用报废钢丝绳。

第三，使用中避免两钢丝绳的交叉、叠压受力，防止打结、扭曲、过度弯曲和划磨。

第四，应注意减少钢丝绳弯折次数，尽量避免反向弯折。

第五，不在不洁净的地方拖拉，防止外界因素对钢丝绳的损伤、腐蚀，使钢丝绳性能降低。

第六，保持钢丝绳表面的清洁和良好的润滑状态，加强对钢丝绳的保养和维护。

第三节　滑轮与卷筒

滑轮、卷筒和钢丝绳三者共同组成起重机的卷绕系统，将驱动装置的回转运动转换成吊载的升降直线运动。滑轮和卷筒是起重机的重要部件，它们的缺陷或运行异常会加速钢丝绳的磨损，导致钢丝绳脱槽、掉钩，从而引发事故。

一、滑轮与滑轮组

1. 概述

（1）滑轮的分类与作用。根据滑轮的中心轴是否运动，可将其分为动滑轮和定滑轮两类。定滑轮的心轴固定不动，其作用是改变钢丝绳的方向；动滑轮的心轴可以位移，动、定滑轮都可绕其心轴转动。钢丝绳依次绕过若干定滑轮和动滑轮组成的滑轮组，可以达到省力或增速的目的。此外，通过滑轮可以改变钢丝绳的运动方向。平衡滑轮还可以均衡张力。

（2）滑轮的制造方法与材料。铸铁滑轮适于轻、中级工作机构，常用灰铸铁和球墨铸铁，对钢丝绳磨损小，但其强度较低，脆性大，碰撞容易破损；当工作机构级别较高时，采用铸钢滑轮；滑轮直径较大，铸造困难时，采用焊接滑轮以减轻其自重。滑轮也可采用塑料、铝合金等材料。

（3）滑轮的构造与尺寸。滑轮由轮缘（包括绳槽）、轮辐、轮毂组成（见图6－8）。轮缘是承载钢丝绳的主要部位，轮辐将轮缘与毂轮连接，整个滑轮通过轮毂安装在滑轮轴上。滑轮的合理结构保证钢丝绳顺利通过并不易跳槽。

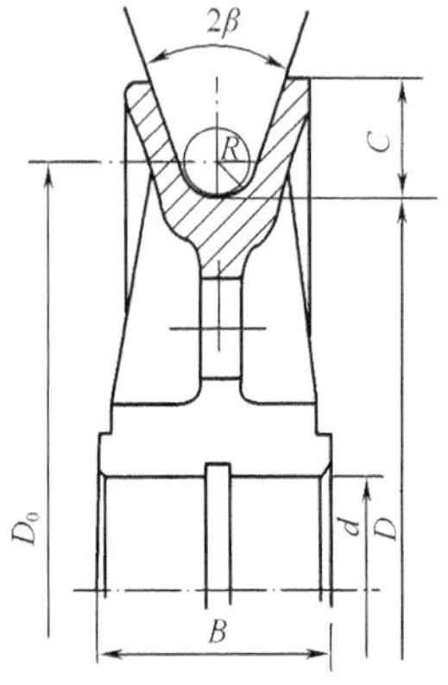

图6－8　滑轮几何尺寸图

滑轮的主要尺寸及其功能有：

D_0——计算直径，按钢丝绳中心计算的滑轮卷绕直径，mm。

R——绳槽半径，保证钢丝绳与绳槽有足够的接触面积，$R=(0.53\sim0.6)d$，mm。

β——绳槽侧夹角。钢丝绳穿绕上下滑轮时，容许与滑轮轴线有一定偏斜，一般$\beta=35°\sim40°$。

C——绳槽深度，其足够的深度防止钢丝绳跳槽，mm。

D——滑轮绳槽直径，mm。

B——轮毂厚度,mm。

其中,D_0 为影响钢丝绳寿命的关键尺寸,必须满足下列关系式:

$$D_{0\min} \geqslant h_2 d$$

$$D_{=} D + d$$

式中:$D_{0\min}$——按钢丝绳中心计算的滑轮允许的最小卷绕直径,mm;

d——钢丝绳直径;

h_2——滑轮直径与钢丝绳直径的比值。

2. 滑轮组

钢丝绳依次穿绕过若干动滑轮和定滑轮组成的滑轮组。在理想状态下,当起升机构升降运动时,钢丝绳随着动滑轮和定滑轮的转动,无摩擦地、滚动地通过滑轮的绳槽。滑轮组中的平衡滑轮是用来调整滑轮左右两边钢丝绳长度与拉力的差异的。当绕过它的钢丝绳两分支受力不均匀时,平衡滑轮稍许转动,以均衡钢丝绳的张力。

(1)滑轮组的种类。按工作原理,可分为省力滑轮组和增速滑轮组。省力与增速不能兼得。省力滑轮组可用较小的力升降较重的物料,起重机的起升机构和钢丝绳变幅机构都采用省力滑轮组。

按构造形式,根据绕入卷筒的钢丝绳分支数可分为单联滑轮组(见图 6-9)和双联滑轮组(见图 6-10)。单联滑轮组绕入卷筒的钢丝绳只有一根,多用于臂架类型起重机;双联滑轮组绕入卷筒的钢丝绳有两根,常用于桥架类型的起重机。

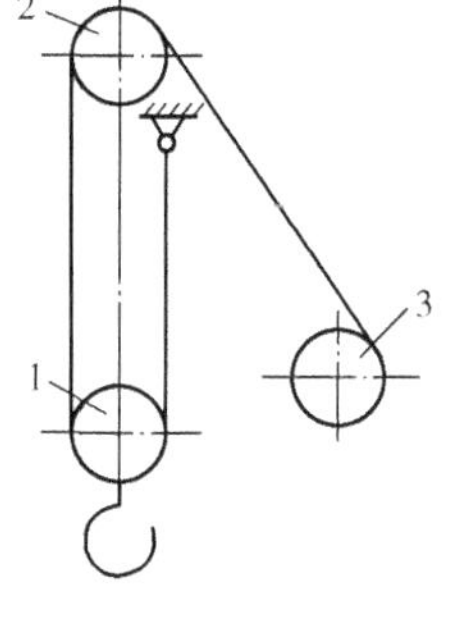

1—动滑轮;2—导向滑轮;
3—卷筒
图 6-9　单联滑轮组

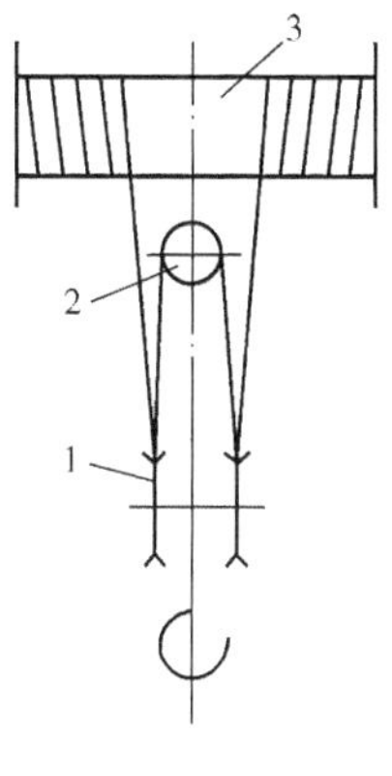

1—动滑轮;2—均衡滑轮;
3—卷筒
图 6-10　双联滑轮组

(2)滑轮组的倍率。倍率是指滑轮组省力的倍数,也是减速的倍数,用 m 表示。

在不考虑摩擦的理想状态下,m 值可按下式计算:

$$m = \frac{\text{重物的重量}}{\text{理论提升力}} = \frac{\text{绳索的速度}}{\text{重物的速度}}$$

单联滑轮组的倍率等于钢丝绳分支数;双联滑轮组的倍率等于钢丝绳分支数的一半。

滑轮组倍率大小,对驱动装置总体尺寸有较大的影响。倍率增加时,钢丝绳每个分支拉力减小,卷筒直径也可减小。但在起升高度一定时,卷筒长度要增加,而且在起升速度不变时,需提高卷筒转数。滑轮组倍率不是越大越好,而要根据起重量按标准确定。

(3)滑轮组的效率。实际情况下,滑轮组的省力倍数比无摩擦的理想状况要小。滑轮的效率损失主要来自轴承摩擦阻力和钢丝绳僵性阻力,二者产生的内摩擦,消耗了钢丝绳部分弹性势能。滑轮的效率与钢丝绳构造、滑轮及轴的直径、轴承种类、钢丝绳包角以及润滑条件等因素有关。卷筒的效率同样也是由轴承中损耗和钢丝绳僵性损耗引起的。但后者损耗要比滑轮组的小些,因为对卷筒只有单方面的绕进或绕出,但计算时,滑轮与卷筒两者的效率常取同值。

对于单个滑轮,其效率是由绕进滑轮的分支拉力与绕出分支拉力之比值所决定,滚动轴承的滑轮效率为 0.98,滑动轴承的滑轮效率为 0.95。滑轮组效率与滑轮效率及倍率有关,滑轮组的倍率和效率见表 6-9。

表 6-9　滑轮组的倍率和效率

滑轮组倍率(m)	2	3	4	5	6	8	10
滚动轴承滑轮组效率(η_z)	0.99	0.98	0.97	0.96	0.95	0.935	0.916
滑动轴承滑轮组效率(η_z)	0.975	0.95	0.925	0.90	0.88	0.84	0.80

(4)滑轮组钢丝绳的拉力。在考虑滑轮的阻力后,应计算滑轮组钢丝绳每分支实际的拉力。

单联滑轮组钢丝绳每分支的拉力为:

$$S = \frac{P_Q}{m\eta_z}$$

双联滑轮组钢丝绳每分支的拉力为:

$$S = \frac{P_Q}{2m\eta_z}$$

式中:S——钢丝绳每分支所受的拉力;

P_Q——起升载荷；

m——滑轮组倍率；

η_z——滑轮组效率。

(5)滑轮的安全要求和报废标准。

滑轮的使用安全要求如下。

第一，保证滑轮直径与钢丝绳直径的比值(h_2)不应小于表6-5中的规定值。平衡滑轮的h_2值，对于桥式类型起重机与一般滑轮取等值；对于臂架类型起重机取不小于一般滑轮值的0.6倍。

第二，滑轮不应有缺损和裂纹，滑轮槽应光洁平整，不得有损伤钢丝绳的缺陷。

第三，滑轮应配置防止钢丝绳跳出绳槽的装置。

金属铸造的滑轮，出现下述情况之一时应报废。

①裂纹。

②轮槽不均匀磨损达3mm。

③轮槽壁厚磨损达原壁厚的20%。

④因磨损使轮槽底部直径减小量达钢丝绳直径的50%。

⑤滑轮轴磨损量达原直径的3%。

⑥其他损害钢丝绳的缺陷。

二、卷筒

卷筒是用来卷绕钢丝绳的部件，它承载起升载荷，收放钢丝绳，实现取物装置的升降。

1. 概述

(1)卷筒的种类。按筒体形状，可分为长轴卷筒和短轴卷筒。按制造方式，可分为铸造卷筒和焊接卷筒。按卷筒的筒体表面是否有绳槽，可分为光面和螺旋槽面卷筒。按钢丝绳在卷筒上卷绕的层数，可分为单层缠绕卷筒和多层缠绕卷筒(见图6-11)。一般起重机大多采用单层缠绕卷筒，多层缠绕卷筒用于起升高度特大，或要求机构紧凑的起重机(例如汽车起重机)。

(2)卷筒的结构。卷筒是由筒体、连接盘、轴以及轴承支架等构成的。

单层缠绕卷筒的筒体表面切有弧形断面的螺旋槽，以增大钢丝绳与筒体的接触面积，并使钢丝绳在卷筒上的缠绕位置固定，以避免相邻钢丝绳互相摩擦而影响寿命。

多层缠绕卷筒的筒体表面通常采用不带螺旋槽的光面，筒体两端部有凸缘，以防止钢丝绳滑出。其缺点是钢丝绳排列紧密，各层互相叠压、摩擦，对钢丝绳的寿命

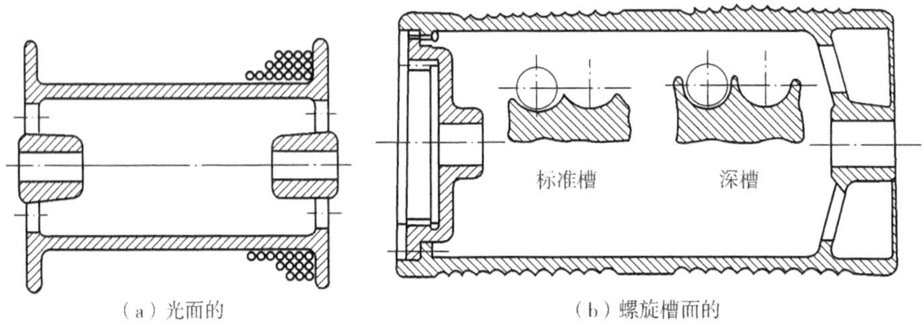

图 6－11　卷筒

影响很大。

卷筒的结构尺寸中，影响钢丝绳寿命的关键尺寸是卷筒的计算直径，按钢丝绳中心计算的卷筒允许的最小卷绕直径必须满足：

$$D_{0\min} \geqslant h_1 d$$

式中：$D_{0\min}$——按钢丝绳中心计算的滑轮和卷筒允许的最小卷绕直径，mm；

d——钢丝绳直径，mm；

h_1——卷筒直径与钢丝绳直径的比值。

2．钢丝绳在卷筒上的固定

通常采用压板螺钉或楔块（见图 6－12），利用摩擦原理来固定钢丝绳尾部，要求固定方法安全可靠，便于检查和装拆，在固定处对钢丝绳不造成过度弯曲、损伤。

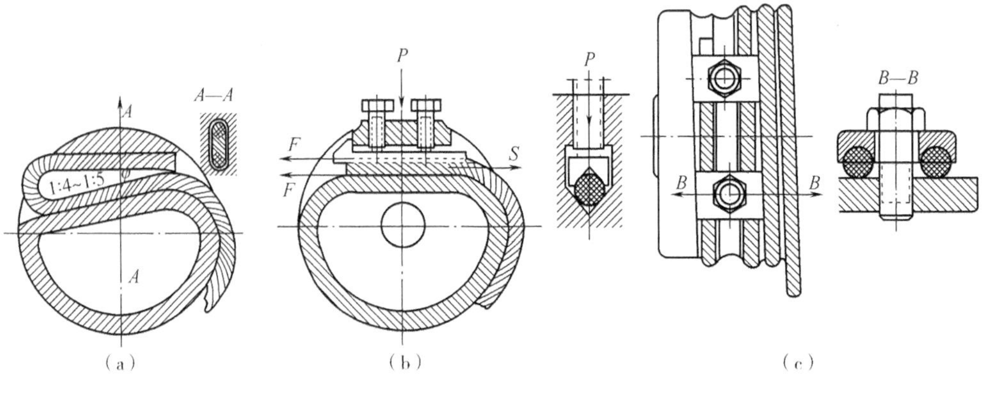

图 6－12　钢丝绳在卷筒上的固定

(1)楔块固定法[见图6－12(a)]。此法常用于直径较小的钢丝绳,不需要用螺栓,适于多层缠绕卷筒。

(2)长板条固定法[见图6－12(b)]。通过螺钉的压紧力,将带槽的长板条沿钢丝绳的轴向将绳端固定在卷筒上。

(3)压板固定法[见图6－12(c)]。利用压板和螺钉固定钢丝绳,方法简单,工作可靠,便于观察和检查,是最常见的固定形式。其缺点是所占空间较大,因此,不能用于多层卷绕。从安全考虑,压板数至少为2个。

钢丝绳尾部拉力可按柔韧体摩擦的欧拉公式计算:

$$S = \frac{\varphi_2 S_{\max}}{e^{\mu\alpha}}$$

式中:$S_{\max}$——钢丝绳的最大拉力,一般指额定载荷时的钢丝绳拉力;

φ_2——起升载荷动载系数;

e——自然对数的底(e＝2.718…);

μ——摩擦系数,考虑有油,通常取$\mu \approx 0.12$;

α——钢丝绳在卷筒上的包角。

为了保证钢丝绳尾的固定可靠,减少压板或楔块的受力,在取物装置降到下极限位置时,在卷筒上除钢丝绳的固定圈外,还应保留1.5～3圈安全圈,也称为减载圈,这在卷筒的设计时已经给予考虑。

在使用中,钢丝绳尾的圈数保留得越多,绳尾的压板或楔块的受力就越小,也就越安全。如果取物装置在吊载情况的下极限位置过低,卷筒上剩余的钢丝绳圈数少于设计的安全圈数,就会由于钢丝绳尾受力超过压板或楔块的压紧力,从而导致钢丝绳拉脱,重物坠落。

3. 卷筒安全使用要求

(1)卷筒上钢丝绳尾端的固定装置,应有防松或自紧的性能。对钢丝绳尾端的固定情况,应每月检查一次。在使用的任何状态,必须保证钢丝绳在卷筒上保留足够的安全圈。

(2)单层缠绕卷筒的筒体端部应有凸缘。凸缘应比最外层钢丝绳或链条高出2倍的钢丝绳直径或链条的宽度。

卷筒出现下述情况之一时应报废。

①裂纹。

②筒壁磨损量达原壁厚的20%。

③绳槽磨损量大于钢丝绳直径1/4且不能修复时。

第四节　制　动　器

由于起重机周期及间歇性的工作特点，使各个工作机构经常处于频繁启动和制动状态，制动器成为动力驱动的起重机各机构中不可缺少的组成部分，它既是机构工作的控制装置，又是保证起重机作业的安全装置。制动器是否完好可靠，是安全检查的重点。

一、制动器的种类和用途

制动器的工作实质是通过摩擦副的摩擦产生制动作用。根据工作需要，或将运动动能转化为摩擦热能消耗，使机构停止运动；或通过静摩擦力平衡外力，使机构保持原来的静止状态。

其结构特点是：制动器摩擦副中的一组与固定机架相连；另一组与机构转动轴相连。当摩擦副接触压紧时，产生制动作用；当摩擦副分离时，制动作用解除，机构可以运动。

1. 制动器的作用

（1）支持作用：使原来静止物体保持静止状态。例如，在起升机构中，保持吊重静止在空中；在臂架起重机的变幅机构中，将臂架维持在一定的位置保持不动；对室外起重机起防风抗滑的作用。

（2）停止作用：消耗运动部分的动能，通过摩擦副转化为摩擦热能，使机构迅速在一定时间或一定行程内停止运动。例如，各个机构在运动状态下的制动。

（3）落重作用：制动力与重力平衡，使运动体以稳定的速度下降。例如，汽车起重机的下坡匀速行驶。

2. 制动器的种类

（1）根据构造不同制动器可分为以下三类。

①带式制动器。制动钢带在径向环抱制动轮而产生制动力矩（见图 6 - 13）。

②块式制动器。两个对称布置的制动瓦块，在径向抱紧制动轮而产生制动力矩（见图 6 - 14）。

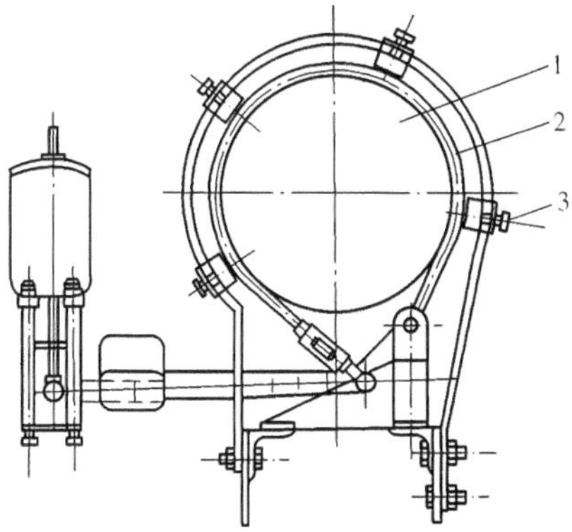

1—制动轮;2—制动带;3—限位螺钉

图 6 - 13　带式制动器

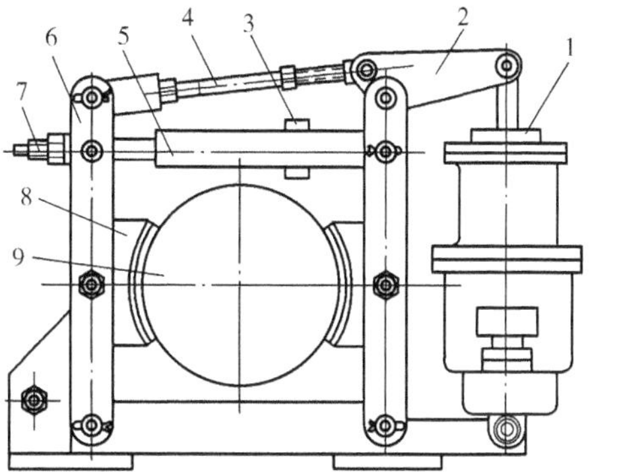

1—液压电磁铁;2—杠杆;3—挡板;4—螺杆;5—弹簧架;6—制动臂;7—拉杆;8—瓦块;9—制动轮

图 6 - 14　块式制动器

③盘式与锥式制动器。带有摩擦衬料的盘式或锥式金属盘,在轴向互相贴紧而产生制动力矩(见图 6 - 15 和图 6 - 16)。

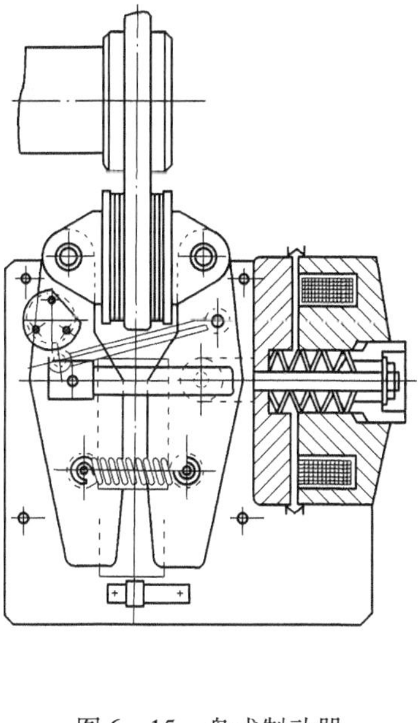

图 6 - 15　盘式制动器

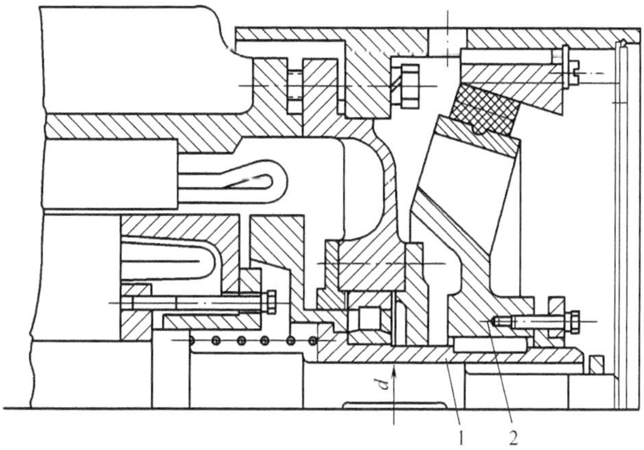

1—顶套;2—锥式制动盘

图 6 - 16　锥式制动器

(2)按操作情况,制动器可分为以下几类。

①常闭式制动器。只要机构不工作,制动器则处于闭合状态;当机构的驱动能源一接通,首先将制动器打开,机构就可以正常工作。

②常开式制动器。制动器经常处于松开状态,随时可以根据需要施加上闸力,产生制动力矩,使制动器制动。

③综合式制动器。它具有常开式,在制动器松开时可利用操纵杠杆随意进行制动,也具有常闭式,在机构不工作时制动器可靠制动的功能。

二、带式制动器

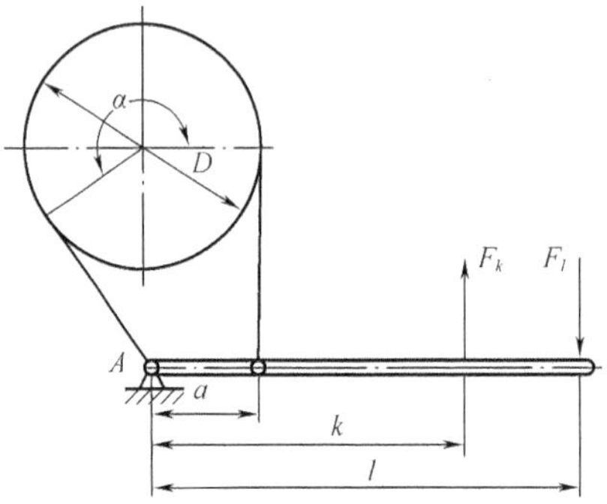

图 6－17　带式制动器简图

带式制动器由制动带、制动轮和松闸器杠杆系统组成(见图 6－17)。制动轮安装在机构的转动轴上,内侧附有摩擦衬料的制动钢带一端与机架固定部分铰连;另一端与松闸器杠杆铰连,并在径向环绕制动轮。松闸器的上闸力通过杠杆系统,使制动带环抱接触并压紧在制动轮上,产生制动力矩。由于制动带的包角很大,因而制动力矩较大,相应结构也紧凑。缺点是制动轮轴由于不平衡力作用而受弯曲载荷,制动带比压分布不均匀,使衬料的磨损不均,散热性不好。带式制动器主要用于对结构紧凑性要求较高的流动式起重机。

简单带式制动器制动力矩的计算式为:

$$M_Z = (S_{max} - S_{min})\frac{D}{2}$$

根据柔性带的摩擦公式,因为

$$S_{max} = S_{min}e^{\mu\alpha}$$

所以

$$M_Z = \frac{S_{max}D}{2}(1 - e^{\mu\alpha})$$

式中:M_Z——制动力矩;

S_{max}——制动带最大张力;

S_{min}——制动带最小张力;

D——制动轮直径；

e——自然对数的底(e = 2.718…)；

μ——摩擦系数；

α——钢丝绳在卷筒上的包角，通常取为250°～270°，最大可达650°。

带式制动器的制动带内侧有摩擦垫片，其背衬钢带的端部与固定部分的连接，应采用铰接，不得采用螺栓连接、铆接、焊接等刚性连接形式。

三、块式制动器

块式制动器由制动瓦块、制动臂、制动轮和松闸器组成。常把制动轮作为联轴器的一个半体安装在机构的转动轴上，对称布置的制动臂与机架固定部分铰连，内侧附有摩擦材料的两个制动瓦块分别活动铰接在两制动臂上，在松闸器上闸力的作用下，成对的制动瓦块在径向抱紧制动轮而产生制动力矩。

以短行程电磁铁块式制动器为例(见图6-18)，说明块式制动器的工作原理。在接通电源时，电磁松闸器的铁心吸引衔铁压向推杆，推杆推动左制动臂向左摆，主弹簧被压缩。同时，解除压力的辅助弹簧将右制动臂向右推，两制动臂带动制动瓦块与制动轮分离，机构可以运动。当切断电源时，铁心失去磁性，对衔铁的吸引力消除，因而解除衔铁对推杆的压力，在主弹簧张力的作用下，两制动臂一起向内收摆，带动制动瓦块抱紧制动轮产生制动力矩；同时，辅助弹簧被压缩。制动力矩由主弹簧力决定，辅助弹簧保证松闸间隙。块式制动器的制动性能在很大程度上是由松闸器的性能决定的。

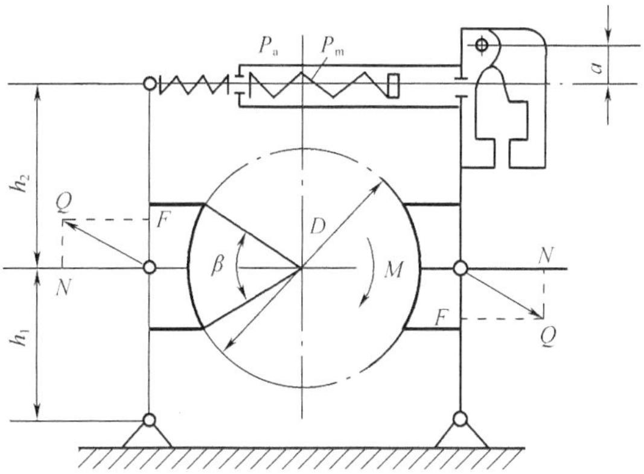

图6-18　短行程电磁铁块式制动器简图

块式制动器的特点是构造简单，安装方便，成对瓦块产生的压力平衡，使制动轮轴不受弯曲载荷作用。在起重机中得到广泛使用。

四、制动器的选择与使用

制动器通常安装在机构的高速轴(电动机轴或减速器的输入轴)上，有些制动器则装设在低速轴或卷筒上,以防传动系统断轴时物品坠落。前者由于制动力矩小,因而制动器的尺寸可以减小;后者可以增加安全性,防止传动系统承载力零件损坏而造成物品坠落。在起重机安全检查过程中,对下列要求必须给予确认。

第一,动力驱动的起重机,其起升、变幅、运行、旋转机构都必须装设制动器。

第二,起升机构、变幅机构的制动器,必须是常闭式制动器。

第三,吊运炽热金属或其他危险品的起升机构,以及发生事故可能造成重大危险或损失的起升机构,每套独立的驱动装置都应装设两套支持制动器。

第四,人力驱动的起重机,其起升机构和变幅机构必须装设制动器或停止器。

第五,制动器的制动力矩应满足下式要求:

$$M_Z \geqslant kM$$

式中:M_Z——制动器的制动力矩;

M——制动器所在轴的传动力矩;

k——安全系数(见表6-10)。

表6-10 制动器的安全系数

机构	使用情况	安全系数
起升机构	一般的	1.50
	重要的	1.75
	具有液压制动作用的液压传动的	1.25
吊运炽热金属或危险品的起升机构	装有两套支持制动器时,对每一套制动器	1.25
	彼此有刚性联系的两套驱动装置,每套装置装有两套支持制动器时,对每一套制动器	1.10
非平衡变幅机构		1.75
平衡变幅机构	在工作状态时	1.25
	在非工作状态时	1.15

五、制动器的检查与报废

1. 制动器的检查

正常使用的起重机,每个班次都应对制动器进行检查。检查内容包括:制动器关键零件的完好状况、摩擦副的接触和分离间隙、松闸器的可靠性、制动器整体工作性能等应保证灵敏无卡塞现象。每次起重作业(特别是吊运重、大、精密物品)时,要先将吊物吊离地面一小段距离,检验、确认制动器性能可靠后,方可实施操作。制动器安全检查重点如下。

(1)制动轮的制动摩擦面不应有妨碍制动性能的缺陷或沾染油污。

(2)制动带或制动瓦块的摩擦材料的磨损程度。

(3)制动带或制动瓦块与制动轮的实际接触面积,不应小于理论接触面积的70%。

(4)制动器应有符合操作频度的热容量,不得出现过热现象。

(5)控制制动器的操纵部位(如踏板、操纵手柄等),应有防滑性能。

(6)人力控制制动器,施加的力与行程不应大于表6-11的要求,超过要求应作必要的调整。

表6-11　人力控制制动器的控制力与行程

要求	操作方法	施加的力/N	行程/mm
一般宜采用值	手控	100	400
	脚踏	120	250
最大值	手控	200	600
	脚踏	300	300

2. 制动器的报废

制动器的零件出现下述情况之一时,应报废、更换或修整。

(1)裂纹。

(2)制动带或制动瓦块摩擦垫片厚度磨损达原厚度的50%。

(3)弹簧出现塑性变形。

(4)铰接小轴或轴孔直径磨损达原直径的5%。

(5)制动轮出现下述情况之一时,应报废。

①裂纹。

②起升、变幅机构的制动轮,轮缘厚度磨损达原厚度的40%。

③其他机构的制动轮,轮缘厚度磨损达原厚度的50%。

④轮面凹凸不平度达1.5 mm时,如能修理,在修复后轮缘厚度应符合本条中第②③项的要求。

第七章　起重机的安全防护

第一节　起重机的安全防护装置

起重机的安全防护是指对起重机在作业时产生的各种危险进行预防的安全技术措施。不同种类的起重机应根据不同需要安装必要的安全防护装置。安全防护装置是否配备齐全,装置的性能是否可靠,是起重机安全检查的重要内容。

一、起重机安全防护装置的种类

1. 按安全功能分类

起重机安全防护装置按安全功能大致可分为安全装置、防护装置、指示报警装置及其他安全防护措施几类。

(1)安全装置。这是指通过自身的结构功能,可以限制或防止起重作业的某种危险发生的装置。安全装置可以是单一功能装置,也可以是与防护装置联用的组合装置。安全装置还可以进一步分为以下几种。

①限制载荷的装置。例如,超载限制器、力矩限制器、缓冲器、极限力矩限制器等。

②限定行程位置的装置。例如,上升极限位置限制器、下降极限位置限制器、运行极限位置限制器、防止吊臂后倾装置、轨道端部止挡等。

③定位装置。例如,支腿回缩锁定装置、回转定位装置、夹轨钳和锚定装置或铁鞋等。

④其他安全装置。例如,联锁保护装置、安全钩、扫轨板等。

(2)防护装置。这是指通过设置实体障碍,将人与危险隔离。例如,走台栏杆、暴露的活动零部件的防护罩、导电滑线防护板、电气设备的防雨罩,以及起重作业范围内临时设置的安全栅栏等。

(3)安全信息提示和报警。这是用来显示起重机工作状态的装置,是人们用以观察和监控系统过程的手段,有些装置与控制调整联锁,有些装置兼有报警功能。属于此类装置的有:偏斜调整和显示装置、幅度指示计、水平仪、风速风级报警器、登机信号按钮、倒退报警装置、危险电压报警器等。

(4)其他安全防护措施。它包括照明、信号、通讯、安全色标等。

2. 按安全检查项目分类

起重机安全防护装置按安全检查的要求不同,可分“应装”和“宜装”两个要求等级。

(1)应装。它是指强制要求必须装设的安全防护装置。应装而未装,或装置丧失安全功能,要限期整改,甚至停止起重机的使用。

(2)宜装。它是指非强制性要求的安全装置,当条件不具备时暂不要求,有条件时最好安装。

各种类型的起重机应按《起重机械安全规程》(GB 6067.1—2010)规定要求装设安全防护装置,并须在使用中及时检查、维护,使其保持正常工作性能。如发现性能异常,应立即进行修理或更换。

二、安全防护装置的工作原理和安全功能

1. 超载限制器

超载限制器也称起重量限制器,是一种超载保护安全装置。其功能是当载荷超过额定值时,使起升动作不能实现,从而避免超载。有机械式、电子式等多种类型(见图 7－1),机械式超载限制器通过杠杆、弹簧、凸轮等的作用带动撞杆,当超载时,撞杆与开关相碰,切断起升机构的动力源,控制起升机构中止运行。

电子式超载限制器是由传感器、运算放大器、控制执行器和载荷指示计等部分组成,将显示、控制和报警功能集于一身。当起重机起吊物品时,传感器产生变形,把载荷重量转化为电信号,经过运算放大,指示出载荷的数值。当载荷达到额定值的 90% 时,发出预警信号;当载荷超过额定载荷时,切断起升机构的动力源。超载限制器广泛用于桥式类型起重机和升降机。有些臂架类型起重机(如塔式起重机、门座起重机)将超载限制器与力矩限制器配合使用。

2. 力矩限制器

力矩限制器是臂架式起重机的超载保护安全装置。臂架式起重机是用起重力矩特性来反映载荷状态的,而力矩值是由起重量、幅度(臂长与臂架倾角余弦的乘积)和作业工况等多个参数决定的,控制起来比较复杂。电子式力矩限制器可以综合多种情况,较好地解决这个问题。下面以流动式起重机的力矩限制器为例说明其工作原理。这种力矩限制器由载荷检测器、臂长检测器、角度检测器、工况选择器和微型计算机构成(见图 7－2)。当起重机进入工作状态时,将实际各参数的检测信号输入计算机,经过运算、放大、处理后,显示相应的数值,并与事先存入的额定起重力

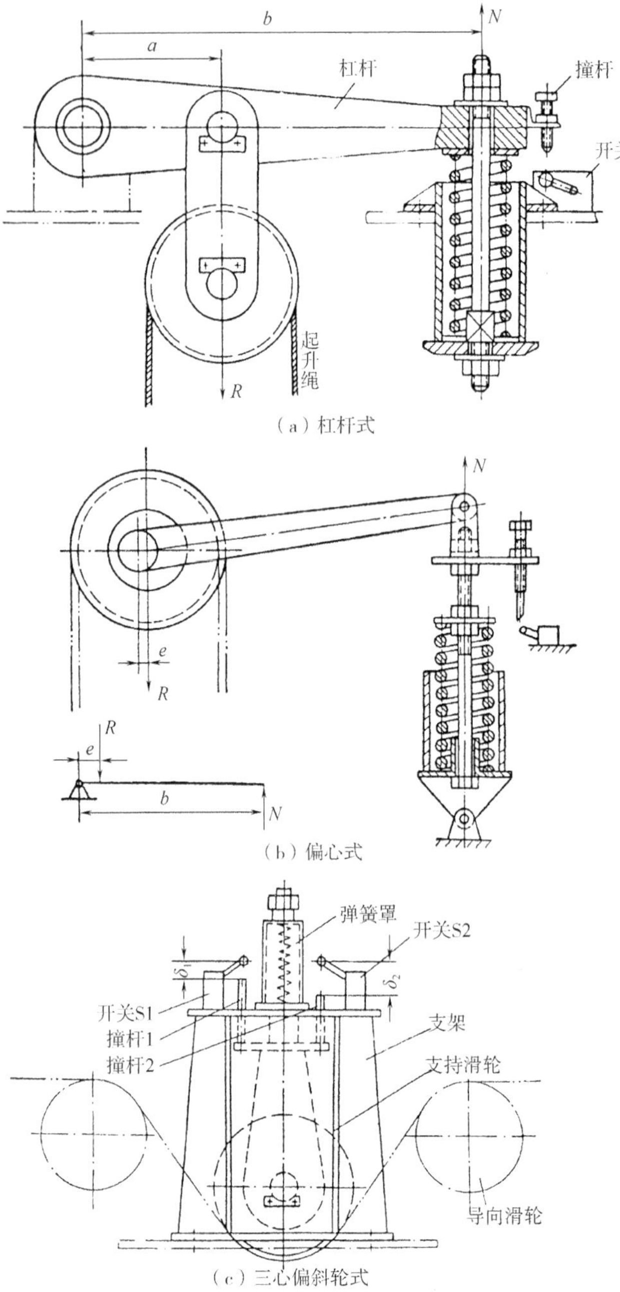
b
a
N
杠杆
撞杆
开关
起升绳
R
（a）杠杆式
N
e
R
R
e
b
N
（b）偏心式
弹簧罩
开关S2
δ1
δ2
开关S1
撞杆1
撞杆2
支架
支持滑轮
导向滑轮
（c）三心偏斜轮式

图 7－1　起重量限制器

矩值比较。当实际值达到额定值的90%时，发出预警信号；当超载时，则一边发出警报信号，同时起重机停止向危险的方向（如起升、伸臂、降臂、回转）继续动作。

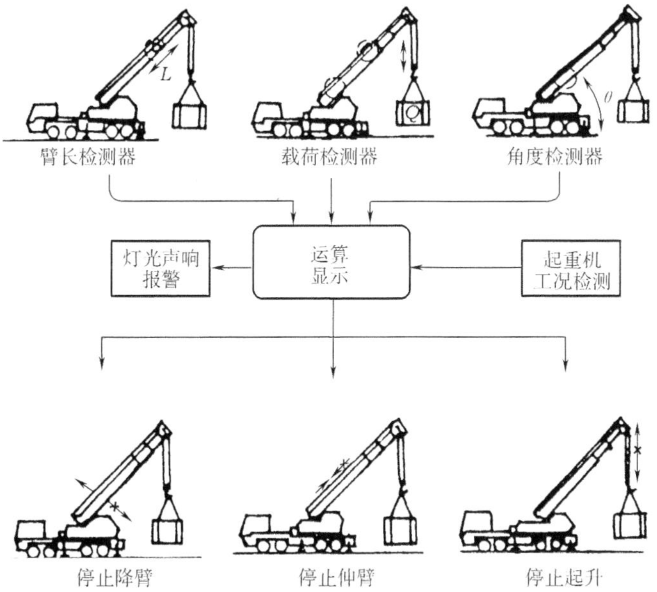

图7－2　力矩限制器工作原理

3. 缓冲器

缓冲器配置在轨道运行式起重机上，与处于同一水平高度的轨道端部止挡配合使用，是具有吸收运动机构的碰撞动能、减缓冲击性能的安全装置。当在同一跨度轨道上的两台起重机相撞，或起重机的大车（或小车）冲向行程终点时，缓冲器可以将碰撞动能转化为弹性势能吸收。缓冲器有橡胶缓冲器、弹簧缓冲器及液压缓冲器多种类型。缓冲器与起重机结构的固定连接和缓冲器的止挡件，应按起重机额定速度碰撞的条件进行计算。缓冲器安全检查的主要指标是安装牢固可靠、元件完好和吸收动能的能力。

橡胶缓冲器利用碰撞时橡胶的弹性变形实现缓冲。由于吸收能量少，一般用于运动速度较低的起重机[见图7－3(a)]。

弹簧缓冲器可将大部分撞击动能迅速转化为弹簧的压缩势能，由于结构简单，对环境条件不敏感，因而得到最广泛的应用，适用于运动速度为50～120 m/min的情况。其缺点是反弹力较大，对起重机有冲击作用[见图7－3(b)]。现在已有两种改进形式来减缓反弹力：一种是带止弹机构的弹簧缓冲器；另一种是弹簧摩擦式缓冲器。

液压缓冲器是由油缸活塞挤压油液做功来消耗受到撞击时的动能，从而起到缓冲作用的[见图7-3(c)]。其特点是可以吸收比弹簧缓冲器大得多的冲击动能,且无反弹作用。适用于运动速度更大的情况。其缺点是构造复杂,环境温度高会影响油液的性能。

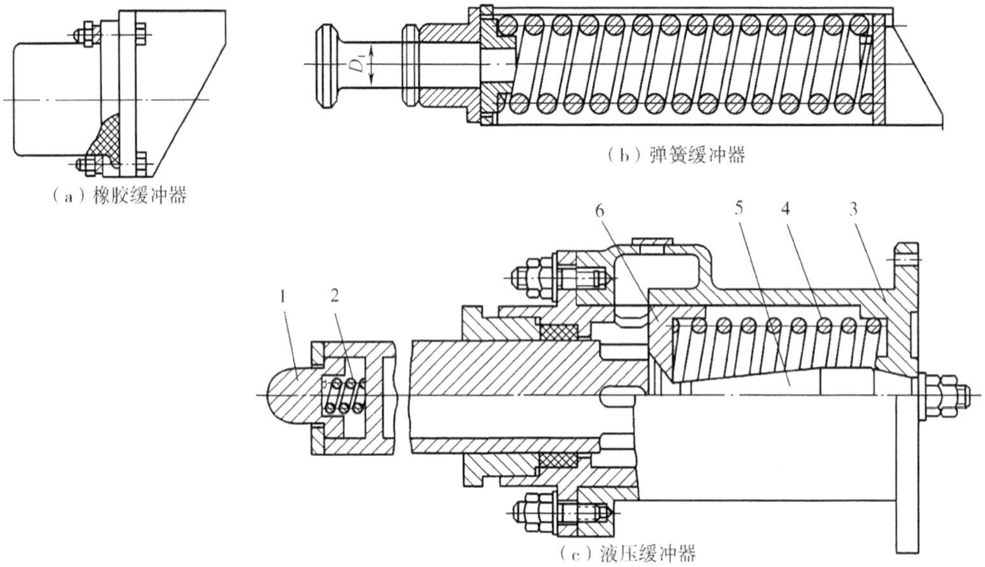

1—撞头;2—弹簧;3—油缸;4—弹簧;5—芯棒;6—活塞

图7-3　缓冲器

4. 防风防滑装置

防风防滑装置是防止露天工作的起重机在大风作用下,沿轨道滑行或在轨道端头倾覆的安全装置。室外工作的轨道式起重机均应安装这种装置。常见的防风装置有夹轨器、锚定装置和铁鞋,其性能应能满足当各自独立承受非工作状态下的最大风力时,起重机不被吹动。

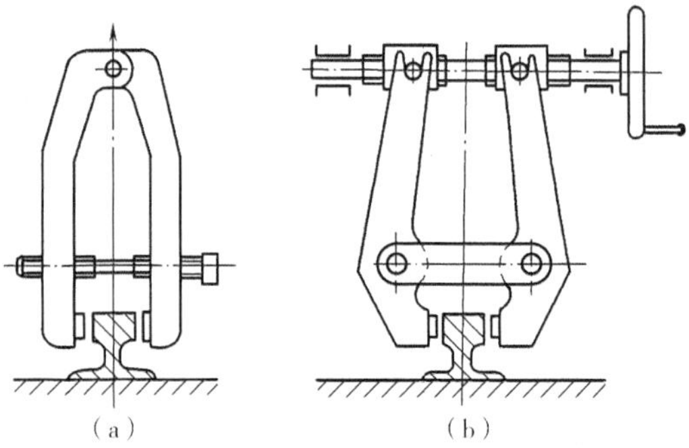

图7-4　手动防风夹轨器

(1)夹轨器。它应用最为广泛,其工作原理是利用夹钳夹紧轨道头部的两个侧面,通过结合面的夹紧摩擦力将起重机固定在轨道上,使起重机不能滑移(见图7-4)。夹轨器按控制方式可分为手动、电动、手电两动等多种形式,可用于各种类型的露天起重机。夹轨器的设计要求如下。

①夹轨钳的闭合应靠夹轨钳等构件的重量或弹簧的作用,而不应只靠驱动装置的作用,以防止电力供应中断时,驱动装置不起作用。

②起重机运行机构制动器的动作应比夹轨钳动作时间有一个提前量,这样可以消除起重机可能产生的剧烈颤动。

③确定夹轨器夹紧力时,夹轨器夹紧力须大于起重机的滑行力,应保证在非工作状态的风力作用下,起重机保持不动。

(2)锚定装置。它是防止起重机在暴风作用下沿轨道滑行、倾覆的一种安全装置。借助插销或插板装置[见图7-5(a)],或链条[见图7-5(b)],或顶杆[见图7-5(c)]将起重机与轨道基础相连接,用于非工作状态下特大风暴时起重机的固定。其缺点是锚定装置设置在轨道的某个固定位置,起重机需开到该位置才能锚定,不适于紧急情况下的即时防风固定。

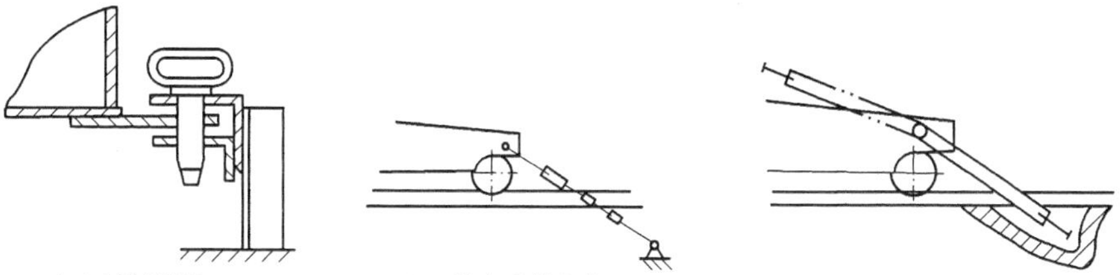

(a)插销装置　(b)链条式锚定装置　(c)顶杆式锚定装置

图7-5 锚定装置

(3)铁鞋。它是一种楔形装置,使用时将楔形舌尖插入车轮踏面和轨道顶面之间,铁鞋的斜坡构成对车轮滑动的阻力。铁鞋有手动控制和电动控制两种。

5. 联锁装置

联锁装置(联锁开关)是防止起重机的运动部分在特定条件下运转的装置,设置在建筑物登上起重机司机室的门与大车运行机构之间;由司机室登上桥架主梁的舱口门或通道栏杆门与小车运行机构之间。当司机室设在运动部分时,联锁装置设置在进入司机室的通道口的门与小车运行机构之间。其作用是:在门开启状态,对应的机构运动不能启动;当机构运动时,如果对应的门开关被打开,就给出停机指令;只有当门开关闭合,被联锁的机构运动才能执行。这样,当有人正处于起重机的某些部位或正跨入、跨出起重机的瞬间,在司机不知晓的情况下操作起重机时,可防止机构在运动过程中伤人。

6. 极限位置限制器

极限位置限制器也称行程限制器，其安全功能是保证机构在其运动的极限位置时，自动切断前进的动力源并停止运动，防止行程越位。极限位置限制器由两部分构成：一是撞块或安全尺，安装在机构的运动部分上；二是行程限位开关，固定在限定的极限位置之前的轨道或结构上，并设在机构运动的控制电路中(见图7－6)。当某方向的运动接近极限位置时，撞块或安全尺触碰行程限位开关，则切断该方向的运动电路，停止该方向的运行，同时接通反向运动电路，使运行机构只能向安全方向运行。

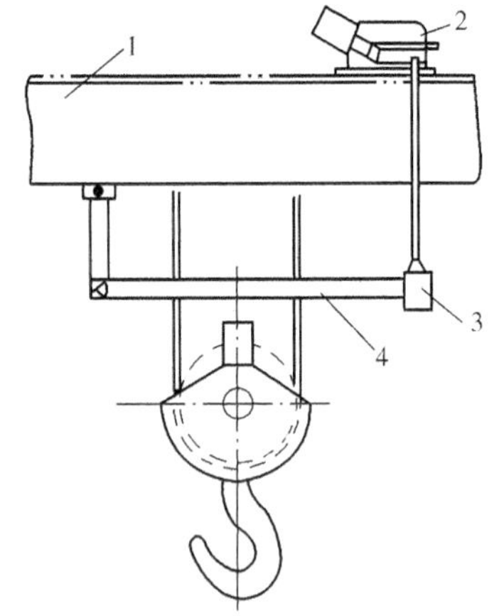

1—小车架；2—开关；3—重锤；4—碰杆

图7－6　重锤式上升极限位置限制器

所有类型起重机的起升和变幅机构至少应装一套上升极限位置限制器(见图7－6)。吊运熔化金属的起重机起升机构必须装两套上升限位开关，两套开关动作应有先后，并应尽量采用不同结构型式和控制不同的断路装置。

有轨的大车(或小车)运行机构在轨道端头附近都要设置行程限位开关(见图7－7)，一般由限位开关和触发开关的安全尺配套使用。

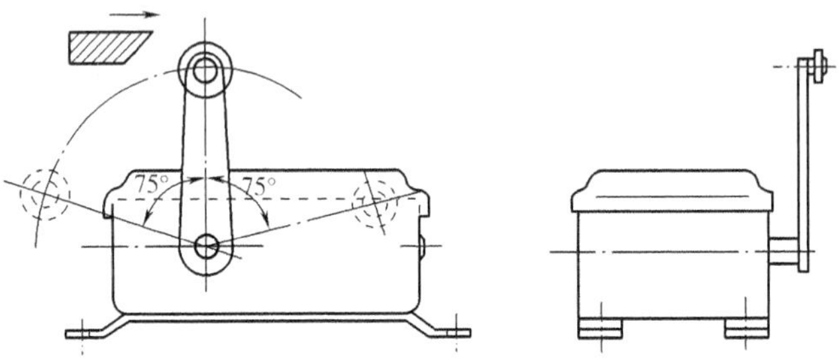

图7－7　安全限位开关

7. 零位保护

起重机必须设零位保护，在开始运转和失压恢复供电时，只有先将各机构控制器置于零位后，所有机构的电动机才能启动；只要有一个机构的控制器不在零位，所有机构都不能启动。

联锁装置、行程限位、零位保护、紧急开关等常常联合在起重机的控制电路中发挥作用，只要有一个装置处于非正常状态，起重机就不能启动。

图 7－8 所示是一个桥式起重机的联锁保护电路。电路由主电路和控制电路两部分组成。主电路包括刀开关、接触器主触头、过电流继电器线圈、电动机等。控制电路部分包括启动按钮、零位保护、紧急开关、安全联锁、过电流保护、接触器线圈、机构（如起升机构、小车和大车机构）运动的控制和安全限位等部分组成。其中，紧急开关、安全联锁和过电流保护构成一个串联回路部分。只有当控制电路中的接触器线圈通电，其电磁衔铁吸合，主电路接触器主触头闭合，各机构的电动机才能转动。只要接触器线圈失电，电动机就无法启动。

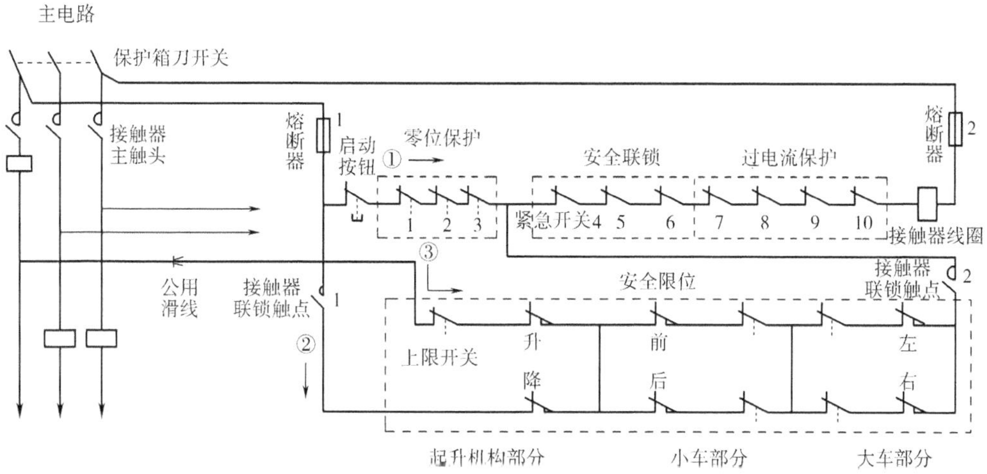

图 7－8 联锁保护控制电路图

各个安全保护是这样起作用的：在起重机的启动阶段，合上保护箱刀开关，控制电路按启动按钮、零位保护、顺序形成沿箭头①所示的唯一路径，各部分是串联关系。只要各保护部分都在安全位置，则回路处于接通状态，此时，按下启动按钮，接触器的主触头和接触器的联锁触点 1 和 2 都随之闭合，主电路电动机可以工作。在启动瞬间，只要有一个保护开关处于非正常状态，则回路断开，起重机无法启动。

在起重机运行阶段，由于接触器的联锁触点 1 和 2 都闭合，形成沿箭头①②③所示的三条路径向接触器线圈供电，使接触器自锁。这时，零位保护不起控制作用，可以正常操纵各机构离零位，在不同挡位上工作。起升机构、大车运行机构和小车运行机构的线路与紧急开关、安全联锁、过电流保护和接触器线圈串联，各机构的正、反向运动各自并联，而每一个机构的某个运动方向的控制开关和该方向上的安全限位开关串联。这样,可以实现三个机构的运动相互不干扰,每一个机构的某个运动方向的运动由该方向的安全限位来限制,所有机构的运动由紧急开关、安全联锁和过电流保护装置来制约。

8. 偏斜调整和显示装置

大跨度的门式起重机和装卸桥,当两端支腿因前进速度不同步而发生偏斜时,偏斜调整和显示装置能将偏斜情况指示出来,并使偏斜得到调整。

9. 幅度指示器

幅度指示器安装在具有变幅机构的起重机上,能正确指示吊具所在的幅度。

10. 水平仪

水平仪安装在流动式起重机上,可检查打支腿的起重机倾斜度,显示起重机机身的水平状态。

11. 防止吊臂后倾装置

防止吊臂后倾装置安装在变幅机构是挠性卷绕系统控制的起重机上,当变幅机构的行程开关失灵时,能阻止吊臂后倾。

12. 极限力矩限制装置

当臂架起重机的臂架旋转阻力矩大于设计规定的力矩时,极限力矩限制装置内的摩擦元件发生滑动,切断动力输入,使旋转运动停止,从而起到保护作用。

13. 风级风速报警器

风级风速报警器安装在露天工作的起重机上,当风力大于安全工作的极限风级时能发出报警信号,并应能显示瞬时风速风级。在沿海工作的起重机可定为当风力大于 7 级时发出报警信号。

14. 支腿回缩锁定装置

支腿回缩锁定装置安装在工作时打支腿的流动式起重机上,以保证起重作业支腿伸出承重时不发生“软腿”回缩现象;当支腿收回后,能可靠地锁定;并防止在起重机的运行状态下支腿自行伸出。

15. 回转定位装置

流动式起重机在整机行驶时,回转定位装置能保证上车保持在固定位置。

16. 防倾翻安全钩

防倾翻安全钩安装在主梁一侧落钩的单主梁起重机上,以防止小车倾翻。

17. 检修吊笼

检修吊笼用于高空中导电滑线的检修。其可靠性不应低于司机室。

18. 扫轨板和支承架

扫轨板和支承架是用来扫除起重机行进方向轨道上的障碍物的。

19. 轨道端部止挡

轨道端部止挡设置在轨道的端部，与运动结构上的缓冲器配合作用，具有防止起重机脱轨的安全性能。

20. 导电滑线防护板

导电滑线防护板是用于防止人员意外接触带电滑线引发触电事故而设的防护挡板。使用滑线的起重机，对易发生触电的部位都应设该装置。例如，桥式起重机司机室位于大车滑线端时，通向起重机的梯子和走台与滑线间应设置防护板；桥式起重机大车沿线端的端梁下，应设置防护板，以防止吊具的钢丝绳与滑线的意外接触；桥式起重机作多层布置时，下层起重机的滑线应沿全长设置防护板。

21. 倒退报警装置

流动式起重机向倒退方向运行时，倒退报警装置可发出清晰的报警音响信号和明灭相间的灯光信号，提示机后人员迅速避开。

22. 防护罩

起重机上外露的活动零部件，如开式齿轮、联轴器、传动轴，链轮、链条、传动带、皮带轮等，均应装设防护罩。露天工作的起重机，其电气设备应装设防雨罩。

第二节　高处作业的安全防护

起重机金属结构高大，一般桥式起重机的主梁高度都在 10m 以上，塔式起重机甚至高达几十米。为了获得作业现场清楚的观察视野，司机室往往设在高处，很多设备也安装在高处结构上，这样，起重司机正常操作、高处设备的维护和检修以及安全检查，都需要登高作业。为防止人员从高处坠落，防止高处坠落的物体对下面人员造成打击伤害，在起重机上，凡是高度不低于 2m 的一切合理作业点，包括进入作业点的配套设施，如高处的通行走台、休息平台、转向用的中间平台，以及高处作业平台等，都应予以防护。安全防护的结构和尺寸应根据人体参数确定。其强度、刚度要求应根据走道、平台、楼梯和栏杆可能受到的最不利载荷考虑。

一、防护栏杆

防护栏杆设在可能发生坠落的临边敞开边缘处，防止人员滑跌坠落，防止平台上放置的器具、零件、材料意外坠落伤人。栏杆常采用钢管结构，应考虑承受 300 N 的移动水平载荷。对防护栏杆的具体要求如下。

第一，栏杆高度应为 1 050mm，并设有间距为 350mm 的水平横杆。栏杆底部应设置高度不小于 70 mm 的围护板。

第二，栏杆上任何一处都应能承受 1kN 来自任何方向的载荷而不产生塑性变形。

第三，为在空中润滑或维修而在臂架上所设栏杆的扶手，应能悬挂安全带挂钩，并能承受 4.5kN 的载荷而不被破坏。

二、走台

走台和平台是根据操作、维修、检查的需要，在起重机上设置的工作面和通道。仅作通路用的走道、平台应考虑承受 1 500N 的移动集中载荷；对于可能要堆放物料的平台应考虑承受 3 000 N 的移动集中载荷。对走台的具体要求如下。

第一，走台宽度（从栏杆到设备运动部分之间的最小距离）对电动桥式起重机不应小于 500mm，人力驱动的起重机不应小于 400mm。

第二，上空有相对移动构件或物体的走台，净空高度不应小于 1 800mm。

第三，走台应能承受 3kN 移动的集中载荷而无塑性变形。

第四，走台平面应有防滑性能。

三、直立梯

直立梯是与地平面垂直的钢制梯，固定在起重机上或安装在建筑物上供登起重机用。其主要危险是登梯者脱手、脚部滑脱造成倾倒、仰翻或滑落等坠落事故。安全对策是合理的梯宽；梯级间隔均匀且不过大；设置护笼护圈和直梯登上平台的扶手。各种梯子的强度、刚度应考虑能承受 1 500N 的移动集中载荷。对直立梯的具体要求如下。

第一，梯级间距宜为 300mm，且所有梯级间距应相等；踏杆距前方立面不应小于 150mm，梯宽不应小于 300mm。

第二，当梯子高度大于 10m 时，每隔 6 ~ 8m 应设休息平台。

第三，当梯子高度大于 5m 时，应从 2m 起装设直径为 650 ~ 800mm 的安全圈，相邻圈间距为 500mm。安全圈之间用 5 根均匀分布的纵向连杆连接。安全圈的任何位置都应能承受 1kN 的力而不破断。

第四，直立梯通向边缘敞开的上层平台时，梯两侧扶手顶端应比最高一级踏杆高出 1 050mm，扶手顶端向平台弯曲。

四、斜梯

斜梯是与地平面呈 30° ~ 75°角的钢制梯，两侧或一侧装有扶栏。其主要危险是登梯（尤其下梯）时从梯上滑落或从扶栏侧翻坠落而造成伤害。安全对策是踏步高、宽适当，设置扶手栏杆，并在超高斜梯的梯间设置休息平台。其具体要求如下。

第一，在整架斜梯中，所有梯级间距应相等。梯级间距和踏板宽度应根据斜梯的倾角确定（见表7－1）。

表7－1　斜梯尺寸

与水平面夹角	30°	35°	40°	45°	50°	55°	60°	65°
梯级间距/mm	160	175	185	200	210	225	235	245
踏板宽度/mm	310	280	249	226	208	180	160	145

第二，斜梯高度大于10m时，应在7.5 m处设休息平台。再往上，每隔6～10 m应设休息平台。

第三，梯侧应设栏杆。

第四，梯子踏板、走台平面应有防滑性能。

第三节　起重机安全信息使用

一、信号指示

1. 信号指示

起重机总电源开合状态在司机室内应有明显的信号指示，根据需要设置故障信号或报警信号。信号装置应设置在司机室或有关人员视力、听力可及之处。

2. 障碍信号

室外总高在30m以上有相碰可能的起重机，在最高点应设置红色障碍灯。塔式起重机臂端、港口用的起重机臂端和装卸桥桥架端也应设置障碍灯。要保证障碍灯电源线路不受起重机停机的影响。

二、危险部位标志

起重机上有一些凸出和悬伸的装置或构件，在起重作业过程中可能对人员造成碰撞、打击或夹挤危险。采用以对比色为背景的安全色，能提醒人们注意，以便迅速发现危险部位并做出尽快反应；或在非正常状态下准确识别并及时采取行动，以避免危险，减少事故的发生。

1. 警告标志

警告标志提示人们注意可能发生的危险，一般采用黄黑相间倾斜条纹标志，如果标志背景使效果减弱，允许使用红白相间标志。要求设置警告标志的地方有以下几种。

(1)吊钩滑轮组侧板、取物装置和起重横梁。

(2)臂架类型起重机回转尾部及平衡重。

(3)动臂式臂架型起重机的臂架头部。

(4)起重机外伸支腿和排障器。

(5)除流动式和铁路起重机外，与地面距离小于2m的司机室和检修吊笼的底边、台车均衡梁和下横梁两侧。

(6)桥式起重机的端梁外侧(有人行通道时)和两端面，移动式司机室的走台与梯子接口处的防护栏杆。

(7)夹轨器、大车滑线防护板。

2. 语句提示与警告

警告语和提示语一般采用黄色背景上黑色文字，属于这种要求的地方有以下几种。

(1)流动式起重机的基本臂两侧用文字标志:“起重臂下严禁站人”。

(2)流动式起重机的回转尾部两侧用文字标志:“作业半径内注意安全”。

(3)各类起重机的额定起重量，用大字标牌设置在结构的醒目位置，如桥式类型起重机的主梁、臂架起重机的臂架上。

3. 禁止和停止标志

禁止和停止标志是制止或在一般情况下禁止人们的某种行为而设置的标牌，一般采用红色标志。要求设置这种标志的地方有以下几种。

(1)紧急开关。

(2)缓冲器、扫轨板、轨道端部止挡和上升极限位置限制器。

(3)大小车滑线、电缆卷筒。

三、信息交流和通信

1. 联络信号

起重吊运作业是由现场指挥人员、起重工和起重机司机协调配合共同完成的，使用标准规范的联络信号是确保吊运作业安全、防止发生起重事故的重要条件。常用的联络信号有手势信号、音响信号和旗语信号。国家标准对现场使用的基本联络信号和相关安全技术要求作了统一的规定。起重工应严格按规范要求发出信号，防止随意发信号而引起事故。

2. 通信工具

起重机还可以选用无线电对讲机、载波电话、声力电话及扩音机等通信工具作为调度及作业的通信设施，防止信息误传递而引发事故。

第八章　起重机工作机构安全技术

第一节　起 升 机 构

起升机构用来实现物料垂直升降，是任何起重机不可缺少的部分，因而是起重机最主要、也是最基本的机构。起升机构的安全状态，是防止起重事故的关键，将直接地关系到起重作业的安全。

一、起升机构的组成与工作原理

1. 起升机构组成

起升机机构由驱动装置、传动装置、卷绕系统、取物装置、制动器及其他安全装置等组成，不同种类的起重机需配备不同的取物装置，其驱动装置亦有不同，但布置方式基本上相同。典型起升机构平面布置见图 8－1。

起重量超过 10t 时，常设两个起升机构：主起升机构（大起重量）与副起升机构（小起重量）。一般情况下两个机构可分别工作，特殊情况下也可协同工作。副钩起重量一般取主钩起重量的 20%～30%。

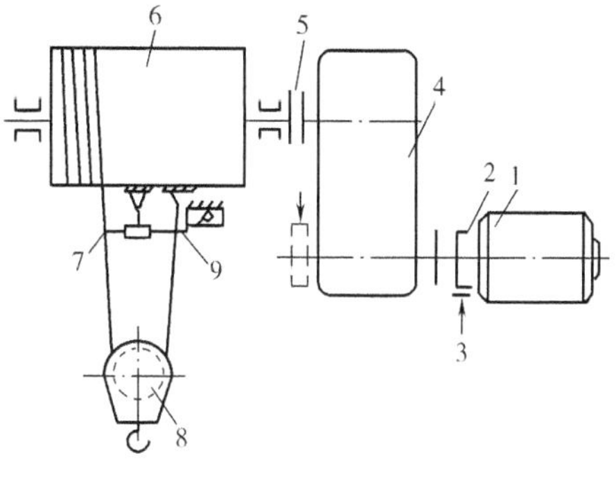

1—电动机；2—联轴器；3—制动器；4—减速器；
5—联轴器；6—卷筒；7—钢丝绳；8—吊钩滑轮组；
9—上升极限位置限制器

图 8－1　起升机构传动简图

（1）驱动装置。大多数起重机采用电动机驱动，布置、安装和检修都很方便。流动式起重机（如汽车起重机、轮胎起重机等）以内燃机为原动力，传动与操纵系统比较复杂。

（2）传动装置。包括减速器、联轴器和传动轴。减速器常用封闭式的卧式标准两级或三级圆柱齿轮减速器，起重量较大者有时增加一对开式齿轮以获得低速大力矩。为补偿吊载后小车架的弹性变形给机构工作可靠性带来的影响,通常采用有补偿性能的弹性柱销联轴器或齿轮联轴器,有些起升机构还采用浮动轴(也称补偿轴)来提高补偿能力、方便布置并降低磨损。

(3)卷绕系统。它指的是卷筒和钢丝绳滑轮组。桥架类型起重机采用双联滑轮组,单联滑轮组一般用于臂架类型起重机。

(4)取物装置。它是根据被吊物料的种类、形态不同,采用不同种类的取物装置。取物装置种类繁多,使用量最大的是吊钩。

(5)制动器及安全装置。制动器既是机构工作的控制装置,又是安全装置,因此是安全检查的重点。起升机构的制动器必须是常闭式的。电动机驱动的起重机常用块式制动器,流动式起重机采用带式制动器,近几年采用了盘式制动器。一般起重机的起升机构只装配一个制动器,通常装在高速轴上(也有装在与卷筒相连的低速轴上);吊运炽热金属或其他危险品,以及发生事故可能造成重大危险或损失的起升机构,每套独立的驱动装置都要装设两套支持制动器。制动器经常利用联轴器的一个半体兼作制动轮,即使联轴器损坏,制动器仍能起安全保护作用。

此外,起升机构还配备起重量限制器、上升极限位置限制器、排绳器等安全装置。

2. 起升机构的工作原理

电动机通过联轴器(和传动轴)与减速器的高速轴相连,减速器的低速轴带动卷筒,吊钩等取物装置与卷绕在卷筒上的省力钢丝绳滑轮组连接起来。当电动机正反两个方向的运动传递给卷筒时,通过卷筒不同方向的旋转将钢丝绳卷入或放出,从而使吊钩与吊挂在其上的物料实现升降运动,这样,将电动机输入的旋转运动转化为吊钩的垂直上下的直线运动。常闭式制动器在通电时松闸,使机构运转;在失电情况下制动,使吊钩连同货物停止升降,并在指定位置上保持静止状态。当滑轮组升到最高极限位置时,上升极限位置限制器被触碰而动作,使吊钩停止上升。当吊载接近额定起重量时,起重量限制器及时检测出来,并给予显示,同时发出警示信号,一旦超过额定值及时切断电源,使起升机构停止运行,以保证安全。

二、起升机构安全设计计算

1. 概述

(1)起升机构的设计计算过程。首先选择设计参数,确定布置方案,通过计算选用标准零部件(如电动机、制动器、减速器、联轴器与钢丝绳等),对非标准零部件做强度、刚度等计算,最后进行必要的验算。

(2)起升机构计算载荷特点如下。

①物品起升或下降时,在驱动机构上由钢丝绳拉力产生的力矩单向作用且方向不变。

②物品悬挂系统由挠性钢丝绳所组成,由物品惯性引起的附加力矩对机构影响不大。

③机构启动或制动时间同稳定运动时间相比是短暂的。

因此,可将稳定运动时的起升载荷作为机构的计算载荷。

(3)设计参数。额定起重量 G_n、起升高度 H、起升速度 v_n 和工作级别,以及某些特殊要求,例如,起重机的使用场合、具体工作环境(如温度、是否有化学腐蚀)、防爆要求等。

2. 计算步骤

(1)吊钩与滑轮组。

①根据起重量选择吊钩。

②确定滑轮组倍率 m 和效率 η_h。

(2)选择钢丝绳。

①计算钢丝绳所承受的最大静拉力(即钢丝绳分支的最大静拉力)为:

$$S_{max} = \frac{P_Q}{Zm\eta_h}$$

式中:P_Q——额定起升载荷,指所有起升质量的重力,包括允许起升的最大有效物品、取物装置(如下滑轮组吊钩、吊梁、抓斗、容器、起重电磁铁等)、悬挂挠性件以及其他在升降中的设备的质量的重力;

Z——绕上卷筒的钢丝绳分支数,单联滑轮组 $Z=1$,双联滑轮组 $Z=2$;

m——滑轮组倍率;

η_h——滑轮组的机械效率。

②计算钢丝绳破断拉力为:

$$\sum S_{丝} \geqslant \frac{nS_{max}}{\alpha}$$

式中:n——安全系数,根据机构工作级别查表确定;

α——钢丝绳折减系数,根据钢丝绳型号查相关手册。

从钢丝绳产品样本中选用钢丝绳直径 d,其破断拉力总和 $\sum S_{丝}$ 必须满足要求。写出钢丝绳的完整型号标记。

③验算滑轮组直径:

$$D_{0min} \geqslant h_2 d$$

式中:D_{0min}——按钢丝绳中心计算的滑轮和卷筒的允许的最小卷绕直径,mm;

d——钢丝绳直径,mm;

h_2——滑轮直径与钢丝绳直径的比值。

(3)卷筒的尺寸与转速。

①卷筒的直径为:

$$D_0 \geqslant h_1 d$$

式中:D_0——按钢丝绳中心计算的卷筒的允许的最小卷绕直径,mm;

h_1——卷筒直径与钢丝绳直径的比值。

②卷筒的转速为:

$$n_t = \frac{mv_q}{\pi D_0}$$

式中:n_t——卷筒转速,r/min;

v_q——额定起升速度,m/min。

(4)起升静功率如下。

$$P_j = \frac{P_Q v_q}{1\,000\eta}$$

$$\eta = \eta_h \eta_t \eta_c$$

式中:P_j——起升静功率,kW;

P_Q——起升载荷,N;

v_q——额定起升速度,m/s;

η——起升时的总机械效率;

η_t——卷筒的机械效率;

η_c——减速器的机械效率;

η_h——滑轮组的机械效率。

(5)选电动机。

①初选电动机。确定电动机容量的原则是,既要考虑满足起升载荷所需要的足够启动力矩,又不能由于容量过大,使启动过猛,而产生较大的惯性载荷;还要考虑防止容量不足,使电动机过热损坏。由于起重机在作业期间并不总是处于满载状态,启、制动时间与稳定运行时间相比是短的,按机构的静功率和接电持续率初选电动机,然后校验过载和发热。

$$P_{JC} \geqslant GP_j$$

式中:P_{JC}——电动机在 JC 值时功率,kW;

G——稳态负载平均系数(见表 8-1)。

表 8－1　起升机构初选电动机的稳态负载平均系数

电动机型号	YZR				JZ
接电持续率 JC/%	15	25	40	60	
G	0.7～0.75	0.8～0.85	0.9～0.95	1	0.9

接电持续率 JC 值亦称负载持续率，它表示在一个工作周期中负载（即通电）所持续的时间百分比。按下式计算：

$$JC = \frac{\text{在起重机一个工作循环中机的运转时间}}{\text{起重机一个工作循环的总时间}} \times 100\%$$

②电动机的过载校验：

$$P_n \geqslant \frac{H}{M\lambda_M} \frac{P_Q v_q}{1\,000\eta}$$

式中：P_n——基准接电持续率时，电动机额定功率，kW；

λ_M——基准接电持续率时，电动机转矩允许过载倍数；

H——系数；按电压有损失、最大转矩或堵转转矩有允差、起升 1.25 倍额定载荷等条件确定，绕线型异步电动机取 $H=2.1$；笼型异步电动机取 $H=2.2$；直流电动机取 $H=1.4$。

（6）减速器。

减速器传动比：

$$i = \frac{n_d}{n_t}$$

因为

$$n_t = \frac{mv_q}{\pi D_0}$$

所以

$$i = \frac{\pi D_0 n_d}{mv_q}$$

式中：n_d——在额定起升载荷作用下的电动机转速，即相当于 P_j 时的转速，r/min；

n_t——卷筒转速，r/min；

v_q——起升速度，m/min；

起升机构减速器功率按起升静功率 P_j 计算。根据 P_j，i，n_d，机构工作级别，从标准减速器系列中选用合适的减速器型号。

（7）计算静力矩。

①作用在卷筒轴上的静力矩：

$$M_t = \frac{P_Q D_0}{2m\eta_h \eta_t}$$

式中：M_t——卷筒轴静力矩，N·m；

m——滑轮组倍率；

η_t——卷筒的机械效率；

η_h——滑轮组的机械效率。

②作用在电动机轴上的静力矩：

$$M_j = \frac{P_Q D_0}{2mi\eta}$$

式中：M_j——电动机轴静力矩，N·m；

η——起升时的总机械效率。

③下降时作用在电动机轴上的静力矩：

$$M'_j = \frac{P_Q D_0}{2mi}\eta$$

式中：M'_j——下降时电动机轴静力矩，N·m。

(8)制动器的选用。制动器的制动力矩必须大于由吊载产生的静力矩，并具有足够的安全裕度：

$$M_z \geqslant KM'_j$$

式中：K——制动安全系数。

根据所需制动力矩选取所需类型的标准制动器的规格，并可依据使用要求将制动力矩调整到所需的数值。

(9)启动、制动时间的验算。初选电动机和制动器的计算都是根据机构稳定运动状态时的静力计算，而起升机构周期性频繁启、制动的工作特点，使机构经常作变速运动并受到惯性力的作用。必须把启、制动时间控制在合理的范围内，从而控制因加速度太大对金属结构和机械带来很大的动力载荷。

①启动时间验算。机构启动时，电动机的启动力矩使原来静止的质量开始运动，一部分克服静阻力矩；另一部分使运动质量(包括转动质量和直线运动质量)加速。启动力矩为：

$$M_q = M_j + M_g$$

$$M_g = [J]\varepsilon = [J]\frac{\omega}{t_q} = \frac{\pi}{30}\frac{[J]n_d}{t_q} = \frac{[J]n_d}{9.55t_q}$$

$$[J] = 1.15J_g + \frac{P_Q D_0^2}{4gm^2 i^2 \eta}$$

启动时间为：

$$t_q = \frac{[J]n_d}{9.55(M_q - M_j)}$$

式中：M_j——静力矩，即稳定运动时的阻力矩，N·m；

M_q——启动力矩，N·m。计算时取其平均值，推荐的平均启动力矩（见表8-2）；

M_g——在加速过程中运动质量（包括转动质量和直线运动质量）引起的惯性力矩，N·m；

$[J]$——起升时换算到电动机轴上的总转动惯量，$N \cdot m^2$；

J_g——高速轴上旋转质量的转动惯量，包括电动机转子的转动惯量与高速轴上联轴器和制动轮的转动惯量，$N \cdot m^2$。若采用飞轮矩 GD^2，则按 $GD^2/4$ 换算；

t_q——启动时间，s；

1.15——考虑高速轴以外其他旋转质量的转动惯量。

表8-2　电动机平启起动力矩

电动机类型	交流电动机		直流电动机		
	绕线式	笼式	并激	串激	复激
平均启动力矩	(1.6～1.8) M_n	(0.8～0.9) M_{max}	(1.7～1.8) M_n	(1.8～2.0) M_n	(1.8～1.9) M_n

对于一般起升速度不太大的起重机，$t_q \approx 0.5 \sim 2s$；对于起升速度大于0.5m/s的装卸起重机，$t_q \approx 3 \sim 4s$。起重量小的起重机，启动时间应短些，起重量大的可稍长些。

可根据平均加（减）速度 a_p 判断启动时间是否合适：

$$a_p = \frac{v_q}{60t_q}$$

作为精密安装、吊运熔化金属或危险品时，要求运动平稳取小值，$a_p \approx 0.1m/s^2$；一般车间、仓储用起重机，$a_p < 0.2\ m/s^2$；高生产率起重机对平稳性无严格要求时可取较大值，$a_p \approx 0.5 \sim 0.8m/s^2$。

②制动时间。通常是按下降时的制动时间计算：

$$t_z = \frac{[J]'n'_d}{9.55(M_z - M'_j)}$$

$$[J]' = 1.15J_g + \frac{P_Q D_0^2}{4gm^2 i^2}\eta$$

式中：n'_d——额定起升载荷下降时电动机的转速，r/min。

无特殊要求时，通常制动时间取 $t_z \approx t_q$。

第二节 运行机构

运行机构是使起重机或起重小车作水平直线运动的机构。工作性运行机构主要用于水平运移物品，非工作性运行机构只是用来调整起重机（小车）的工作位置。在专门铺设的轨道上运行的称为有轨运行机构，其突出特点是负载大，运行阻力小，但作业范围受轨道限制；无轨运行机构采用轮胎或履带，可以在普通道路上行走，其良好的机动性扩大了起重作业的选择范围。本节以轨道式运行机构为主，介绍运行机构安全技术。

一、运行机构的组成

起重机运行机构由驱动装置、运行支承装置和安全装置组成。

1. 运行驱动装置

运行驱动装置包括原动机、传动装置（传动轴、联轴器和减速器等）和制动器。大多数运行机构采用电动机，流动式起重机则为内燃机，有的铁路起重机使用蒸汽机。自行式运行机构的驱动装置全部设置在运行部分上，驱动力主要来自主动车轮或履带与轨道或地面的附着力。牵引式运行机构采用外置式驱动装置，通过钢丝绳牵引运行部分，因此可以沿坡度较大轨道运行，并获得较大的运行速度。

2. 运行支承装置

轨道式起重机和小车的运行支承装置主要是钢制车轮组与轨道。车轮以踏面与轨道顶面接触并承受轮压。

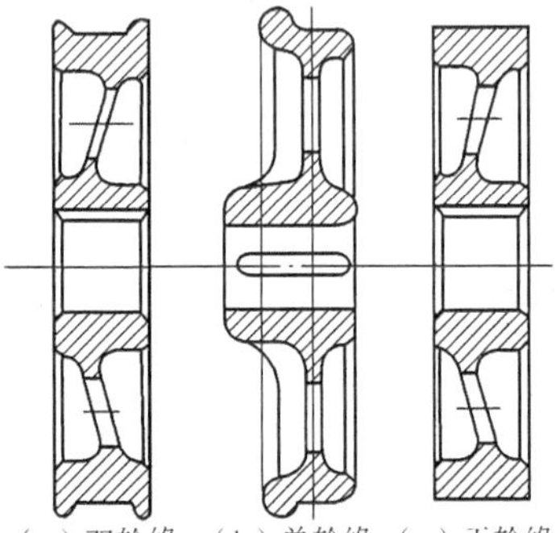
（a）双轮缘 （b）单轮缘 （c）无轮缘

图 8-2 车轮型式

大车运行机构多采用铁路钢轨，当轮压较大时采用起重机专用钢轨。小车运行机构的钢轨采用方钢或扁钢，直接铺设在金属结构上。

车轮组由车轮、轴与轴承箱等组成。为防止车轮脱轨而带有轮缘，以承受起重机的侧向力。车轮的轮缘有双轮缘、单轮缘及无轮缘三种（见图 8-2）。一般起重机大车主要采用双轮缘车轮，一些重型起重机，除采用双轮缘车轮外还要加装水平轮，以减轻起重机歪斜运行时轮缘与轨道侧面的接触磨损。轨距较小的起重机或起重小车广泛采用单轮缘车轮（轮缘在起重机轨道外侧）。如果有导向装置，可以使用无轮缘车轮。在大型起重机中，为了降低车轮的压力，提高传动件和支承件的通用化程度，便于装配和维修，常采用带有平衡梁的车轮组。无轨式起重机运行支承装置是轮胎或履带装置。

单主梁门式起重机的小车运行机构常见有垂直反滚轮（见图 8－3）和水平反滚轮（见图 8－4）的结构型式，车轮一般是无轮缘的。为防止小车倾翻，必须装有安全钩。

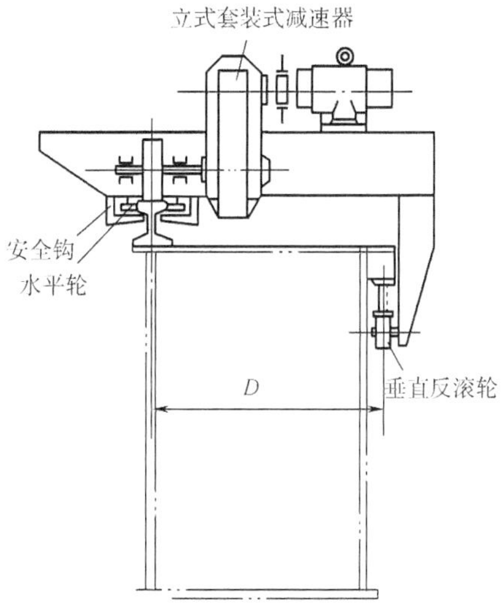

图 8－3　垂直反滚轮式单主梁小车

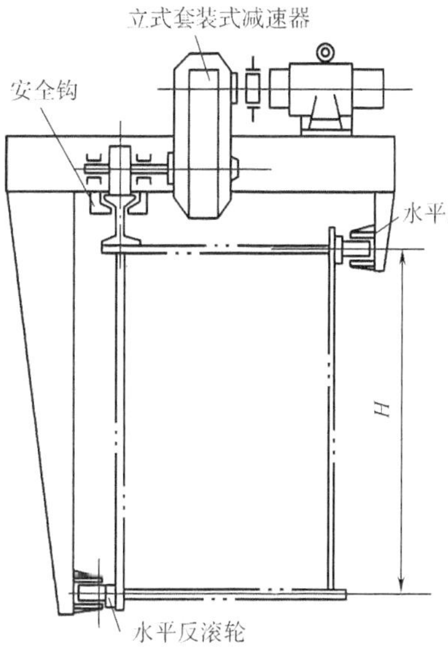

图 8－4　水平反滚轮式单主梁小车

3. 安全装置

运行机构的安全装置有行程限位开关、防风抗滑装置、缓冲器和轨道端部止挡，以防止起重机或小车超行程运行脱轨，防止室外起重机被强风刮跑造成倾覆。

4. 运行机构的工作原理

电动机的原动力通过联轴器（和传动轴）传递给减速器，经过减速器的减速增力作用，带动车轮转动，驱动力靠主动车轮轮压与轨道之间的摩擦产生的附着力，因此，必须要验算主动轮的最小轮压，以确保足够的驱动力。运行机构的制动器使处于不利情况下的起重机或小车，在限定的时间内停止运行。

二、轨道式运行机构的类型

轨道式运行机构有集中驱动和分别驱动两类。

1. 集中驱动

集中驱动是由一个电动机通过传动轴带动两边车轮驱动(见图8-5)。有低速轴集中驱动[见图8-5(a)]、高速轴集中驱动[见图8-5(b)]和中速轴集中驱动[见图8-5(c)]。这种驱动方式对桥架水平刚性要求不高,但对走台刚性要求较高。低速轴驱动工作可靠,但自重较大。高速轴驱动传动轴虽轻,但对安装要求高。中速轴驱动机构复杂,分组性差。

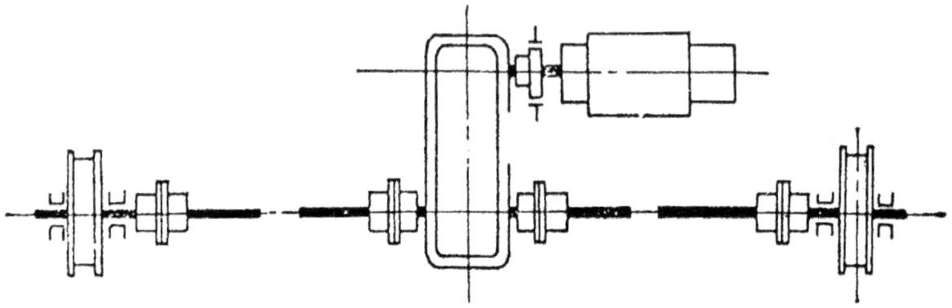

(a)低速轴集中驱动

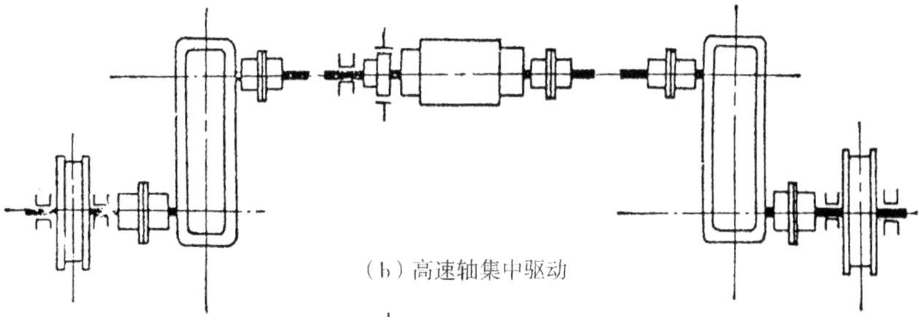

(b)高速轴集中驱动

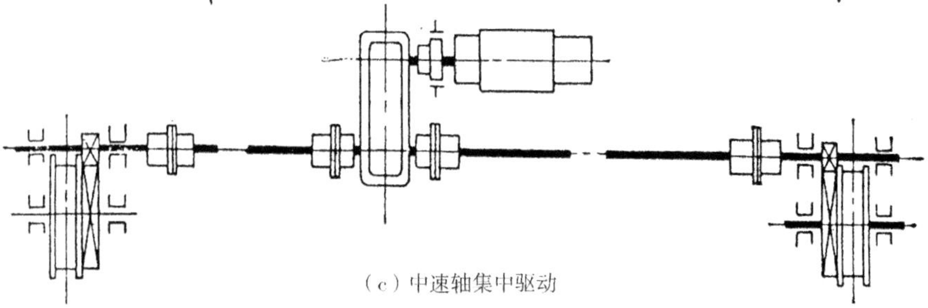

(c)中速轴集中驱动

图8-5 集中驱动

2. 分别驱动

分别驱动是由两套独立的无机械联系的运行机构组成(见图8-6),省去了中间传动轴,自重轻、部件的分组性好、安装和维修方便。与集中驱动相比,分别驱动起重机运行较稳定,在起重机运行机构上得到广泛采用。

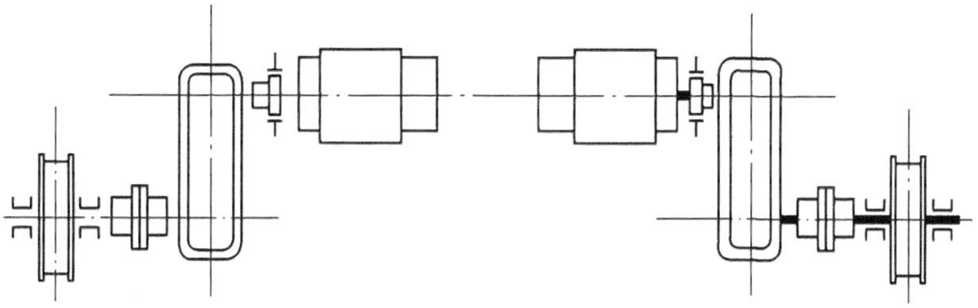

图8-6　分别驱动

对于大车运行机构,集中驱动只用于小跨度的起重机。大跨度起重机则广泛采用分别驱动型式。

小车运行机构大多采用低速轴集中驱动(见图8-7)。

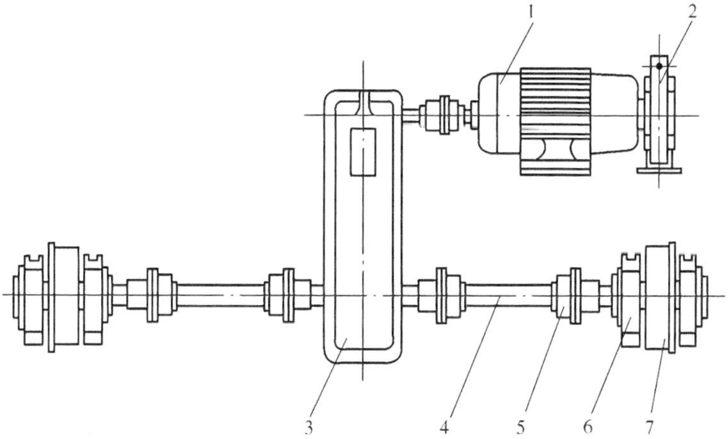

1—电动机;2—制动器;3—减速器;4—传动轴;5—联轴节;6—角轴承架;7—车轮

图8-7　小车运行机构

三、轨道式运行机构的计算

1. 运行阻力计算

运行静阻力包括摩擦阻力、坡度阻力和风阻力。摩擦阻力包括车轮沿轨道滚动的摩擦阻力、车轮轴承内的摩擦阻力，以及车轮轮缘与轨道侧面的附加摩擦阻力。

(1)运行摩擦阻力。车轮轴承内的摩擦阻力为：

$$P_1 = P\frac{\mu d}{D}$$

车轮滚动摩擦阻力为：

$$P_2 = P\frac{2f}{D}$$

总摩擦阻力为车轮轴承摩擦力 P_1、车轮的滚动摩擦阻力 P_2，以及车轮轮缘与轨道间的摩擦力 P_3 之和。P_3 一般是用 P_1，P_2 两种基本摩擦阻力之和乘以附加系数来考虑的。

$$P_f = P_1 + P_2 + P_3$$

$$P_f = \beta(P_Q + P_G)\frac{\mu d + 2f}{D}$$

令 $\omega = \mu d + \frac{2f}{D}$，则运行摩擦阻力为：

$$P_f = \omega(P_Q + P_G)\beta$$

式中：P_f——总摩擦阻力，kN；

P_G——运行部分自重载荷，kN；

P_Q——起升载荷，kN；

P——轮压，kN；

D——车轮直径，mm；

d——车轮轴枢直径，mm；

ω——车轮轴承摩擦系数，滑动轴承 ω = 0.015，滚动轴承 ω = 0.000 6；

β——附加摩擦阻力系数；

f——车轮的滚动摩擦系数，mm(见表 8－3)。

表 8－3　滚动摩擦系数

钢轨	车轮直径/mm										
	100	150	200	300	400	500	600	700	800	900	1 000
平顶钢轨	0.25		0.30		0.50		0.60		0.70	0.80	
凸顶钢轨	0.30		0.40		0.60		0.80		1.00	1.20	

（2）风阻力为：

$$P_{w} = CK_{h}q_{i}A$$

式中：C——风力系数；

K_h——风压高度变化系数；

q——计算风压，N/m²；

A——起重机或物品垂直于风向的迎风面积，m²。

（3）坡度阻力为：

$$P_{\alpha} = (P_{Q} + P_{G})\alpha$$

式中：α——坡度阻力系数，按表 8－4 选取。

表 8－4　起重机坡度阻力系数值

桥式起重机大车	桥/门式起重机小车	门式门座起重机大车	铁路起重机	建筑起重机
0.001	0.002	0.003	0.004	0.005

2. 运行驱动机构的计算

运行驱动机构计算的内容主要包括电动机、制动器选择以及打滑验算等。

（1）初选电动机。按运行静阻力、运行速度及机构效率计算机构运行的静功率，根据运行机构静功率和接电持续率初选电动机。然后校验电动机过载和发热，并控制加速度值。

$$P_{s} = \frac{GP_{r}v_{y}}{1\ 000m\eta}$$

$$P_{r} = P_{f} + P_{w\mathrm{I}} + P_{\alpha}$$

$$P_{JC} \geqslant P_{s}$$

式中：P_s——运行机构静功率，kW；

G——机构稳态负载平均系数，由机构的载荷状态决定，按表 8－5 选取；

m——驱动电动机个数；

P_r——起重机（或小车）稳态运行时的静阻力，kN；

v_y——机构运行速度,m/s;

η——运行机构总传动效率,卧式齿轮箱取 $\eta=0.95$,立式齿轮箱取 $\eta=0.90$;

P_{JC}——电动机在相应的 JC 值条件下的额定输出容量,kW。

表8-5 稳态负载平均系数

机构载荷状态	名义载荷谱系数	室内起重机		室外起重机
		小车	大车	
L1—轻	0.125	0.7	0.85	0.75
L2—中	0.25	0.8	0.90	0.80
L3—重	0.50	0.9	0.95	0.85
L4—特重	1.00	1.0	1.00	0.90

电动机必须校验过载和发热,并控制加速度。

(2)验算主动轮打滑。为了使起重机运行时可靠地启动或制动,应分别对驱动轮作启动和制动时的打滑验算。

打滑或使主动轮空转动,起重机运行不起来;或主动轮边走边滑,达不到额定速度。这样,不仅影响起重机正常工作,造成车轮的磨损,还会出现制动时溜车,引发事故。运行机构正常工作的条件是,运行机构启动或制动时,主动轮不应打滑,即主动轮与轨道之间驱动力小于它们之间的最大摩擦力(也称附着力或粘着力)。小车空载时起重机容易发生打滑;对于有悬臂的龙门起重机,当满载小车在起重机一侧悬臂端时,其对面的侧驱动轮较易打滑。按空载启动工况最小轮压对运行机构进行打滑验算。

$$\left(\frac{\varphi}{K}+\frac{\mu d}{D}\right)P_{\min} \geqslant \frac{2i\eta}{D}M_q - 1.15\frac{4J_g i^2 a_p}{gD}$$

式中:φ——钢制车轮与轨道的粘着系数,室内起重机 $\varphi=0.15$,室外 $\varphi=0.12$;

K——粘着安全系数,$K>1$;

μ——车轮轴承摩擦系数,滑动轴承 $\mu=0.08\sim0.1$,滚动轴承 $\mu=0.015\sim0.02$;

d——车轮轴承摩擦直径;

D——车轮直径;

$P_{\min}$——运行机构驱动轮的最小轮压;

g——重力加速度;

a_p——起重机(或小车)启动时的平均加速度;

M_q——电动机的启动力矩。

(3)制动器选择。运行机构制动器的制动力矩加上运行摩擦阻力(不包括轮缘与轨头侧面的摩擦阻力),应该满足两个条件:在满载、顺风、下坡的不利情况下,起重机或小车在限定的时间内停住;在空载、无风的有利条件下,制动时间不过短、不打滑。

所要求的制动时间按起重机工作条件决定,按表8-6选取。

表8-6 制动时间 s

运行速度/m·s⁻¹	4.00	3.15	2.50	2.00	1.60	1.00	0.63	0.40	0.25	0.16
低中速起重机	—	—	—	9.1	8.3	6.6	5.2	4.1	3.2	2.5
中高速起重机	8.0	7.1	6.3	5.6	5.0	4.0	3.2	2.5	—	—
高速起重机	6.0	5.4	4.8	4.2	3.7	2.0	—	—	—	—

①按满载、顺风、下坡的不利条件制动时间不过长,确定制动器最小制动力矩$M_{zh\,min}$:

$$M_{zh\,min}=\frac{1}{mt_{zh}}\left[0.975\frac{(P_Q+P_G)v_y^2\eta}{n_d}+\frac{kGD^2n_dm}{375}\right]-\frac{P_rD\eta}{2\,mi}$$

式中:m——运行机构制动器个数,集中驱动时$m=1$,分别驱动时$m=2$。

②按空载主动轮打滑为验算条件,确定制动器的最大制动力矩$M_{zh\,max}$:

$$P_{min}\left(\frac{\varphi}{K'}-\frac{\mu d}{D}\right)\geqslant\frac{2i}{\eta' D}M_{zh\,max}-1.15\frac{4J_gi^2}{\eta' D}\frac{v_q}{t_{zh}}$$

式中:K'——制动粘着安全系数,一般取$K'=1.2$;

η'——制动时传动效率。

运行机构的制动器的制动力矩须满足:

$$M_{zh\,min}<M_{zh}<M_{max}$$

第三节 旋转机构

旋转机构是臂架起重机的主要工作机构之一。旋转机构的作用是使旋转部分相对于非旋转部分转动,达到在水平面上沿圆弧方向搬运物料的目的。旋转机构与变幅机构、运行机构配合运行。可使起重作业范围扩大。旋转式起重机的旋转速度随其用途而定。

一、旋转机构的组成型式

旋转式起重机的旋转机构由旋转支承装置与旋转驱动装置两大部分组成。旋转支承装置用来将起重机旋转部分支持在固定部分上，为旋转部分提供必要的回转约束，并承受起重载荷所引起的垂直力、水平力与倾翻力矩。旋转驱动装置用来驱动起重机旋转部分相对于固定部分的回转。

旋转支承装置主要有以下两大类：柱式（又可分为转柱式和定柱式）和转盘式。

转柱式旋转支承装置的特点是具有一个与起重机转动部分作成一体的大转柱，转柱插入固定部分，借上下支座支持并与起重机转动部分一起回转。定柱式旋转支承装置有一个牢固安装在非旋转部分上的定柱，带起重臂的旋转部分通过空心的钟形罩套装在定柱上。

转盘式旋转支承装置类型很多，其结构的共同特征是起重机的旋转部分装配在一个大圆盘上，转盘通过滚动体（如滚轮、滚珠或滚子）支承在固定部分上，并与转动部分一起回转。滚动轴承转盘式是目前常用的一种类型，广泛用于各种臂架起重机。其结构特点是：整个旋转支承装置是一个大型滚动轴承，由良好密封和润滑的座圈和滚动体构成（见图 8－8）。滚动体可以是滚珠或滚子，旋转驱动装置的大齿圈与座圈制成一体，与小齿轮内啮合或外啮合。借助螺栓（20～50 个）的连接，内座圈与转台相连构成旋转部分，底架与外座圈相连构成起重机的固定部分。

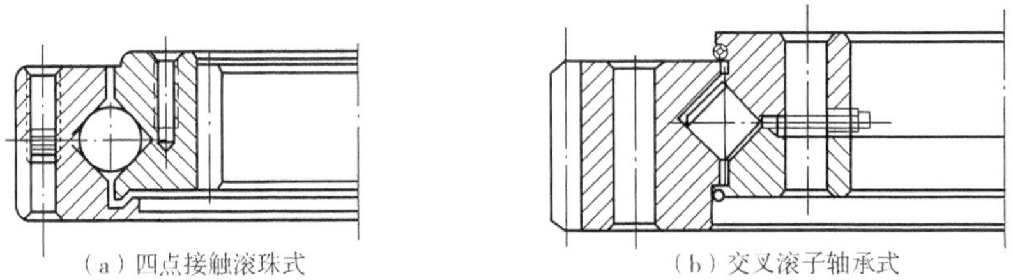

（a）四点接触滚珠式　　（b）交叉滚子轴承式

图 8－8　滚动轴承式旋转支承装置结构

典型的旋转驱动装置通过电动机、减速器、制动器，以及最后一级大齿轮，使旋转部分实现回转运动。

二、旋转支承装置的载荷

回转支承装置应按不同载荷组合，进行不同类别的载荷计算（见表 8－7）。三种载荷组合及所代表的起重机工况如下。

表 8－7　起重机回转支承装置的计算载荷

载荷名称		载荷组合和计算类别			
		等效载荷	强度载荷		验算载荷
		Ⅰ	Ⅱa	Ⅱb	Ⅲ
回转部分自重(包括对重)载荷		P_G	P_G	P_G	P_G
由额定起升载荷 P_Q 引起的载荷		P_{QX}	$\varphi_2 P_Q$	P_Q	—
钢丝绳偏斜引起的水平力		$P_Q\ \tan\alpha_{\mathrm{I}}$	—	$P_Q\ \tan\alpha_{\mathrm{II}}$	—
作用于回转部分(不包括物品)上的风力		—	$P_{w\mathrm{II}}$		$P_{w\mathrm{III}}$
倾斜引起作用于回转部分重心上的水平力		$(P_G+P_Q)\sin\gamma$	$(P_G+P_Q)\sin\gamma$	$(P_G+P_Q)\sin\gamma$	$P_G\ \sin\gamma$
回转部分(不包括物品)的水平惯性力	变幅机构制动	—	—	P_{Hb}	—
	回转机构制动	P_H	—	$P_{Hx\ max}$	—
	回转时的离心力	P_{H1}	—	P_{H1}	—
回转驱动最后一级齿轮(或针轮)啮合力		$P_{z\mathrm{I}}$	—	$P_{z\mathrm{II}}$	—

注：P_{QX}——等效起升载荷，作用在等效幅度 L＝(0.7～0.8)Lmax 上；

φ_2——起升载荷动载系数；

α——吊重绳对地面垂直线的偏角，α_{I} 是求等效载荷时的偏摆角，α_{II} 是求强度载荷时的最大偏摆角。考虑了偏角之后，就不应再另行考虑物品上的风力和水平惯性力；

$P_{w\mathrm{II}}$，$P_{w\mathrm{III}}$——分别表示工作状态和非工作状态下的最大风载荷；

γ——起重机允许的最大坡角。

1. 工作状态正常载荷(Ⅰ类载荷)

工作状态正常载荷即等效载荷，进行疲劳强度、磨损或发热计算。

等效载荷，是指起重机处于等效幅度(0.7～0.8)L_{max}上，起吊等效起重量，臂架位于沿起重机最大倾角方向进行回转机构平稳制动，起升钢丝绳有正常偏角 α_{I}，无风。

2. 工作状态最大载荷(Ⅱ类载荷)

工作状态最大载荷即强度载荷，进行强度计算。强度载荷可能出现的两种载荷组合工况，分别计算后，取大者作为强度载荷。

组合Ⅱa——指起重机处于最大幅度 L_{max} 上，臂架位于沿起重机最大倾角方向，从地面满速突然起升额定起重量。

组合Ⅱb——指臂架位于沿起重机最大倾角方向，以最大钢丝绳偏角 α_{II} 吊额定起重量，同时进行变幅和回转机构的猛烈启(制)动。

组合Ⅱa 和组合Ⅱb 都要考虑工作状态最大风载荷，风沿着臂架由后向前吹。

3. 非工作状态最大载荷（Ⅲ类载荷）

非工作状态最大载荷即验算载荷，进行强度计算的载荷。验算载荷，指起重机处于最小幅度，对重位于沿起重机最大倾角方向，非工作状态最大风载荷沿着臂架由前向后吹。

作用在旋转机构上的所有载荷综合为垂直力、总水平力和绕 x,y,z 轴的三个力矩（其中绕 z 轴的力矩由旋转驱动装置承受），旋转支承装置的计算载荷是：

总垂直力 $$V=\sum V_i$$

总水平力 $$H=\sum H_i$$

总力矩 $$M=\sqrt{M_x^2+M_y^2}$$

对于滚动轴承转盘式旋转支承装置，滚动体上的载荷分布见图 8－9。

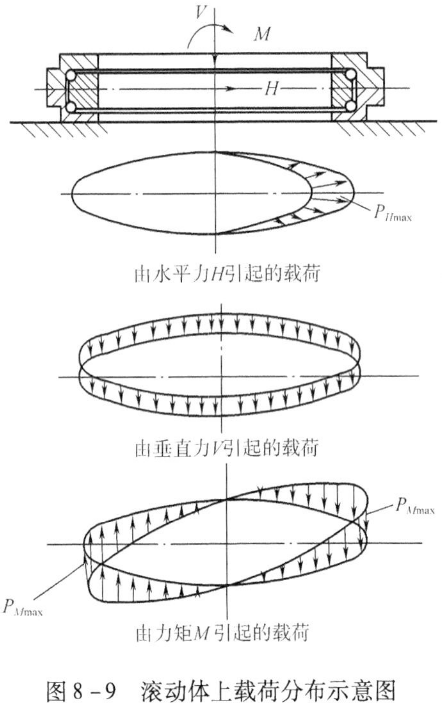

图 8－9　滚动体上载荷分布示意图

三、旋转支承装置的连接计算

滚动轴承转盘式旋转支承装置的内、外座圈各有一圈螺栓分别与回转部分或车架支承部分相连。回转部分上的全部载荷通过螺栓传至支承装置座圈，经滚动体传到另一座圈上，再经螺栓传至车架。因此，连接螺栓的可靠性是回转支承装置正常工作的保证。

作用在旋转机构上的水平力 H 由内外座圈与转台和底架的圆柱定位面承受，垂直力 V 和倾翻力矩 M 是由连接螺栓承受。螺栓在安装时有一定的预紧力，其作用是提高螺栓的疲劳强度，防止连接构件的结合面产生间隙在受载时造成冲击。连接螺栓在脉动载荷下，不应松动，并保持回转支承装置与回转平台或车架的整体性。

1. 载荷在连接螺栓上的分配规律

设在每一座圈上有 n 个连接螺栓，垂直力 V 对连接螺栓起压合作用，压应力均匀分布在螺栓上(见图8－10)。倾翻力矩 M 使转台以 $O—O$ 为轴线,一侧螺栓受力为压力,另一侧的为拉力。计算螺栓受到的最大外力要考虑垂直力 V 和倾翻力矩 M 共同作用的效果。由于连接螺栓数量较多,可将载荷视为沿螺栓中心圆周方向的分布载荷,即单位长度载荷,螺栓受载与中心螺栓到轴线 $O—O$ 距离成正比。

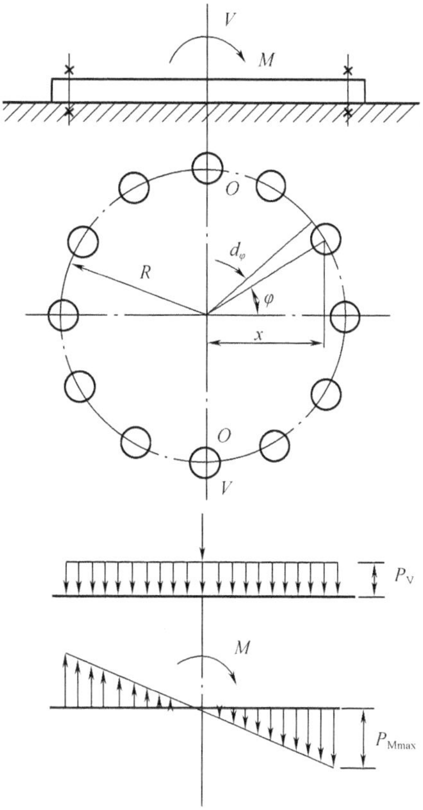

图8－10　连接螺栓受力图

(1)在倾翻力矩 M 作用下,单位长度载荷:

$$p_M = p_{M\max}\left(\frac{x}{R}\right) = p_{M\max}\cos\varphi$$

根据力的平衡原理,有:

$$M = 4\int_0^{\frac{\pi}{2}} p_M R^2 \cos\varphi \mathrm{d}\varphi$$

$$= 4R^2 p_{M\max}\int_0^{\frac{\pi}{2}} \cos^2\varphi \mathrm{d}\varphi$$

$$= \pi R^2 p_{M\max}$$

$$p_{M\max} = \frac{M}{\pi R^2}$$

作用在螺栓上 M 引起的最大载荷:

$$P_{M\max} = p_{M\max}t = \frac{M}{\pi R^2}\frac{2\pi R}{Z} = \frac{4M}{DZ}$$

式中:P_M——螺栓中心分布的圆周上单位长度上的载荷;

φ——相邻螺栓在分布圆周上的中心角;

Z——螺栓的数量;

D——螺栓中心分布圆直径;

t——螺栓间距。

(2)在垂直力 V 的作用下,V 均匀分布在螺栓上的载荷:

$$P_V = \frac{V}{Z}$$

(3)在垂直力 V 与倾翻力矩 M 共同作用下,螺栓受到的载荷:

$$P = P_{M\max} - P_V = \frac{4M}{D} - \frac{V}{Z}$$

(4)考虑螺栓受力变形后的载荷。随着臂架的圆周运动，每一个连接螺栓都经过轴向受压到受拉的交变力作用。螺栓与被连接构件受力与变形见图 8－11，在图 8－11(b)中，曲线工为螺栓弹性，曲线Ⅱ为被连接构件弹性。

当工作载荷 $P=0$ 时，螺栓所受载荷为预紧力 P_0(A 点)，变形伸长量为 λ_0，被连接件变形压缩量 δ_0；

当工作变载荷 $P\neq0$ 时，螺栓受拉力增加，实际受拉力为 $P_1=P_0+\Delta P_1$，变形量为 $\lambda_0+\lambda_1$；被连接件变形量为 $\delta_0-\lambda_1$，受力减少 ΔP_2，残余锁紧力为 $P_2=P_0-\Delta P_2$。此时螺栓受到的总拉力为外力与被连接件的残余锁紧力之和，即

$$P_1 = P + P_2 = P_0 + \Delta P_1$$

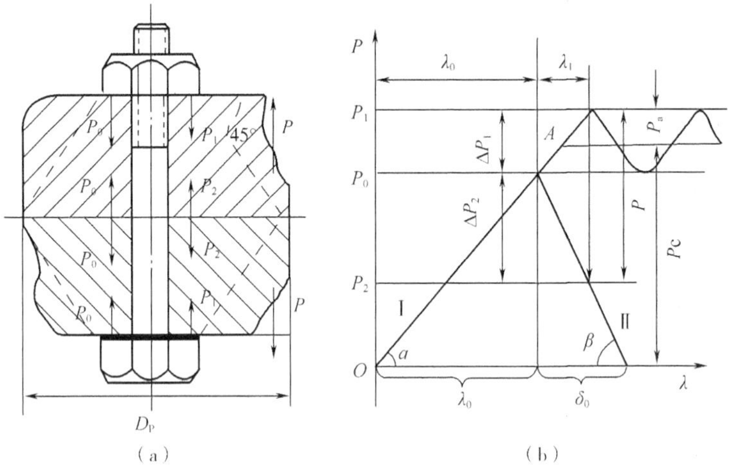

图 8－11　螺栓载荷与变形分析

所以

$$P = \Delta P_1 + \Delta P_2$$

$$\Delta P = \frac{C_{\text{I}}}{C_{\text{I}} + C_{\text{II}}} P = \chi P$$

$$\chi = \frac{C_{\text{I}}}{C_{\text{I}} + C_{\text{II}}}$$

螺栓的最大拉力：

$$P_{\max} = P_0 + \chi P$$

式中：χ——与螺栓和被连接件刚度有关的载荷系数；

C_{I}——被连接件刚度系数；

C_{II}——螺栓的刚度系数；

P_0——螺栓预紧力；

螺栓连接是保证旋转支承装置安全工作的重要部分，螺栓的破坏将导致起重机旋转部分倾覆的事故。螺栓连接计算，主要是根据螺栓所受的最大静拉力进行抗拉强度计算，然后校核其疲劳强度。螺栓常见的破坏形式是螺杆产生裂纹，甚至被拉断。就破坏性质来说，大部分是因材料的疲劳所致。

四、旋转机构的驱动装置

1. 旋转驱动装置的传动型式

起重机的旋转机构常用的有下列四种机械驱动装置（图 8－12）：卧式电动机与圆柱圆锥齿轮传动[图 8－12(a)]、卧式电动机与蜗轮减速器传动[图 8－12(b)]、立式电动机与立式圆柱齿轮减速器传动[图 8－12(c)]、立式电动机与行星减速器传动[图8－12(d)]。

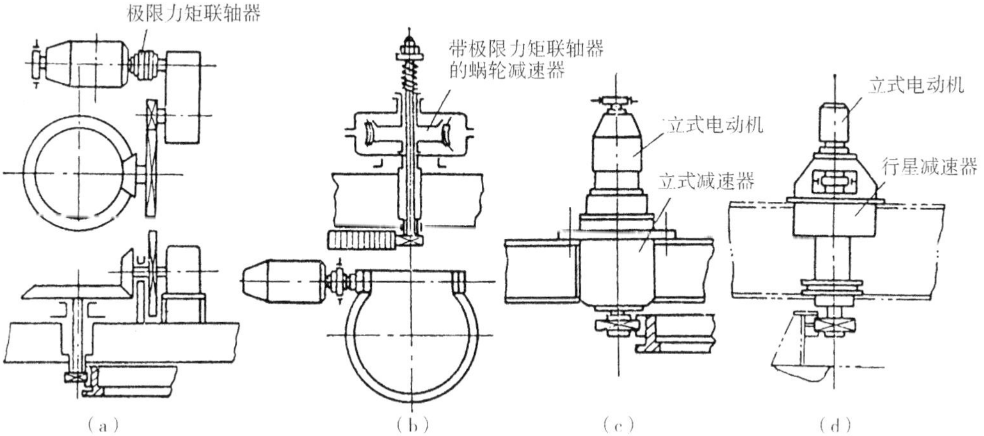

图 8－12　常用的旋转机构驱动装置的传动方案

2. 计算原则

(1)电动机的选择。根据机构稳定运动时的等效静阻力矩、回转速度和机构效率计算机构的等效功率；根据机构的等效功率和接电持续率初选电动机；然后校验电动机的过载和发热。

等效静阻力矩包括摩擦阻力矩、正常工作状态下的等效风阻力矩和等效坡度阻力矩。

(2)验算旋转机构的启动加速度,使起重机回转臂架头部的切向加(减)速度不大于下列推荐值:根据起重量大小,回转速度较低的安装用起重机为 $0.1 \sim 0.3 m/s^2$;回转速度较高的装卸用起重机为 $0.8 \sim 1.2 m/s^2$。起重量大者取小值。

(3)制动器的选择。旋转机构宜采用可操纵的常开式制动器,在非工作状态下,使臂架的迎风面积最小。在最不利工作状态和最大回转半径时,其制动力矩应能使旋转部分停住。

(4)极限力矩限制器。它是旋转机构的安全装置。当旋转机构剧烈启、制动,或由于操作不当臂架碰到障碍物等原因,使传递力矩过大,可能造成电动机和传动零件过载损坏时,力矩限制器通过摩擦连接的相对摩擦滑动达到保护作用。

极限力矩限制器的工作原理如图 8-13 所示,空套在轴 1 上的蜗轮 2 与内锥盘 3 固定连接,外锥盘 4 通过键与轴 1 同步动作,蜗杆蜗轮的力矩是借助内、外锥盘的圆锥形接合面间的摩擦力传给轴 1 的,摩擦面间的压紧力由弹簧 5 产生,弹簧力的大小按需要传递的力矩用螺母 6 来调节。当轴 1 上的阻力矩过大时,极限力矩联轴器的摩擦面就开始滑动,从而起到安全保护作用。

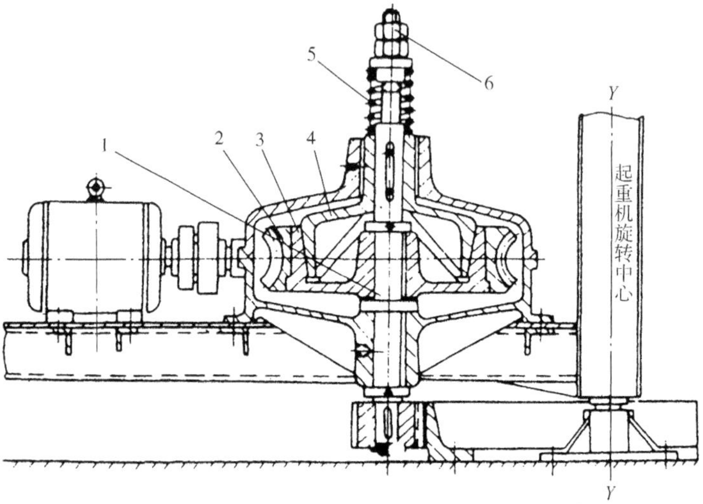

1—轴;2—蜗轮;3—内锥盘;4—外锥盘;5—弹簧;6—螺母

图 8-13　带极限力矩联轴器的传动装置

第四节　变幅机构

变幅机构是臂架起重机用来改变作业幅度,使吊运物品沿臂架径向水平位移的机构。幅度是臂架起重机的重要参数,对于回转类起重机,指从取物装置中心线到起重机旋转中心线的水平距离;对于非回转的臂架型起重机,则是从取物装置中心线到臂架铰轴的水平距离,或其他典型轴线的距离。臂架是变幅机构主要受力金属结构,除了自身的结构重力,还要承受整个起升载荷力,臂架的破坏(折臂或坠臂)会导致重大起重事故。从安全角度讲,变幅机构和起升机构同样是安全控制的重点。

一、变幅机构的分类

不同种类的臂架起重机使变幅机构有多种类型。

1. 按作业要求分类

根据作业要求不同,变幅机构分为调整性变幅与工作性变幅两种。

(1)调整性(也称为非工作性)变幅机构主要任务是调整工作位置,仅在空载条件下变幅到适宜的幅度。在升降物料的过程中,幅度不再变化。例如,流动式起重机受稳定性限制,吊载过程中不允许变幅。工作特征是变幅次数少,速度低。

(2)工作性变幅机构可带载变幅,从而扩大起重作业面积。主要特征是变幅频繁,变幅速度较高,对装卸生产率有直接影响,机构的驱动功率越大,机构相对越复杂。

2. 按变幅方式分类

变幅机构按变幅方式不同,分为运行小车式和俯仰臂架式。

(1)运行小车式的小车可以沿臂架往返运行,变幅速度快,装卸定位准确,常用于工作性变幅[见图8-14(a)],又可分为小车自行式和牵引小车式两种。长臂架的塔式起重机常采用牵引小车式变幅。

(2)俯仰臂架式变幅机构通过臂架绕固定铰轴在垂直平面内俯仰来改变倾角,从而改变幅度,它被广泛应用于各类臂架式起重机。按动臂和驱动装置之间的连接方式不同,又可分为钢丝绳滑轮组牵引的挠性变幅机构和通过齿条或液压油缸驱动的刚性变幅机构[图8-14(b)]。液压汽车起重机的臂架还制成可伸缩的,使变幅范围扩大。

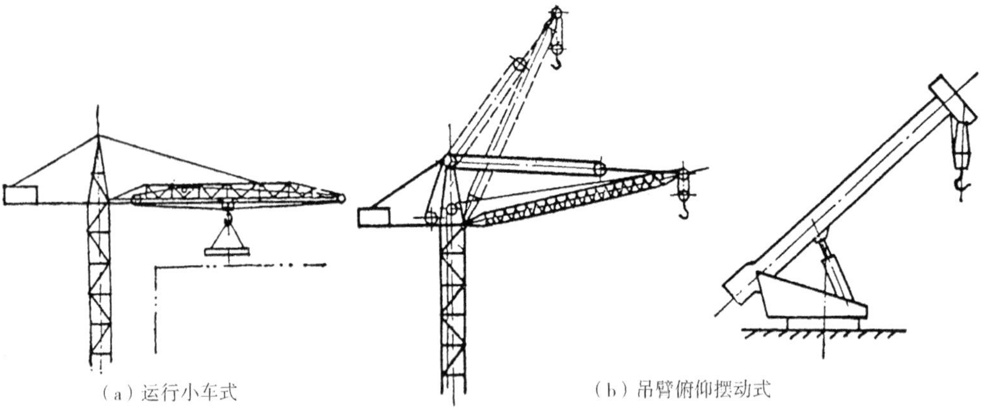

图 8－14　变幅方式

3. 按性能要求分类

变幅机构按性能要求不同,按在变幅过程中臂架重心是否升降,还可进一步分为平衡性变幅机构和非平衡性变幅机构。

(1)非平衡变幅。通过摆动臂架完成水平运移物品时,臂架和物品的重心都要升高或降低,需要耗费很大的驱动功率;而在增大幅度时,则引起较大的惯性载荷,影响使用性能,因此,非平衡变幅大多在非工作性变幅时应用。

(2)平衡变幅。工作性变幅采用各种方法,使起重机在变幅过程中物品的重心沿水平线或近似水平线移动,而臂架系统自重由活动平衡重所平衡。这样节约驱动功率,并使操作平稳可靠。

二、变幅机构的变幅阻力

变幅机构计算是根据不同工况下的变幅阻力分析为基础的。变幅阻力有以下几种。

(1)变幅过程中被吊物品非水平位移所引起的变幅阻力。

(2)臂架系统自重未能完全平衡引起的变幅阻力。

(3)吊载的起升绳偏斜产生的变幅阻力,考虑风载荷,离心力,变幅,回转启、制动所产生的惯性力等在物品上的综合作用。

(4)作用在臂架系统上的风载荷引起的变幅阻力。

(5)臂架系统在起重机回转时的离心力引起的变幅阻力。

(6)由于起重机轨道存在坡度引起的变幅阻力。

(7)变幅过程中,臂架系统的径向惯性力引起的变幅阻力。

(8)臂架铰轴中的摩擦和补偿滑轮组的效率引起的变幅阻力。

在计算变幅驱动机构时,这些阻力在变幅全过程中的各个不同幅度位置上是变化的。

三、变幅驱动机构的计算原则

1. 电动机的选择

变幅机构的电动机根据正常工作状态下,各种工况的均方根等效阻力矩之最大值计算等效功率,再根据等效功率和该机构的接电持续率初选电动机。然后校验电动机的过载和发热。

等效变幅阻力矩为正常工作状态下根据相应起重量在变幅全过程中各个不同幅度位置上的变幅阻力矩和相应幅度区间的变幅时间计算的均方根值。变幅阻力矩由未平衡的起升载荷和臂架系统自重载荷、作用于臂架系统上的风力、吊重绳偏摆角引起的水平力、臂架系统的惯性力、起重机倾斜引起的坡道阻力以及臂架系统在变幅时的摩擦阻力等产生。

2. 制动器的选择

与起升机构一样,变幅机构的制动器应采用常闭式。对于平衡变幅机构,其制动安全系数在工作状态下取1.25;非工作状态下取1.15。对于重要的非平衡变幅机构应装有两个支持制动器,其制动安全系数的选择原则与起升机构相同。

3. 零件的受力计算

综合考虑的变幅阻力折算到计算的某一零件上。由于变幅阻力在变幅全过程中的各个不同幅度位置上是变化的,应该对若干个幅度位置计算这些阻力,比较取其大者作为零件的受力。

第九章　桥架类型起重机安全技术

第一节　概　　述

桥架类型起重机都是以桥形主梁的金属结构作为主要承载构件。通过起升机构、小车运行机构、大车运行机构等三个工作机构的组合运动，使起重机在固定跨度的盒形空间内完成物料搬运作业任务。

桥架类型起重机的主要技术参数有起重量 G、起升高度 H、跨度 S、工作速度 v（包括起升速度 v_q、大车运行速度 v_k、小车运行速度 v_t）、起重机工作级别等。

桥架类型起重机主要机种有桥式起重机、门式起重机和装卸桥。桥式起重机的桥形主梁通过两个端梁直接支承在固定于建筑物的轨道上，常见的有单梁电动葫芦起重机和双梁桥式起重机，其中以双梁桥式起重机使用量最大（见图 9－1）。广泛地用于车间、仓库或露天堆料场地。

门式起重机是带腿的桥式起重机，其主梁通过双支腿支撑在地面轨道上，形成一个门架。用于货场、港口、车站等露天场所。装卸桥与门式起重机结构相似，参数有差异，其特点是起重量不大，但速度快、生产率高。集装箱门式起重机是专门用于集装箱的堆垛和装卸作业的门式起重机。

一、桥架类型起重机的组成及特点

桥架式起重机由机械部分、金属结构和电气部分组成。

1．机械部分

机械部分由起升机构、小车运行机构和大车运行机构等三大工作机构组成。起升机构连同悬挂取物装置固定在起重小车上，用来升降吊物；小车运行机构驱动起重小车沿主梁运行；大车运行机构驱动起重机整机在建筑物高架结构的轨道上运行。三大机构在三维坐标上的组合运动完成物料搬运作业任务。

2．电气部分

电气部分包括电气设备和控制线路，适应起重机频繁启制动、换向、负载无规律和过载、冲击的工作特点，一些主要电气设备采用起重机专用设备。

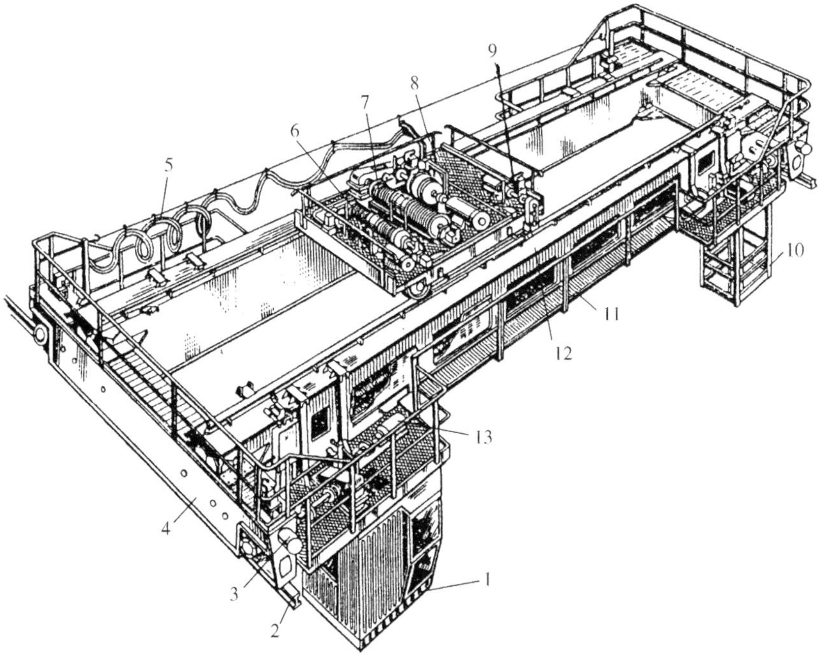

1—司机室;2—大车轨道;3—缓冲器;4—大梁;5—电缆;6—副起升机构;7—主起升;
8—起重小车;9—小车运行机构;10—检修吊笼;11—走台栏杆;12—主梁;13—大车运行机构

图9－1　桥式起重机

3. 金属结构

金属结构的作用是将起重机各组成部分连接成一个有机整体,承受吊物和起重机自身质量的重力。主要由主梁、端梁、支腿、栏杆走台、司机室等组成。

二、桥架类型起重机工作机构

1. 起升机构

起升机构是桥架式起重机的最重要组成部分。绝大多数起重坠物的重大事故,几乎都与起升机构及其主要构成零部件的安全状态有直接关系,是安全检查的重点,在保证工作性能时,必须满足安全要求。

起升机构由电动机、减速器和传动轴、卷绕系统、取物装置、制动器及安全装置等组成。卷绕系统一般采用带螺旋槽的单层缠绕卷筒、双联钢丝绳滑轮组;最常用的取物装置是吊钩;安全装置包括超载限制器和上升极限位置限制器。

制动器是关系安全的关键装置，起升机构使用的电动式制动器应是常闭式支持制动器，它的制动轮必须装在与传动装置刚性联结的轴上。起升机构的每一套独立驱动装置至少装设一个制动器，对于吊运炽热金属或危险品的起升机构，每一套独立的驱动装置至少装设两个制动器，每个制动器的安全系数均不得低于规定的数值。

一般起重机只装配一套起升机构，当起重量大于10t时，为提高工作效率，常设主、副两套起升机构，可充分发挥副起升机构起重量小、速度快，主起升机构起重量大的优势。

2. 小车运行机构

小车运行机构为多集中驱动自行式结构，由电动机、减速机、联轴器和传动轴、制动器、车轮组和轨道，以及安全装置等组成。由于运行轨距较小，使用单轮缘车轮，方钢或扁钢形状的钢轨直接铺设在金属结构上。采用立式减速机将驱动部分和行走车轮布置在起重小车上下两个层面上。小车安全装置有行程限位开关、缓冲器和轨道端部止挡，防止小车超行程运行脱轨。

3. 大车运行机构

大车运行机构按传动形式不同分为集中驱动和分别驱动两类。当起重机跨度小于16.5m时，可以采用集中驱动或分别驱动；跨度大于16.5 m时，一律采用分别驱动。大车运行机构采用双轮缘车轮，驱动力靠主动车轮轮压与轨道之间的摩擦产生的附着力，因此，必须要进行主动轮的打滑验算，以确保足够的驱动力。

大车运行机构的安全装置有行程限位开关、缓冲器和轨道端部止挡。室外起重机必须配备夹轨器、扫轨板和支承架，以及暴露的活动零部件防护罩。

三、轨道运行常见的问题

1. 小车运行的问题

小车运行常见问题是过轨道接头时的冲击、小车“三条腿"现象、运行偏斜造成夹轨或车轮与轨道不完全接触，严重时会发生脱轨。小车“三条腿”现象是指在运行过程中，小车的四个车轮不能同时与轨道接触，形成只有三个车轮与轨道接触的现象。其主要原因是两个轨道的平行度和平面度、轨道的垂直下挠和水平弯曲，以及轨道接头的高度差超过标准要求，这些问题与起重机金属结构直接有关，小车车轮的制造与安装误差与磨损也是重要原因。

2. 大车运行的问题

大车运行的主要的问题是“啃道”，“啃道”是指在运行过程中，在水平侧向力作用下，车轮轮缘与轨道头部侧面摩擦，造成接触面磨损的现象（见图9－2），多发生在大跨度、重型、冶金起重机上。“啃道”会增加运行阻力，使车轮或轨道降低使用寿命而加速报废、破坏轨道与基础的联系，并对基础强度产生不良影响，严重时会造成起重机脱轨。“啃道”原因是多方面的，概括起来有轨道在安装或使用中产生的缺陷，轨道基础的破坏、下沉或变形，车轮尺寸或装配偏斜超差，桥架变形等。这应通过安全检查，及时发现问题，针对具体原因采取相应对策解决。

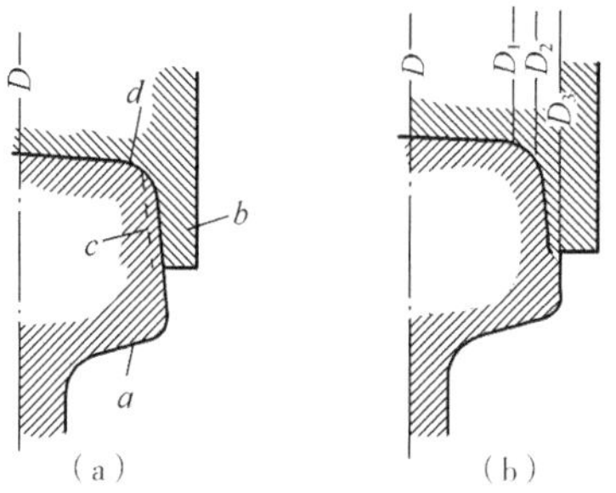

图9－2　“啃道”示意图

四、桥架类型起重机的安全防护装置

重物坠落、夹挤、起重小车超行程行驶、起重机越轨倾翻、检修时的机械伤害等，是桥架类型起重机的常见事故类型。最大限度地减小起重作业风险，需要设置多种安全防护装置（见表9－1）。

表9－1　桥架类型起重机的安全防护装置

序号	安全防护装置名称	桥架起重机	门式起重机	装卸桥
1	超载限制器	起重量＞20t应装	起重量＞10t应装	应装
		起重量为3～20t宜装	起重量3～10t宜装	
2	上升极限位置限制器	动力驱动的应装	动力驱动的应装	应装
3	下降极限位置限制器			
4	运行极限位置限制器	动力驱动的，在大车和小车运行的极限位置应装		
5	联锁保护	应装①		应装②
6	缓冲器	应装	应装	应装
7	夹轨锚定装置	露天工作的应装	露天工作的应装	露天工作的应装
8	登机信号按钮	有司机室的宜装		司机室设在运动部分应装
9	防倾翻安全钩	单主梁并在主梁一侧落钩的应装		
10	检修吊笼	应装		

续表

序号	安全防护装置名称	桥架起重机	门式起重机	装卸桥
11	扫轨板和支承架	司机室对面滑线一侧应装		
12	轨道端部止挡	应装	应装	应装
13	导电滑线防护板	应装		
14	暴露活动件防护罩	宜装	宜装	应装
15	电气设备防雨罩	露天工作的应装	露天工作的应装	露天工作的应装

注:①对于桥式起重机。由建筑物登上起重机门与大车运行机构之间;由司机室登上桥架的舱口门与小车运行机构之间;设在运动部分的司机室在进入司机室的通道口与小车运行机构之间。应装设联锁保护。

②对于装卸桥,设在运动部分的司机室在进入司机室的通道口与小车运行机构之间,应装设联锁保护。

第二节　桥架类型起重机的金属结构

桥架类型起重机是一种工作条件十分繁重的重型机械设备,其载荷复杂多变,作为整台起重机承载和连接骨架的金属结构,只有满足强度、刚度和稳定性的要求才能保证起重机的使用性能和安全。起重机安全工作的寿命主要取决于金属结构不发生破坏的工作年限,而不是由任何其他装置和零部件的寿命所决定。金属结构的破坏会给起重机带来极其严重的后果。

一、概述

1. 金属结构的基本部件和型式

根据受力特征不同,起重机的金属结构的部件可分三类:梁和桁架是主要承受弯矩的部件;柱是主要承受轴向压力的部件;压弯构件是既承受轴向压力又承受弯矩的部件。这些基本构件根据其受力和外形尺寸又可分别设计成格构式、实腹式或混合式的结构型式。

(1)实腹式构件主要由钢板组成,也称箱形构件,适用于载荷大、外形尺寸小的场合。承受横向弯曲的实腹杆件叫作梁,承受轴向压力的实腹构件叫作箱型柱。实腹式构件具有制造工艺简单(可采用自动焊)、应力集中较小、疲劳强度较高、通用性强、机构的安装检修方便等优点。缺点是自重较大、刚性稍差。

(2)格构式构件是由型钢、钢管或组合截面杆件连接而成的杆系结构。构件的自重轻,风的通过性好。缺点是制造工艺复杂,不便于采用自动焊,节点处应力集中较大。适用于受力相对较小、外形尺寸相对较大的场合。桁架是由杆件组成的受横向弯曲的格构式结构,是金属结构中的一种主要结构型式。

(3)混合式构件部分为实腹结构,部分为杆系结构。其特点和使用条件均介于格构式构件和实腹式构件之间。

2. 金属结构的连接

金属结构的连接主要有焊接、铆接和螺栓连接三种方法。结构部件之间的连接,有时采用铰接,即两个相连的部件都有带孔的凸耳,用销轴穿过,实现两个部件之间的铰连接。

(1)焊接是通过把连接构件的连接处局部加热成液态或胶体状态,加压或填充金属使两构件永久连接成一体加工方法。它具有制造简便、易于实现自动化操作、不削弱杆件的截面、省工省料等特点。目前,焊接代替了铆接和普通螺栓连接,已成为最主要的连接方法。它的缺点是连接的刚度较大,在内应力影响下结构存在残余变形。起重机金属结构主要采用气焊和电弧焊。

(2)铆接和普通螺栓连接是用铆钉或螺栓穿过连接构件上预先打好的孔,夹紧构件的连接方法。由于这种连接会削弱构件的截面,费工费料,在起重机制造业中,已被焊接逐渐取代。铆接和螺栓连接主要用于结构的安装接头中。

(3)高强度螺栓连接是靠很高的螺栓预紧力使连接构件间产生摩擦力来传递内力,互相之间不发生滑动。高强度螺栓连接工作可靠、安装迅速,从一般结构到重型结构都可采用,是一种有广阔应用前景的连接方法。

二、桥架类型起重机的金属结构

桥架类型起重机的金属结构主要由梁或桁架与梁端结构成的桥架、梁或桁架与支腿(柱)组成的门架。在实腹式、格构式和混合式的结构都有门架。

1. 桥式起重机的金属结构

桥架是桥式起重机的主要承载结构。桥架由主梁、端梁、走台、栏杆、轨道和司机室构成(见图9－3)。双梁桥式起重机大多采用矩形断面实腹式箱型结构,箱型主梁由上下板(盖板)和两块腹板焊接而成,并通过设置横隔板、高强度预拉钢索或钢筋、三角筋板来提高梁的承载能力。走台固定在主梁外侧,两个端梁位于主梁端头,轨道置于上翼缘板上。根据轨道的位置不同,以及主梁断面的差异,形成各种各样的箱型梁。普通箱型双梁桥架的小车轨道置于箱型梁中心线,称为正轨箱型梁[见图9－4(a)];轨道正对主腹板的顶上,称为偏轨箱型梁[见图9－4(b)];轨道在主梁中心线和主腹板中间的上翼缘板上,称为半偏轨箱型梁[见图9-4(c)],这样的结构使焊接工艺得到改善。单梁起重机用模压封闭截面加强的工字钢梁作为主梁[见图9-4(d)],大大增加了梁的抗弯和抗扭刚度。

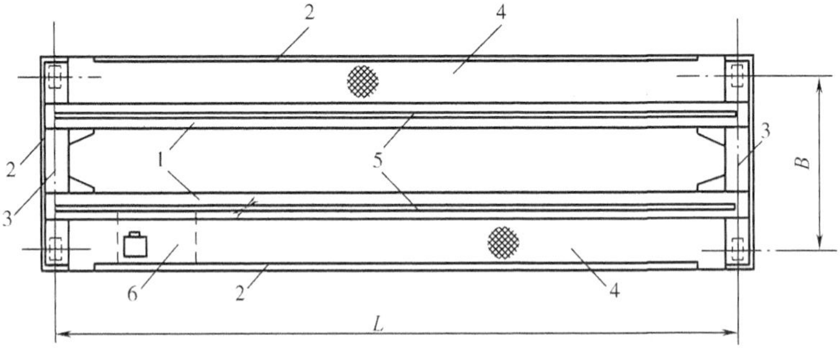

1—主梁(或主桁架);2—栏杆(或辅助桁架);3—端梁;
4—走台(或水平桁架);5—轨道;6—操纵室

图9-3 桥式起重机的桥架

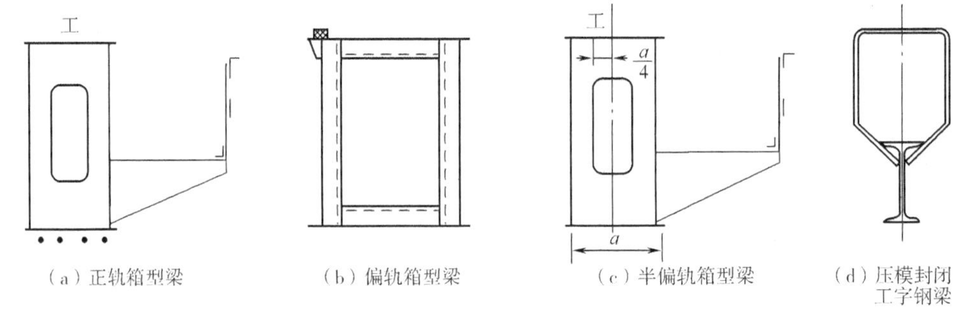

图9-4 各种箱型梁桥架

2. 门式起重机的金属结构

门式起重机由主梁、支腿、栏杆走台、轨道和司机室等组成门架,称为带腿的桥架起重机(见图9-5)。其主梁有单梁也有双梁,梁的型式与桥式起重机相似,可以是无悬臂、单悬臂或双悬臂,悬伸到支腿外侧的悬臂部分扩大了作业面积。单梁门架的支腿有L,C等多种形式,支腿或弯曲或倾斜形成较大的空间,使起重小车带着起吊的物品可以顺利通过支腿，运行到悬臂端。门式起重机有时制成单支腿的半门架形式。门架结构有箱型的也有桁架的，箱型结构制造工艺性好些，桁架结构的通风性好。装卸桥常采用桁架结构。

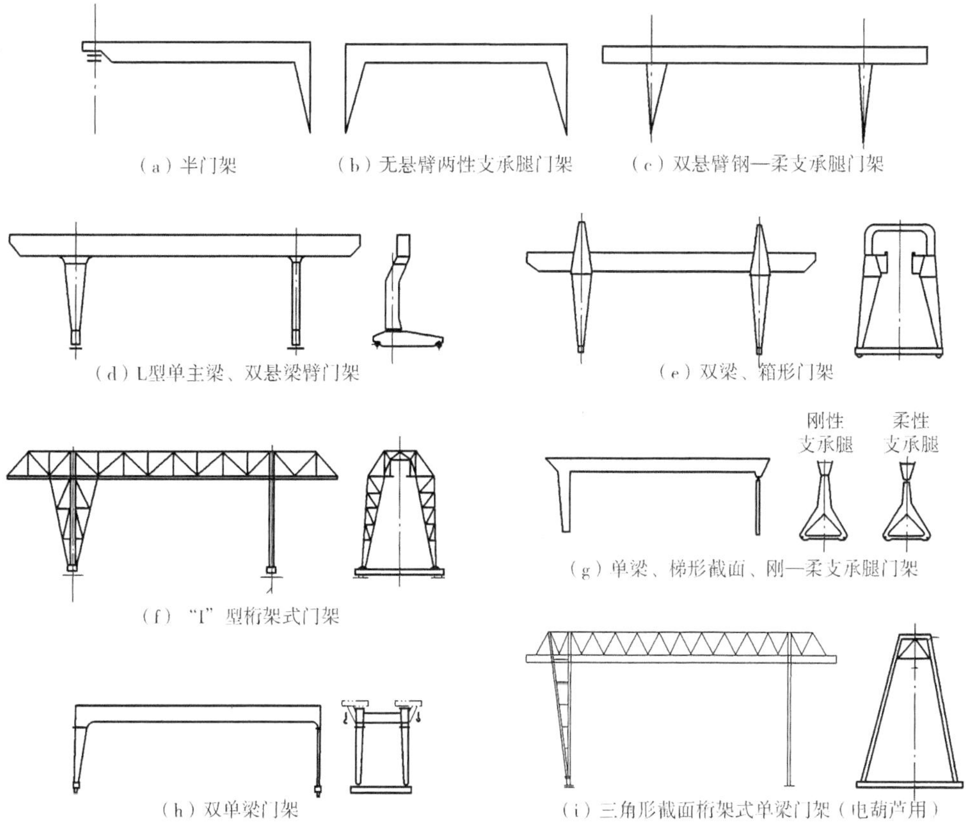

图9－5　各种门架的结构型式

门式起重机跨度在30m以下时，主梁和两个支腿做成刚性连接的结构；如果超过30m，门架常常采用一个支腿和主梁成铰连接，或支腿采用一挠一刚结构，以改善由于跨度大、两侧支腿运行不同步或受温度影响而出现卡轨现象。

三、金属结构的变形与报废

1. 主梁的下挠度

主梁常见的变形有在跨中和悬臂端出现下挠、旁弯，主梁腹板出现超规定的波浪变形、端梁变形，桥架的对角线超差变形等。变形原因是多方面的，有金属结构在制造过程中产生的残余内应力，安装过程中缺陷，超负荷不合理使用，工作环境高温的影响等，正常载荷长期作用也会引起变形，非正常因素的影响则加速了这个进程。

桥架或门架的承载主梁是桥架类型起重机的主要受力构件，在满载小车轮压作用下产生弹性下挠变形，使小车轨道有一定的坡度，而坡度增加起重小车运行的爬坡阻力，产生运行打滑，甚至在停车后出现自动滑移。主梁变形对相关的其他金属结构件（如端梁、支腿和小车架）和工作机构的某些零部件的安全状态都会产生不利影响。为补偿在吊载作用下的下挠度，主梁预先设计成具有一定预拱度，悬臂梁端设计为一定的上翘度，使主梁弹性变形的曲线无论在空载或满载均较为平缓。但随着时间的推移，长期负载的作用，不可避免地会使预拱度和上翘度降低，进而出现下挠变形。

金属结构的变形实质是结构的刚性问题，起重机结构的静态刚性以在规定的载荷作用于指定位置时，结构在某一位置处的静态弹性变形值来表征。为保证安全，必须对起重机主梁的下挠度实施必要的控制，其表达式如下：

$$f \leqslant [f]$$

当满载小车位于跨中时，主梁由于额定起升载荷和小车自重在跨中引起垂直静挠度，主梁跨中的允许挠度值应满足下式要求：

$$[f] \leqslant \frac{S}{700}$$

对于具有悬臂的门式起重机和装卸桥，当满载的小车位于悬臂上的有效工作位置时，该处由于额定起升载荷和小车自重引起垂直静挠度，悬臂梁端部的允许挠度值为：

$$[f] \leqslant \left(\frac{1}{350} \sim \frac{1}{300}\right)l$$

式中：f——满载小车位于跨中时主梁跨中在水平线以下的下挠度值，mm；

$[f]$——主梁的允许挠度值，mm；

S——梁或起重机的跨度，m；

l——悬臂的有效长度，m。

2. 金属结构的报废

金属结构出现下列情况时应予报废。

（1）主要受力构件（特别是主梁、支腿）失去整体稳定性时不应修复，应报废。

（2）主要受力构件发生腐蚀时，应进行检查和测量。通过计算确认，当承载能力降低至原设计承载能力的87%时，如不能修复，应报废。

对无计算能力的使用单位，当主要受力构件断面腐蚀达原厚度的10%时，如不能修复，应报废。

（3）主要受力构件产生裂纹时，应根据受力情况和裂纹情况（裂纹发生的部位、方向、长度，以及裂纹尺寸与构件厚度的关系等）采取阻止裂纹继续扩展的措施，并采取加强或改变应力分布的措施，或停止使用。

（4）主要受力构件因产生塑性变形，使工作机构不能正常地安全运行时，如不能修复，应报废。

（5）对于一般桥架类型起重机，当小车处于跨中，并且在额定载荷下，主梁跨中的下挠度值在水平线下，达到跨度的1/700时，如不能修复，应报废。

四、司机室

司机室是金属结构的组成部分，提供司机操作所需要的作业空间。司机室内布置有操纵设备、司机座椅和成套的控制显示装置，应考虑为操作者创造良好的作业环境，使司机工作安全、舒适、高效。

1. 司机室的种类

（1）按是否运动分类。它可分为固定式和移动式两类。桥架类型起重机的司机室一般是固定的，装在无滑线一侧的桥架上。操纵司机室也有移动式的，随小车一起运行，例如，大跨度的装卸桥、港口卸船机等的司机室，大多与起重小车连接在一起。

（2）按与外界的关系分类。它可分为敞开式和封闭式。对于无特殊要求、室温在10～40℃的厂房内工作的司机室一般都制成敞开式的[见图9－6(a)]；在有粉尘和有害气体的场所、露天以及高温车间工作的起重机，司机室一般制成封闭式的[见图9－6(b)]。

2. 司机室的安全技术要求

除流动式起重机外，司机室一般都连接到较高的金属结构件上。其安全要求应从司机室的钢结构、与其他金属结构的连接、安装位置、室内的空间尺寸，以及环境的要求等各方面综合考虑。

（1）满足结构安全要求如下。

①司机室必须安全可靠。司机室与悬挂或支承部分的连接必须牢固。

②司机室的顶部应能承受25kN/m^2 的静载荷。

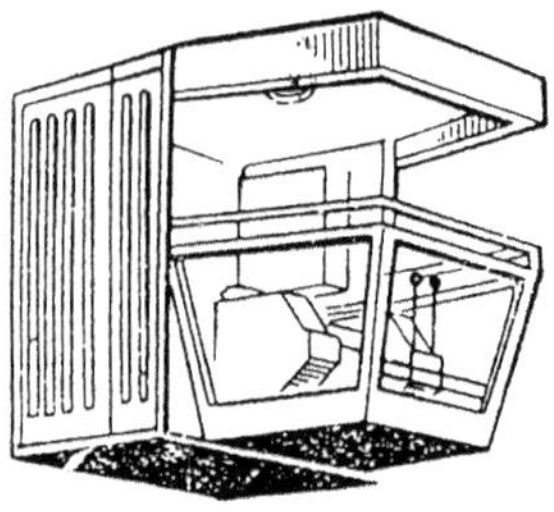
（a）敞开式

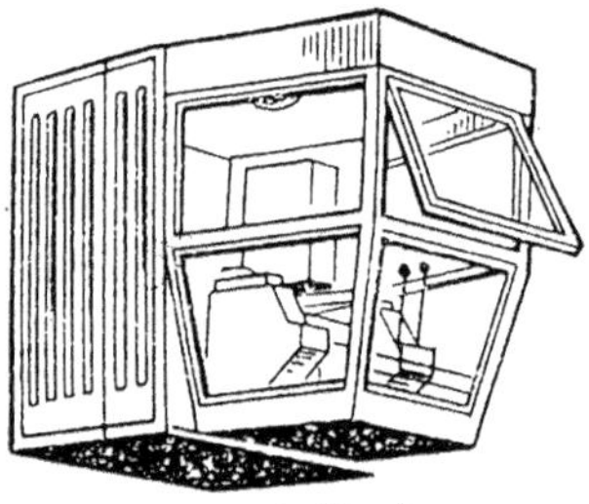
（b）封闭式

图9－6　起重机的司机室

③桥式起重机司机室，一般应设在无导电裸滑线的一侧。

（2）满足高处作业安全要求如下。

①开式司机室应设有高度不小于1 050mm的栏杆，并应可靠地将司机室围护起来。

②司机室底面与下方地面、通道、走台等距离超过2m时，一般应设置走台。

③除流动式起重机外，司机室外面有走台时，门应向外开；没有走台时，门应向里开；有无走台都可采用滑动式拉门。

（3）满足人机安全要求。该安全要求设计的主要依据是人体测量参数、操作参数和视线参数。

①司机室应提供足够的操作和检修空间，一般能容纳两个人。除流动式起重机外，司机室内净空高度不应小于2m，满足坐站交替的活动需要。

②操纵器的布置应符合人手臂和腿脚的运动特性，显示器、信号和报警装置应符合人视听器官的感觉特性，并便于操作和维修。

③窗的尺寸与位置应保证司机有良好的视野，坐在座椅上应能看到工作范围内的取物装置在任何位置时的情况。还应根据需要设置下视和上视窗口。闭式操纵室玻璃窗的设计还应考虑到擦拭外侧玻璃的方便。

④司机座椅应安装可靠，舒适可调，使人不易疲劳。

⑤提供必要的照明，保证夜班作业需要。固定式照明装置的电源电压不应超过220V，可携式照明装置的电源电压不应超过36V。

（4）满足劳动卫生要求如下。

①在高温、有尘、有毒等环境下工作的起重机，应设计成封闭式司机室。露天工作的起重机，应装设有防风、防雨、防晒的司机室。

②内部工作温度高于35℃、在高温环境下工作或低于5℃的司机室，根据需要可安装取暖和空气调节设备。

③在高温环境直接受热辐射的司机室，应装设有效的隔热层。受热辐射的窗玻璃应采用防红外线辐射的钢化玻璃。

④司机座一般都悬挂在金属结构件上，考虑到起重机运行的动载效应，要有防振措施。

(5)其他。

①除流动式起重机和司机室底部无碰人危险的起重机外，与起重机一起移动的司机室，其底面距下方地面、通道、走台等净空高度不应小于2m。

②窗玻璃应采用钢化玻璃或夹层玻璃，并应只能从司机室里面安装。

③装设必要的应急措施，保证在事故状态下，司机能安全地撤出，或避免事故对司机的危害。配备灭火器、电铃或警报器，必要时还应设置通讯联系装置。

第三节　门式起重机的稳定性

稳定性是指起重机在自重和外载荷作用下，抵抗翻倒的能力，以及室外轨道起重机防风抗滑的能力。门式起重机和装卸桥要进行抗倾覆稳定性和防风抗滑安全性的验算。

一、门式起重机和装卸桥抗倾覆稳定性

抗倾覆稳定性是指在最不利的载荷组合条件下，起重机抗倾覆的能力。稳定条件是包括自重在内的各项载荷对倾覆边的力矩之和大于或等于零（$\sum M \geqslant 0$），计算时规定运算符号为：起稳定作用的力矩为正；使起重机倾覆的力矩为负。考虑各种载荷对稳定性的实际影响程度，在进行起重机抗倾覆稳定校核时，不同工况的各载荷力矩应分别乘以相应的载荷系数（见表9－2）。

表9－2　载荷系数

工况特征	自重	系数	水平惯性力（包括物品）	风力
无风静载	0.95	1.4	0	0
有风动载		1.2	1	1
暴风侵袭下的非工作状态		0	0	1.5

1. 纵向稳定性

纵向稳定性是指起重机在垂直轨道方向的稳定性，验算无风静载和有风动载两种工况[见图9-7(a)]。

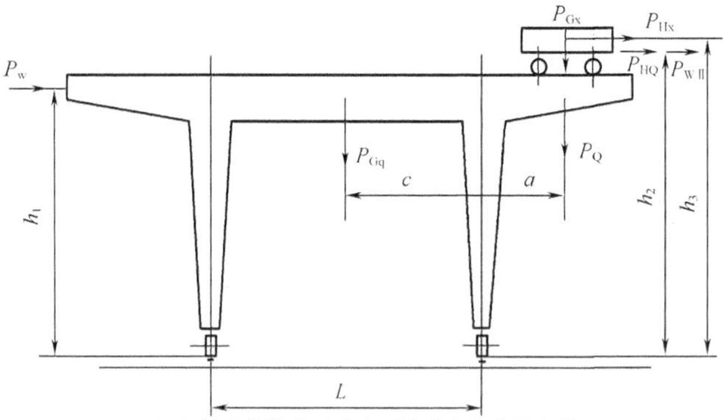

(a) 起重机满载时垂直于轨道方向的稳定性

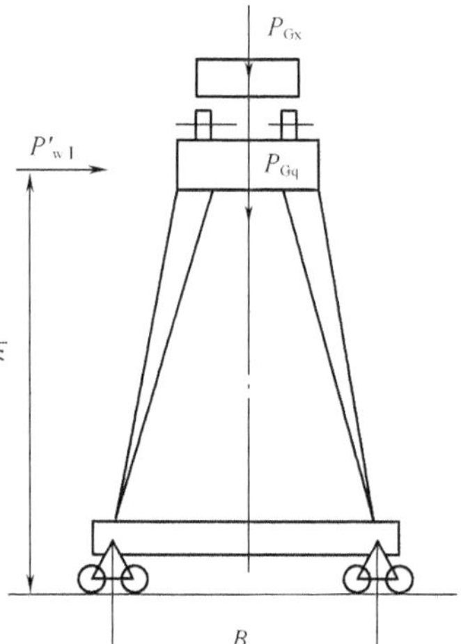

(b) 起重机沿轨道方向的自身稳定性

图9-7　门式起重机的稳定性

(1)无风静载纵向稳定性，是指满载小车在桥架悬臂端位置，不考虑水平惯性载荷和风载荷的稳定性，其验算公式为：

$$0.95P_{Gq}c-1.4(P_Q+P_{Gx})a\geqslant 0$$

式中：P_{Gq}——桥架自重载荷；

P_Q——额定起升载荷；

P_{Gx}——小车自重载荷；

c——桥架自重重心到倾覆边的距离；

a——小车自重和吊载重心到倾覆边的距离。

(2)有风动载纵向稳定性，是指满载小车在桥架悬臂端制动，考虑风载荷和水平惯性载荷的稳定性，其验算公式为：

$$0.95P_{Qq}c - 1.2(P_Q + P_{Gx})a - P_{Hx}h_3 - (P_{HQ} + P_{w\text{II}})h_2 - P_{w\text{I}}h_1 \geqslant 0$$

式中：P_{Hx}——小车运行启制动时的水平惯性力；

h_3——小车重心至大车轨道顶面的高度；

P_{HQ}——小车运行启制动时引起吊重的水平惯性力；

$P_{w\text{I}}$——作用在桥架与小车侧面的工作状态的最大风力；

$P_{w\text{II}}$——作用在吊重上的工作状态最大风力；$P_{w\text{I}}$ 和 $P_{w\text{II}}$ 按工作状态计算风压 q_{II} 计算；

h_1——桥架与小车侧面的迎风面积形心至大车轨道顶面的高度；

h_2——起升定滑轮组至大车轨道顶面的高度；

2. 横向稳定性

横向稳定性指起重机在沿轨道方向的稳定性，验算非工作状态下最大风力时的自重稳定性[见图9－7(b)]。其验算公式为：

$$0.95(P_{Gq} + P_{Gx})0.5B - 1.15\,P'_{w\text{I}}h'_1 \geqslant 0$$

式中：$P'_{w\text{I}}$——作用在桥架与小车侧面的工作状态的最大风力，按非工作状态计算风压 q_{III} 计算；

h'_1——桥架端面与小车的迎风面积形心至大车轨道顶面的高度；

B——起重机大车轮距。

二、室外起重机防风抗滑安全性

防风抗滑安全性是指在轨道上运行的露天工作起重机被风吹走的可能性，分正常工作状态和非工作状态两种工况验算。

1. 正常工作状态

正常工作状态工况下的验算公式为：

$$P_{z1} \geqslant 1.1P_{w\text{II}} + P_{\alpha} - P_f$$

式中：P_{z1}——运行机构制动器在车轮踏面上产生的制动力，当制动力大于车轮与轨道的粘着力时，P_{z1}用车轮与轨道的粘着力代替，粘着系数取0.12；

$P_{w\text{II}}$——起重机所受工作状态最大风力(沿运行方向)；

P_α——坡度引起的滑行力；

P_f——起重机运行摩擦阻力，按运行摩擦阻力系数计算，运行摩擦阻力系数 $\omega = \frac{运行摩擦阻力}{总轮压}$，滑动轴承 $\omega = 0.015$，滚动轴承 $\omega = 0.006$。

2. 非工作状态

非工作状态工况下的验算公式为：

$$P_{z2} \geqslant 1.1 P_{wⅢ} + P_\alpha - P_f$$

式中：P_{z2}——运行机构夹轨器产生的沿轨道方向的夹持制动力，夹轨钳的摩擦系数取 0.25，手工操作的夹轨钳最大操作力不得大于 200N；

$P_{wⅢ}$——起重机非工作状态下的最大风力（沿运行方向），无锚定装置时按该地区可能出现的最大非工作风压计算，有锚定装置时按 600 ~ 800N/m² 计算。

第四节　桥架类型起重机的安全检验

对起重机这类特种设备实施有效的安全监察，对其性能进行试验鉴定，是保证起重设备安全状态的重要环节。安全技术检验适用于桥架类型起重机的产品制造、安装和使用等各环节，包括技术鉴定和负荷试验。其目的是综合检验起重设备的运转质量，及时发现和消除该设备由于设计、制造、装配和安装等原因造成的缺陷，保证达到设计的技术性能和安全要求。

为了防止机械设备的隐蔽缺陷在检验中造成重大事故，必须遵守先单机后联机、先空载后负载、先低速后高速、运行时间先短时后长时的原则。强化维护检查的安全措施，并建立必要的记录。检查结果应存档。

一、技术鉴定

技术鉴定是负荷试验前的技术检验，目的在于检查起重设备的基本状况是否正常，揭露和消除设备存在的某些隐蔽缺陷，保证后续检查工作的安全。技术鉴定合格后，方能进行负荷试验。

1. 工作机构部分

（1）检查各零部件和装置是否齐备、完好、磨损程度，是否需要报废。重点零部件如制动器、吊钩、钢丝绳、滑轮和卷筒、减速器、车轮等的磨损程度。

（2）检查各部分的安装、连接、配合和固定是否可靠。

（3）检查各机构的运转是否正常、平稳，装置的动作是否灵敏，有无异响和润滑情况。

2. 金属结构部分

(1)检查主要受力构件的变形或失稳情况，结构主梁的刚度变形(下挠度和水平旁弯)、主梁腹板的稳定性(局部翘曲或塌陷)、桥架对角线超差变形等。

(2)检查各结构的高强度螺栓的连接、焊缝是否开裂，主要受力构件断面腐蚀情况，必要时，对主梁焊缝进行无损探伤。

(3)检查轨道的平直度、平行度、接头的高度差，与轨道基础的连接，轨道自身的磨损和缺陷。

3. 电气部分

检查电气元件、电气保护装置的性能和可靠性，接地和接地电阻，绝缘和绝缘电阻，电气照明和信号灯等。

4. 安全防护装置和措施

(1)检查安全防护装置是否齐全，装置的动作是否灵敏、可靠。

(2)检查安全标记是否清晰，是否符合标准要求。

二、负荷试验

1. 空载试验

空载试验的目的在于进一步试验工作机构的状态和运转的可靠性，各连接部分的工作性能。空载试运转期间，还应检查润滑和发热情况，运转是否平稳，有无异常的噪音和振动，各连接部分密封性能或紧固性等。若有异常现象，应立即停车检查并加以排除。检查的技术要求及测试方法包括以下几种。

(1)对各运行机构先用手转动无卡塞现象，再通电从慢速到额定速度运行，应无冲击、无振动地平稳运行。

(2)大车和小车沿全行程往返三次，检查其运行机构情况。不得有卡轨现象，主动轮应在轨道全长上接触。

(3)试验各种安全开关，包括上升、下降、运行机构的极限开关，各机构的联锁开关及紧急开关等。

2. 静载试验

静载试验的目的是检验起重机金属结构的承载能力和工作性能指标，检查变形情况。检查的技术要求及测试方法包括以下几种。

(1)超载试验测量主梁永久变形。在跨中起升 1.25 倍的额定载荷，离地面 100～200mm，停悬 10min 后卸载，如此重复三次，主梁不应产生永久变形。各部分不得有裂纹和连接松动等缺陷。

(2)空载测量主梁实际上拱值。经超载试验无永久变形后,将空载小车开至跨端,检查实际上拱值。

(3)测量主梁静刚度(跨中下挠度)。小车在跨中负荷额定载荷,检查主梁跨中的下挠度。对于一般桥架类型起重机,当小车处于跨中起升额定载荷,主梁跨中的下挠度值在水平线下达到跨度的1/700时,如不能修复,则应报废。

门式起重机需要按与桥式起重机同样方法步骤,分别对主梁和悬臂端的下挠度进行检验。在检验时,将其小车分别停在门架跨中和有效悬臂处,主梁跨中的下挠度值不超过跨度的1/700,悬臂端的下挠度值不超过有效悬臂长度的1/350。

3. 动载试验

动载试验的目的是检查起重机机构的负载运行特性、金属结构的动态刚度,以及在机构运行状态下安全装置动作的可靠和灵敏性。

试验的技术要求及测试方法为起吊110%的额定载荷,同时开动两个机构,循环做重复地启动、正向运动、停车、反向运转等动作,累计时间不应少于1h。各机构动作应灵敏,工作平稳可靠,各项性能参数应达到要求。各限位开关及安全保护联锁装置的动作应准确可靠,各零部件应无裂纹等损坏现象,各连接处不得松动,各电动机、接触器等电气设备应无过热现象。

在用起重机可只进行额定载荷的动载试验。

第十章　流动式起重机安全技术

第一节　概　　述

流动式起重机属于旋转臂架式起重机。由于靠自身的动力系统驱动，也称为自行式起重机，其中采用充气轮胎装置的被称为轮式起重机。流动式起重机可以长距离行驶，灵活转换作业场地，机动性好，因而得到广泛应用。

一、流动式起重机的种类

流动式起重机主要有汽车起重机、轮胎起重机和履带式起重机，它们的特性简要介绍如下。

1. 汽车起重机

汽车起重机使用汽车底盘，具有汽车的行驶通过性能，行驶速度高。缺点是运行不能负载，起重时必须打支腿。但因其机动灵活，可快速转移的特点，使之成为我国流动式起重机中使用量最多的起重机。

2. 轮胎起重机

轮胎起重机采用专门设计的轮胎底盘，轮距较宽，稳定性好，可前后左右四面作业，在平坦的地面上可不用支腿负载行驶。在国外，轮胎起重机特别是越野轮胎起重机使用越来越广泛，大有取代汽车起重机的趋势。

3. 履带式起重机

履带式起重机是用履带底盘，靠履带装置行走的起重机。与轮式起重机相比有其突出的特点：履带与地面接触面积大、比压小，可在松软、泥泞地面上作业；牵引系数高、爬坡度大，可在崎岖不平的场地上行驶；履带支承面宽大，稳定性好，一般不需要设置支腿装置。弱点是笨重，行驶速度慢，对路面有损坏作用，制造成本较高。

以上三种类型的起重机在安全技术上有共性。本章以汽车起重机为例，介绍流动式起重机的有关安全技术。

二、主要技术参数

1. 起重量 G_n

起重量是起重机安全起升物品的质量，单位 t。对于流动式起重机来说，其额定起重量是随幅度而变化的，标牌上标定的起重量值是最大额定起重量，指基本臂处于最小幅度时的最大起重量。

2. 幅度 L

幅度是起重机置于水平场地时，吊具垂直中心线至回转中心线之间的水平距离，单位 m。它是臂架长度与臂架仰角的函数，在臂架长度一定时，仰角越大，幅度越小。

有效幅度是指使用支腿侧向工作时，吊具垂直中心线至该侧支腿中心线的水平距离。当轮胎式起重机幅度小于支腿跨距一半时，作业无法进行。规定有效幅度 A 的极限值$[A]$为：

$$A = L_{min} - a > [A]$$

3. 起重力矩 M

起重力矩是汽车起重机的起重特性指标，单位 N·m，为起重量和相应的工作幅度的乘积。

4. 起升高度 H

起升高度是吊具上升到最高极限位置时，吊具中心至地面的垂直距离，单位 m。当臂架长度一定，起升高度随幅度减少而增加（见图 10－1）。

5. 工作速度 v

（1）起升速度 v_q。它是起升机构在稳定运行状态下，吊额定载荷的垂直位移速度，单位 m/min。为降低功率，减少冲击，流动式起重机的起升速度应取较低值。

（2）变幅速度 v_1。它是变幅机构在稳定运动状态下，在变幅平面内吊挂最小额定载荷，从最大幅度至最小幅度的水平位移平均速度，单位 m/min。有时用最大幅度到最小幅度的时间表示。变幅速度对起重作业的平稳性和安全性影响较大，平均速度在 15m/min 左右。

（3）旋转速度 ω。它是旋转机构在稳定运动状态下，驱动起重机转动部分的回转角速度，单位 r/min。受到旋转启制动惯性力的限制，旋转速度不能过大，一般在 3r/min 左右，当回转半径增大，旋转速度相应降低。

（4）行走速度 v。它是在道路上行驶状态下，流动式起重机的平稳运行速度，单位 km/h。工作场地转移速度要快，汽车起重机行走速度较高，可以与汽车编队行驶，轮胎起重机的行走速度一般较汽车起重机低。

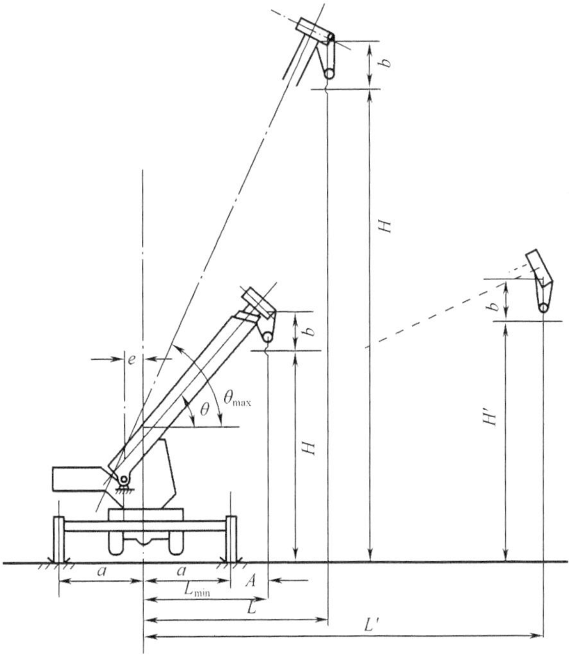

图 10－1　轮胎式起重机的工作幅度和高度

此外，还有伸缩式臂架起重机特有的参数，臂架伸缩速度，单位 m/min，一般外伸速度是缩回速度的 1 倍左右。支腿收放速度用时间表示，单位 s。

三、起重机的特性曲线

起重机的特性曲线表示起重机起重量与幅度的关系曲线见图 10－2，它规定了在某一幅度下，安全起吊的最大起重量。起重机作业安全区是由钢丝绳强度线、臂架强度曲线和起重机稳定曲线的包络线限定的区域。起重特性曲线经常与起升高度曲线画在一起，有些起重机技术资料还给出同一起重机在不同工况下的多条特性曲线。

根据起重机的受力分析可知，作用在臂架上的起升载荷可以分解为垂直于臂架的倾翻载荷和对臂架的压力载荷，这两个分力随着幅度的变化而变化。在起升载荷不变、臂长不变的情况下，幅度越小，对臂架的压力越大，倾翻载荷越小，因而载荷产生的倾覆力矩也小；幅度越大，对臂架的压力降低，倾翻载荷越大。该特性曲线可分为三个区段，在小幅度时，起重量受臂架强度的限制，超载会发生臂架破坏；在大幅

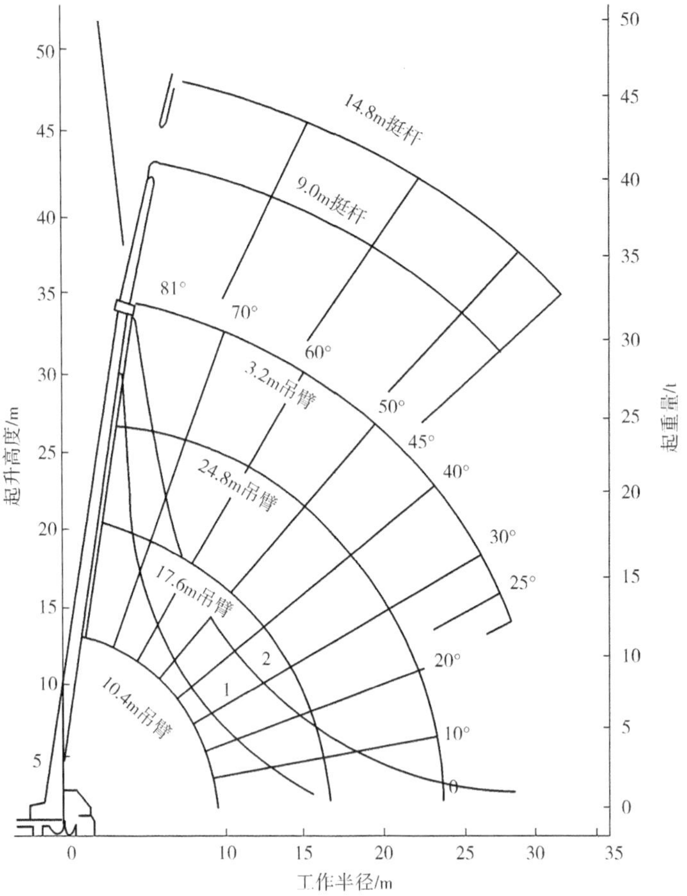

图 10－2　汽车起重机的特性曲线

度时，起重量受起重机稳定性的限制，起重作业的主要危险是丧失稳定而引起整机倾覆；起重机的最大起升载荷还受钢丝绳强度的制约，超载会导致钢丝绳断裂。超出安全区的操作属于违规作业。

起重机的特性曲线是进行起重作业的操作依据，应根据起重机的臂架幅度，严格控制起重量在特性曲线限制的安全区内不超载。同时，特性曲线也是起重事故分析的重要参考依据。对事故进行分析时，还应该综合考虑风力、操作速度不当所引起的惯性力、支腿支撑基础变化、臂架悬伸太长时臂端出现的弹性下挠等非起重量超载等原因，给起重机带来的实际超载影响，这些都可以借助特性曲线进行分析。

四、流动式起重机事故

流动式起重机区别于其他类型起重机的最大特点就是起重机的流动性。作业场所和环境多变、汽车的行驶功能和起重功能兼备以及复杂的结构，使操作难度增大。除了一般起重事故，如由吊具损坏、捆绑不当、机构故障、结构件破坏、人为等原因造成的重物坠落以及一般机械伤害事故外，流动式起重机常见事故是丧失稳定性导致的倾翻、臂架破坏、夹挤伤害，以及在转移作业场地过程中发生的交通事故等。下面仅就起重作业中，流动式起重机常见事故作一说明。

1. 失稳倾翻

从理论上讲，倾翻的根本原因是作用在起重机上的力矩不平衡，倾覆力矩超过稳定力矩。从实际情况看，产生倾覆力矩的因素是多方面的，除超载、操作失误这些比较明显的原因外，还有风力、工作速度不当引起的惯性力，支腿支撑基础劣化，臂架端部的变形下挠，或其他一些随机的、不确定因素，各种因素往往交织在一起。这些非起重量超载原因的影响，使起重机实际操作的复杂性增加，给正确判断造成困难。

2. 臂架破坏

臂架是流动式起重机最主要的承力金属结构，在起重作业时，承受压、弯的联合作用，在强度、刚度和稳定性方面的失效都有可能引发臂架结构破坏。变幅机构故障还会导致臂架坠落，其后果的严重程度等同于重物坠落。

3. 触电

起重机在输电线附近作业时，触碰高压带电体或与之距离过近，都可能引发触电伤害。

4. 挤压

受作业场地条件所限，起重机与其他设备或建筑结构物之间缺少足够的安全距离，当回转作业时，回转部分的金属结构、配重或吊载对人员造成夹挤伤害。

第二节　汽车起重机的工作原理

汽车起重机的主要机构有起升机构、旋转机构、变幅机构和运行机构，以及臂架的伸缩机构和支腿收放机构。这些工作机构通常以内燃机作为原动机，传动方式有机械传动和液压传动。国外也有采用外接电源作为动力源，但不普遍。起重机的各工作机构及零部件都安装在金属结构上，金属结构承受起重机的自重以及作业时的各种载荷。

一、机械式汽车起重机的工作原理

机械式汽车起重机的工作原理是操纵控制装置，通过各种机械零件（如齿轮、传动轴、离合器和制动器等）的配合运动，将原动机的能量变成各机构的运动。现以Q1－5型汽车起重机为例（见图10－3）进行介绍，其传动路线如下。

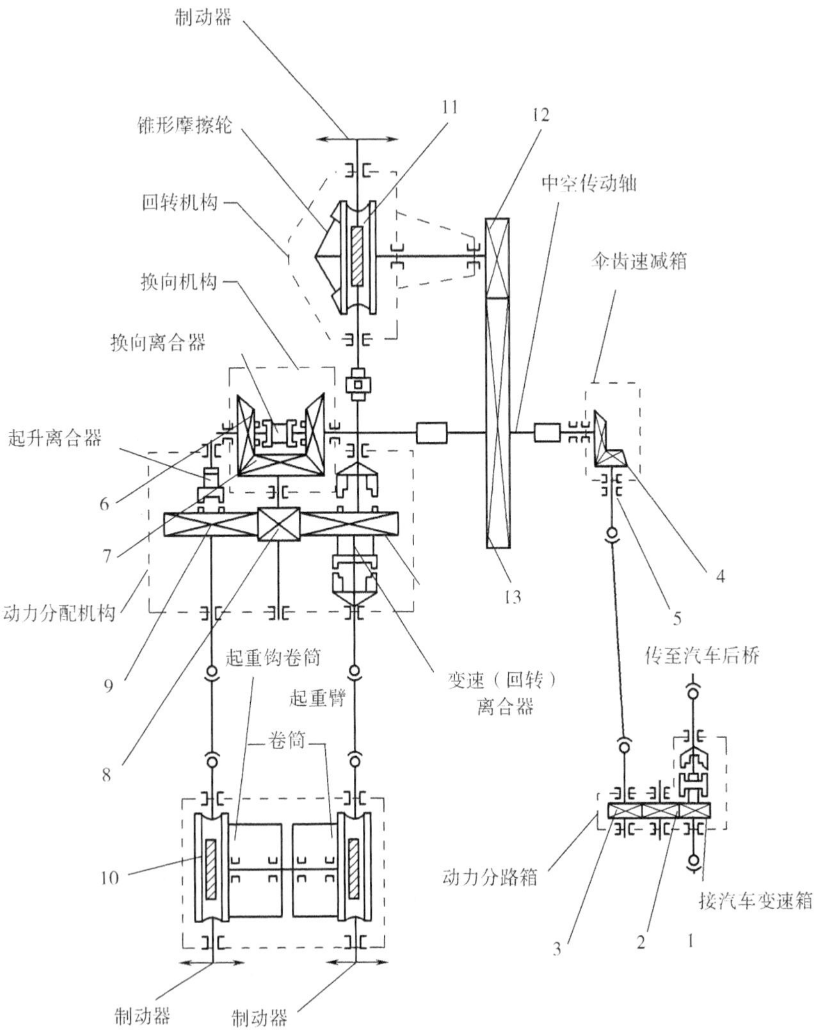

1—动力分路箱主动齿轮；2，3—齿轮；4，5—伞齿轮；6，7—换向离合器伞齿轮；8，9—动力分配箱圆柱齿轮；10—起升机构蜗轮减速箱；11—回转机构蜗轮减速箱；12—回转机构小齿轮；13—大齿圈

图10－3　Q1－5型汽车起重机传动系统

$$
\text{发动机}\rightarrow\text{变速箱}\rightarrow\text{动力分路箱}\rightarrow\begin{cases}\text{汽车后桥}\rightarrow\text{运行机构}\\ \text{起重机上车}\end{cases}
$$

$$
\text{起重机上车}\rightarrow\text{圆锥齿轮减速器}\rightarrow\text{换向机构}\rightarrow\text{动力分配箱}\rightarrow\begin{cases}\text{起升机构}\\ \text{变幅机构}\\ \text{旋转机构}\end{cases}
$$

1. 动力分路箱

动力分路箱位于变速箱和后桥之间,通过滑移齿轮离合器,将动力分为两路,一路进入后桥,驱动运行机构,实现汽车起重机的行驶功能;另一路进入上车系统,提供起重各机构的动力。该离合器只能单向结合,使运行和起重不能同时进行。

2. 圆锥齿轮减速器

圆锥齿轮减速器固定在车架上,通过一对锥形齿轮将动力由下车传递到上车。

3. 动力分配箱

动力分配箱通过三个牙嵌式离合器,将传递到上车的动力分配给起升机构、变幅机构和旋转机构。这三个机构可以单独工作,也可以组合工作。

4. 换向机构

换向机构由爪形离合件和三个伞形齿轮构成,功能是实现上车各机构的正反方向运动。下车将动力传递给离合器的轴,伞齿轮空套在离合器轴上。当离合器分别与上下伞齿轮结合时,可以实现起升机构的升降、变幅机构的仰附、旋转机构的左右回转。

旋转机构的运动是由离合器来控制结合与分离的。当离合器结合时,由动力分配箱传入的动力经过蜗轮减速器带动小齿轮,与固定的中空大齿圈啮合,从而带动回转上车部分做旋转运动。蜗轮的力矩由极限力矩联轴器制约,当臂架触碰障碍物或由于旋转力矩过大等原因造成超载趋势时,通过极限力矩联轴器的锥形摩擦轮打滑来防止过载。制动器控制机构运动停止。

起升机构和变幅机构的工作原理相似,当各自的离合器结合时,由动力分配箱传入的动力经过蜗轮减速器带动卷筒旋转,收放钢丝绳,实现起升机构升降吊物,变幅机构使臂架变幅。

因受汽车起重机装配空间的限制,卷筒采用多层缠绕的光筒,制动器采用体积小、制动力矩大的常闭带式支持制动器,以适应汽车起重机对元件体积小、结构紧凑的要求。

二、液压汽车起重机

以 QL2－8 型汽车起重机的液压系统为例,说明其工作原理。

1. 液压系统的功能

起重机的起升机构、变幅机构、旋转机构、臂架伸缩机构和支腿收放机构均采用液压传动,其原理参见液压系统图 10 - 4。ZBD40 型定量泵由装在底盘上的取力箱带动,直接从油箱中吸油,经过滤油器 2,输出压力油。改变发动机的转速,可改变泵的排出油量,从而对各机构的工作速度进行调节。手动换向阀 3 可控制压力油的流向。联合阀 4 操纵上车各机构(起升、变幅、旋转和臂架伸缩机构),二联阀 5 操纵支腿收放。系统工作压力由溢流阀 6,7 控制。上车各机构的油路相互串联,可实现一个机构单独动作或几个机构的组合动作。二联阀 3 和主控四联阀 4 中的各手动换向阀都有节流作用,因而可在一定范围内实现机构运动的无级调速。

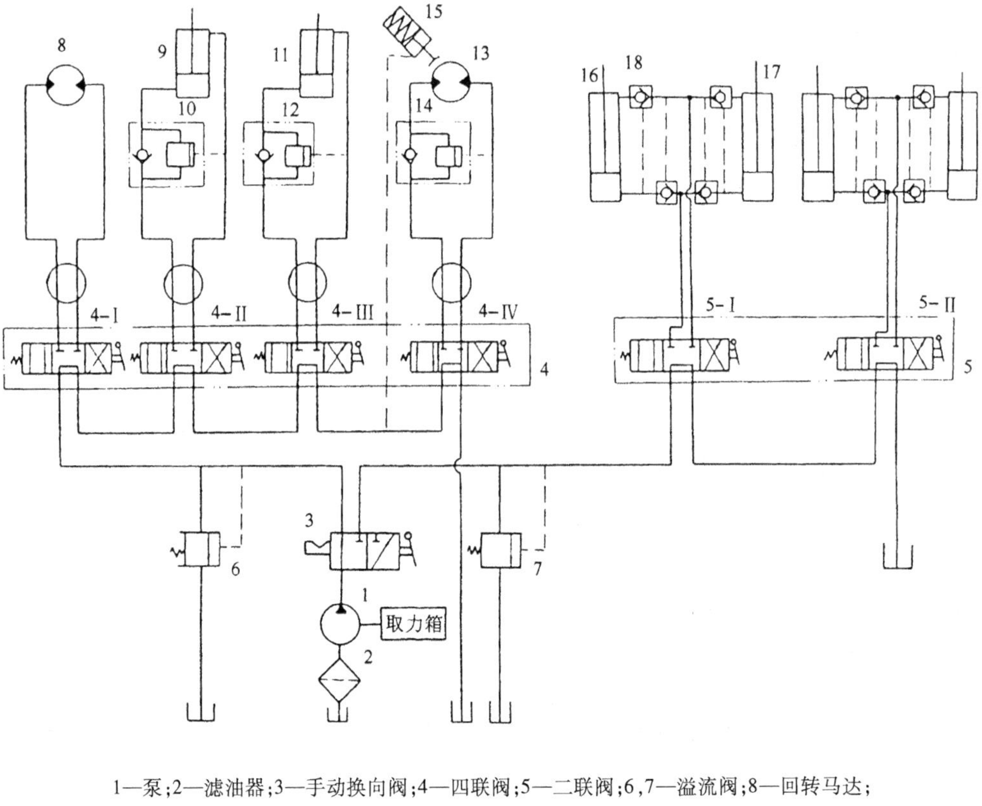

1—泵;2—滤油器;3—手动换向阀;4—四联阀;5—二联阀;6,7—溢流阀;8—回转马达;9—变幅油缸;11—臂架伸缩油缸;10,12,14—平衡阀;13—起升卷筒马达;15—制动器;16,17—支腿油缸;18—双向液压锁

图 10 - 4　液压系统原理图

2. 系统中各阀的功能及工作原理

(1)手动换向阀3是二位三通阀,用来切换油泵输出压力油的通路。当阀在左位时压力油只能进入上车系统回路;当阀在右位时,压力油只能进入下车支腿回路。

(2)主控四联阀4由4个三位四通手动换向阀(包括回转机构的阀4-Ⅰ、变幅机构的阀4-Ⅱ、臂架伸缩机构的阀4-Ⅲ和起升机构的阀4-Ⅳ)组合而成,用来控制上车各机构执行装置的换向、锁紧和调速。操纵各阀的手柄,可以使每个分阀处于三个工作位置,其中左位和右位分别控制执行装置的两个相反方向运功;中位使工作机构处于停止状态。回转机构、变幅机构和臂架伸缩机构的三个换向阀构造相同,中位都采用M型,可将油缸(或马达)两腔封死,起锁紧作用。起升机构的换向阀中位采用Y形,防止由于马达泄漏造成进油路吸空现象。

(3)二联换向阀5由两个手动三位四通阀组合而成,用于前支腿(二联换向阀5-Ⅰ)、后支腿(二联换向阀5-Ⅱ)的油路换向,其结构与变幅机构的换向阀相同。

(4)溢流阀6位于主控四联阀的进油端,限制上车起升、变幅、旋转、臂架伸缩回路的最大工作压力,并保护上车系统油路免于过载。

(5)溢流阀7位于支腿油路的进油端,限制下车支腿油路的最大工作压力,并有过载保护作用。

(6)平衡阀10,12,14都采用同一结构。平衡阀10,12保证变幅和伸缩臂机构匀速运动,同时起液压锁的作用。一旦与油缸连接的管路破裂,可防止吊臂突然下落或缩回造成事故。平衡阀14保证吊载匀速下降,防止在重力作用下运动速度过快,造成事故。

现以起升机构为例,说明平衡阀的工作原理(见图10-5)。平衡阀是由单向阀1和内泄漏的远控顺序阀2组成。当手动换向阀拨至左位时,油泵输出压力油顶开单向阀,无阻碍地进入油马达,马达带动卷筒旋转来起升吊载,回油经换向阀返回油箱。当换向阀拨到右位时(如图10-5所示

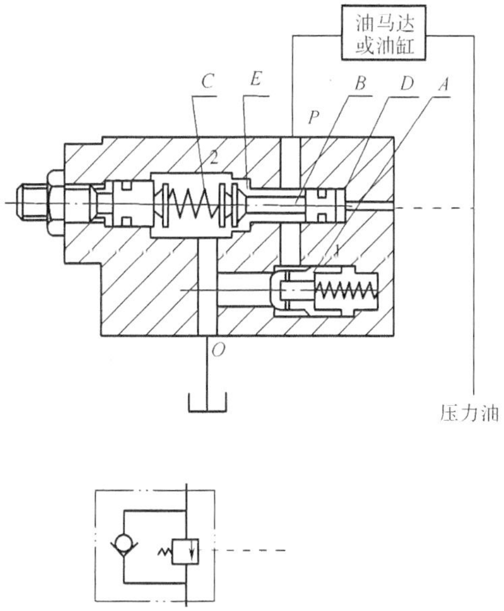

1—单向阀;2—顺序阀;A—阀腔;B—阀杆;
C—弹簧;D—油进入腔;E—锥体
图10-5　平衡阀工作原理

状态),油泵输出的压力油直接经换向阀进入油马达的另一端。而马达回油无法再经单向阀1返回,必须打开顺序阀2才能将回路接通。顺序阀2的控制油路与马达进油的管路相通,这时控制管路中的高压油进入D腔。将顺序阀2中的阀杆B向左推移,打开阀杆上锥形体E处的环形通道,于是马达回油经此流出,再经换向阀返回油箱,马达带动卷筒反向旋转下降吊物。由于重力作用,吊物有加速下降并带动马达加速旋转的趋势。当马达的排油量大于油泵的供油量时,马达的进油压力减小,甚至出现负压,顺序阀2控制油路的油压也相应变化,顺序阀2的阀杆B在弹簧C的作用下,阀杆锥体E处的环形通道变小,使马达经此通道返回油箱的流量减小,直到与泵的供油量相适应时为止,从而使马达的转速(相关吊载的下降速度)始终保持匀速。变幅机构与臂架伸缩臂机构的平衡阀则是分别在起重臂架下降或回缩时,对图10-4中执行元件油缸9和11的运动起限制作用。

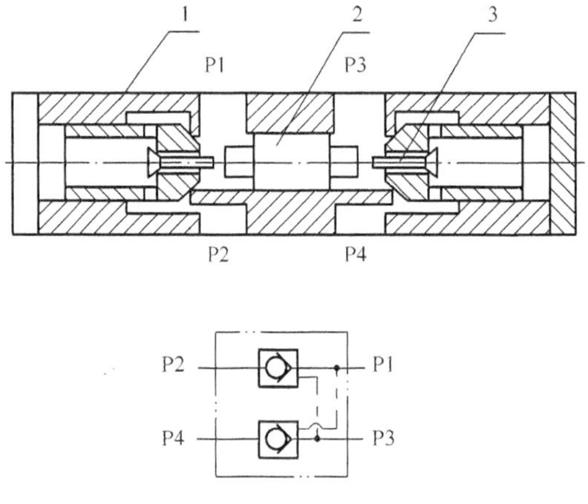

1—阀体;2—控制活塞;3—顶杆

图10-6 双向液压锁工作原理

(7)双向液压锁18保证支腿油缸在伸出或缩回状态下锁紧,其构造如图10-6所示。两个液控单向阀共用一个阀体1和一个控制活塞2,而顶杆(即卸荷阀芯)3分别置于控制活塞两端,二者共同构成双向液压锁。当P1腔通压力油时,油液通过左阀到P2腔,同时顶开右阀,保持P4与P3腔相通;当P3腔通压力油时,油液一面通过右阀到P4腔,同时顶开左阀,保持P2与P1腔畅通。而当P1、P3腔都不通压力油时,P2和P4腔被两个单向阀封闭,执行元件(支腿油缸)被双向锁住。从而保证在起重作业时,支腿伸出支好后不因外力而自行收缩;支腿收回起重机行驶时,不因自重而自动落下。液压锁直接安装在油缸壁上,防止管路破裂引起事故。

2. 油路分析

在图10-4所示状态,各机构均不工作,各换向阀处于中位,油泵卸荷。在图10-4中循环油路为:滤油器2→油泵1→手动换向阀3→上车主控四联阀4→油箱。

(1)旋转机构回路。液压马达8通过蜗轮减速箱和开式小齿轮,与转盘上的固定内齿圈相啮合来驱动转盘。由于转盘速度较低,驱动转盘的液压马达转速也不高，不必设置马达制动回路。通过阀4－Ⅰ的三个工作位置，可获得左转、停转、右转三种不同工况。

(2)臂架伸缩回路。多节臂架的伸缩由一个伸缩液压缸9控制。为防止吊臂架在自重作用下下落，该回路中串有平衡阀10。手动换向阀4－Ⅱ操纵伸缩臂伸出、停止、缩回三种工况。

(3)变幅回路。手动换向阀4－Ⅲ控制液压缸11，使起重臂幅度变小(即仰角增大)，停止变幅，幅度增大。变幅作业要求平稳可靠，因此该回路装有平衡阀12。

(4)起升回路。起升机构是起重机的最主要的机构，直接关系起重作业安全。平衡阀14的作用是防止重物下降时速度失控，但由于马达的泄漏，尽管有平衡阀，仍可能产生“溜车”现象。为此，在油马达输出轴上装设常闭式液压制动器15。当制动器的油缸与回油相通时，借助弹簧力的作用，制动瓦抱紧制动轮锁紧马达，使吊载停止运动；当制动器的油缸与压力油相通时，压力油克服弹簧力，推动油缸活塞，给制动器松闸，使马达旋转，实现吊物升降。为避免其他机构工作导致制动器松闸发生意外，起升回路置于上车系统串联回路的最末一级。手动换向阀4－Ⅳ的中位采用Y形，其作用是在中位时，将阀的进、出油口与通往马达的进油口沟通。在制动时为油马达的回路补油，避免由于马达泄漏造成进油路的吸空现象。

(5)支腿回路。由于汽车轮胎的承载能力有限，在起重作业时必须放下支腿使轮胎悬空，行驶时则必须收回支腿，使轮胎接触路面。支腿回路由手动换向三位四通阀5控制前(二联换向阀5－Ⅰ)、后(二联换向阀5－Ⅱ)共四条支腿，每条腿配一个液压缸，每个油缸上部配有一个双向液压锁，两阀串联，以保证支腿可靠地锁住，防止起重作业过程中发生“软腿”，或行驶过程中支腿的自行下落。

三、汽车起重机的金属结构

汽车起重机的金属结构以回转平台为界，分为上车和下车两部分。上车部分由起重臂架、人字架、配重、回转平台和起重司机室组成；下车部分由车架、汽车司机室和支腿组成。上车部分可以相对下车部分旋转。起重机的金属结构将起重机连接成一个整体，承受起重机的自重以及作业时的各种外载荷。

1. 起重臂

起重臂有桁架式和箱型伸缩式两种。后者采用多节套装在一起的箱形结构，满足了起重机运行时臂架缩叠体积小，起重时臂架伸展幅度大的不同要求，成为现代流动式液压起重机的首选臂架型式。伸缩臂架结构由基本臂、伸缩臂和附加臂组成，借助人字架铰支在回转平台上，通过变幅液压油缸的活塞运动调整臂架幅度。起重作业时，在臂架平面和垂直臂架平面这两个平面上承受压、弯联合作用。起重臂必须满足强度、刚度和稳定性要求,是起重机最主要的承载构件。

2. 回转平台

回转平台是上车各组成部分的支承连接平台,提供臂架的铰接点和上车各机构的运动约束,承受起升载荷和上车部分的自重,并通过旋转支承装置传递到下车部分。配重设置在与臂架悬伸相反的方向上,起平衡稳定作用。

3. 车架

车架是整个起重机的基础结构,也是整机驱动装置和运行机构连接的固定框架。车架的刚度、强度将直接影响起重机的性能。

4. 支腿

支腿安装在车架上,支腿在起重机运行时收回,起重作业时伸出并支承在坚实的基础上,将充气轮胎架空,构成刚性支撑,为起重作业提供较大的支承面积,提高稳定性。

第三节　汽车起重机的稳定性

汽车起重机兼有汽车行驶和起重两种功能,行驶稳定性是指起重机在行驶时,抗倾翻和滑移的能力;起重稳定性是指起重机在起重作业时,抗倾翻的能力。

一、行驶稳定性

1. 纵向行驶稳定性

起重机在行驶过程中失去纵向行驶稳定性有两种情况,一是当其前轮(转向轮)的轮压为零时,无法控制行进方向,丧失操纵性;二是当后轮(驱动轮)的轮压太小或附着力不够,车轮打滑甚至车体下滑,丧失纵向行驶稳定性。其主要原因是行驶道路的坡度超过起重机的设计爬坡角,或路况太滑。

2. 横向行驶稳定性

丧失横向行驶稳定性的主要表现是行驶中发生侧翻或侧向滑移。其主要原因是转弯时行驶速度过快,产生较大离心力所致。

二、起重稳定性

起重稳定性是指起重作业中,在最不利的载荷组合条件下,起重机抗倾覆的能力。通常需对其稳定性进行验算。

1. 验算工况与载荷系数

考虑到各种载荷对稳定性的实际影响程度,在进行起重机抗倾覆稳定校核时,不同工况各载荷应分别乘以相应的载荷系数(见表10－1)。

表10－1　载荷系数

工况特征	自重	载荷系数	水平惯性力(包括物品)	风力
无风静载	1	$1.25+0.1A/P_Q$①	0	0
有风动载		1.15	1	1
突然卸载或吊具脱落		－0.2	0	0
暴风袭击非工作状态		0	0	1.1

注:①A为臂架自重对臂端和臂架铰点按静力等效原则折算到的臂端重量;P_Q为起升载荷。

2. 倾覆线

倾覆线是指最外侧支腿或轮胎的连线(见图10－7)。对于作业打支腿的起重机,起重机前方的倾覆线是支腿与前轮着地点的连线。

起重机倾翻是沿臂架所在方向的倾覆线倾翻。在计算时,各载荷力矩等于载荷与其到倾覆线距离的乘积。

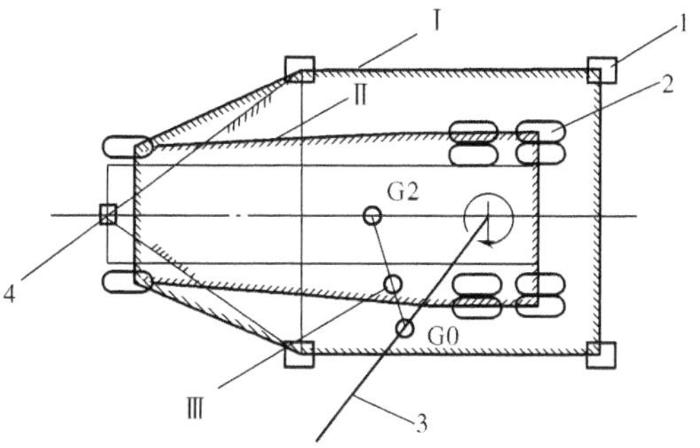

1—支腿;2—轮胎;3—吊臂;4—第五支腿;
Ⅰ—用支腿时的倾翻线;Ⅱ—不用支腿时的倾翻线;
Ⅲ—整机重心位置

图10－7　轮胎起重机的倾覆线

3. 稳定性的计算方法

(1)力矩法。其稳定条件为:

$$\sum M \geqslant 0$$

式中:$\sum M$——包括自重在内的各项载荷对倾覆边的力矩之和,计算时起稳定作用的力矩为正,使起重机倾覆的力矩为负。

(2)利用合力轨迹(圆)校核倾覆稳定性。用一合力轨迹同时对每条倾覆边进行稳定性校核(见图10－8)。起重机在确定的幅度下吊重回转时,所有载荷的合力轨迹是一个圆,若合力轨迹位于支承面内,则起重机在各个方向均为稳定。当起重机下车部分重心在底架纵轴线上时,此合力轨迹圆方程为:

$$\left(x+\frac{P_{G1}}{P_G}e\right)^2+y^2=\left(\frac{P_{G0}R}{P_G}\right)^2+\left(\frac{M'}{P_G}\right)^2$$

式中;x,y——合力作用点的坐标;

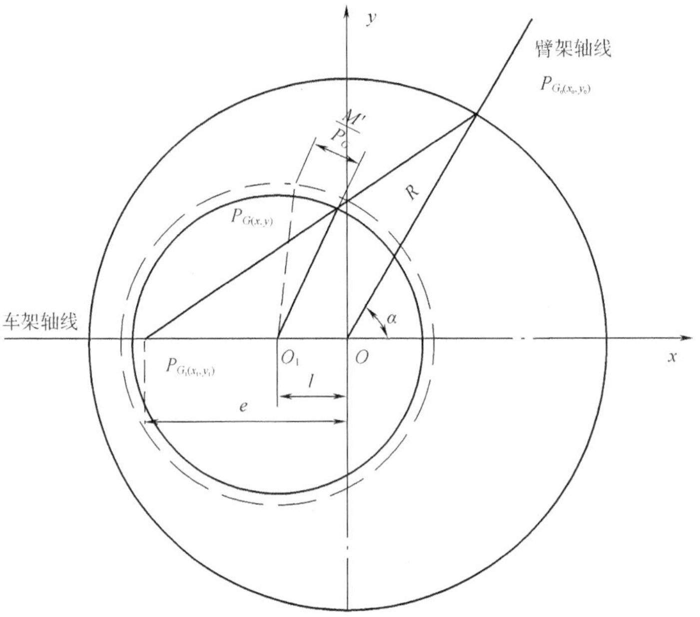

图 10－8　利用合力轨迹(圆)校核倾覆稳定性

$P_{G\,I}$——起重机下车(固定部分)的总垂直载荷;

P_{G0}——起重机上车的总垂直载荷;

P_G——起重机的总垂直载荷;

e——起重机的下车重心在底架纵轴线上的坐标;

R——起重机上车的总垂直载荷作用重心的回转半径;

M'——垂直于臂架平面的侧向倾覆力矩。

无论用哪种方法计算,计算中载荷须根据不同工况的各载荷乘以相应的载荷系数。

4. 起重机作业区

根据起重机的稳定性,可对作业范围进行划分。起重机应按制造厂明确规定的作业范围进行作业。

起重机用支腿作业时,从俯视角度按行驶方向,以回转中心为原点通过支腿中心的射线为界限,划分为前方、后方、左右侧方四个区,汽车起重机作业区主要包括侧方和后方,其稳定性后方大于侧方[见图 10－9(a)]。轮胎起重机、履带起重机作业区一般包括侧方、后方和前方[见图 10－9(b)]。

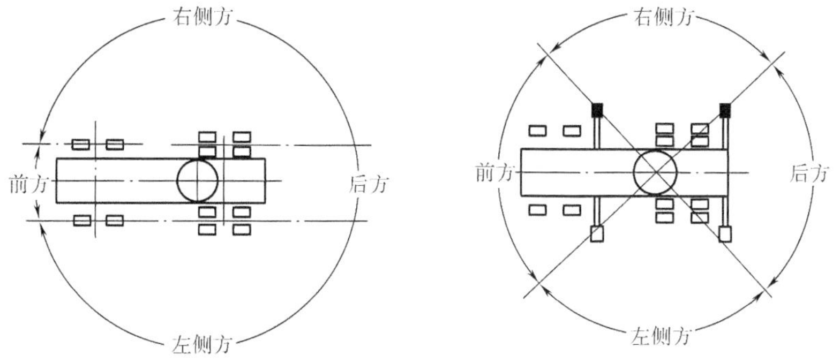

（a）不用支腿作业时的方位区　（b）用支腿作业时的方位区

图 10－9　流动起重机的作业区

第四节　流动式起重机的安全管理

解决流动式起重机安全问题应该从设备和使用两个环节入手。通过对起重机的安全检查和监管来保证设备的安全状态；在使用环节，加强对人员的安全培训与考核，制定安全操作规程，通过技术手段来化解遗留风险。

一、安全技术检验

1. 技术资料审查

技术资料审查包括产品合格证，验收资料（安全技术档案，使用许可证等），安装、使用、维护说明书，历次检查试验记录，人员、设备事故记录等。

2. 载荷试验检查

通过无负荷试验、静载试验、动载试验，检查起重机金属结构和连接的承载能力、主要零部件的性能，以及是否报废、工作机构的性能及运转、电气系统和液压系统工作情况等。

3. 安全防护装置及措施

按规定装设的安全装置应该齐备（见表 10－2），性能可靠，信号灯和警示安全标志醒目、清晰；起重特性曲线或起重性能表牌应配备在司机室内，便于操作人员使用。

表 10－2　流动式起重机的安全装置

<table>
<tr><th>序号</th><th>安全防护装置</th><th>汽车起重机</th><th>轮胎起重机</th><th>履带起重机</th></tr>
<tr><td rowspan="2">1</td><td rowspan="2">力矩限制器</td><td colspan="2">起重量＜16t,宜装</td><td rowspan="2">应装</td></tr>
<tr><td colspan="2">起重量≥16t,应装</td></tr>
<tr><td>2</td><td>上升极限位置限制器</td><td colspan="2">应装</td><td>应装</td></tr>
<tr><td>3</td><td>幅度指示器</td><td colspan="2">应装</td><td>应装</td></tr>
<tr><td>4</td><td>水平仪</td><td colspan="2">起重量≥16t,应装</td><td>应装</td></tr>
<tr><td>5</td><td>防止吊臂后倾装置</td><td colspan="2">应装</td><td>应装</td></tr>
<tr><td>6</td><td>支腿回缩锁定装置</td><td colspan="2">应装</td><td>应装</td></tr>
<tr><td>7</td><td>回转定位装置</td><td colspan="2">应装</td><td>应装</td></tr>
<tr><td>8</td><td>倒退报警装置</td><td colspan="2">应装</td><td>应装</td></tr>
<tr><td>9</td><td>暴露的活动零部件的防护罩</td><td colspan="2">应装</td><td>应装</td></tr>
<tr><td>10</td><td>电气设备的防雨罩</td><td colspan="2">应装</td><td>应装</td></tr>
</table>

二、使用安全技术管理

除了起重机通用的操作技术外,流动起重机还应针对自身特性,制定相应的安全规程。

1. 起重作业前的准备工作

(1)了解作业环境,平整作业场地,清除障碍物,确定搬运路线。在阴暗或夜间条件下作业,应对照明给予充分注意,保证司索工和起重机司机能清楚地观察操作场地情况。

(2)划定作业危险区域,必要时,应加临时围栏或设置警示标记。危险区域范围可考虑以下几个因素:起重机、臂架和配重的可能移动(回转)范围,吊载意外坠落可能涉及的范围。

(3)作业场地的地面应坚实,不得下陷;松软地面应在支腿下垫上木板或枕木。支腿伸出垫好后,起重机应保持水平。

(4)对使用的起重机和吊装工具进行安全检查。必要时,作无负荷运转检查。安全装置、警报装置、制动器等必须灵敏可靠。

(5)在高压线附近作业,事前应向电业管理部门了解情况,研究安全对策。

2. 起重作业操作要求

(1)控制起重的工作幅度和臂架仰角,起吊前调整好幅度,尽量避免带载变幅,起吊重物时不准落臂。严格按起重机的特性曲线限定的起重量和起升高度作业。操作人员必须遵守“十不吊”，严禁超载。

(2)起重机带载回转要平稳，特别是在接近额定起重量时，防止快速回转的离心力或突然回转制动，引起吊载外偏摆，增大工作幅度，造成倾翻事故。在旋转时，无论周围是否有人，都要鸣笛示警。

(3)流动式起重机的稳定性是后方大于侧方，在从后方向侧方回转时，要注意控制转速，防止倾翻。汽车起重机应尽量避免在前方作业。

(4)注意支腿基础情况，防止垫块破坏或基础下沉而造成起重机倾翻。严禁带载荷调整支腿，如需调整支腿，应将重物落地后方可进行。

(5)司机在物品处于悬吊状态时，不准离开司机室，必须把起重物落到地面，方可离开。

(6)了解当天的气象情况，对瞬时大风和风向给以关注。大幅度作业、回转或物品起升较高时，要注意风力和风向的影响。风力 6 级以上须停止作业。

(7)汽车起重机不许吊载行走。轮胎起重机和履带起重机可在允许小起重量范围内带载移动，臂架一定要处于行驶前方。行驶时要锁紧旋转装置，路面要平整坚实，根据路况选择挡位低速行进，避免急刹车，防止吊重摆动。

(8)在高压输电线附近作业应安排专人监看，禁止越过电线吊拉。起重机任何部位与输电线的最小距离应不小于表 10－3 的规定。一旦触电要控制起重机及时脱开电线，司机应双脚跳离起重机，防止跨步电压电击。

表 10－3　与输电线最小距离

输电线路电压 U/kV	<1	1～35	≥60
最小距离/m	1.5	3	$0.01(U-50)+3$

第十一章　起重机械的安全管理

第一节　起重机的法规与安全标准

起重机械属于危险性较大的机械设备,危险因素集中,作业范围大,涉及人员多,一旦发生事故后果十分严重。国际劳工组织和许多发达国家(如日本、美国、前苏联、德国等)在制定的相关的文件和标准中,对起重机械的安全管理工作提出了明确的安全要求。

我国有关部门十分重视起重机械的安全管理工作,针对起重机械和起重作业安全,发布了一系列法规文件和技术标准。大致可以分为两大类:一是行政性法规和规章;二是技术法规和标准。随着科学技术水平的提高和经济的发展,这些标准法规都在不断修订、更新、补充、完善,对安全要求越来越严格。发展较快的是技术性标准,现已形成门类齐全的标准系列,促使起重机械的管理逐步走上法制化轨道。在提高执行法规和技术标准认识的基础上,加强对起重机械的安全监察工作,这一切对预防起重事故、保障人身和设备安全起到了积极的作用。

一、行政性法规和规章

1.《中华人民共和国特种设备安全法》(2013 年)

此法对包括起重机械在内的特种设备的生产、经营、使用、检验、检测和特种设备安全的监督管理适用。

2.《起重机械安全监察规定》

此规定由国家质检总局发布,对起重机械的设计、制造、安装、修理、使用、检验、管理等七个环节提出了一系列安全要求和规定,目的是全面加强对起重机械的安全监察工作。

3.《起重机械检验规程》(2002 年)

此规程由国家质检总局发布,规范了起重机械验收检验和定期检验的行为。

二、技术标准法规

技术标准法规包括国家标准、部颁标准共计有 100 多个,可以概括为四大类。

1. 综合类

针对各类起重机械的共性问题而制定，有《起重机设计规范》《起重机械安全规程》《起重机试验规范和程序》《起重机司机安全技术考核标准》和《起重吊运指挥信号》等。其中，安全技术标准有：

(1)GB 6067—2010《起重机械安全规程》。本规程对起重机的设计、制造、检验、报废、使用与管理等方面的安全要求，做出了最基本的规定。主要内容有五部分：金属结构、主要零部件、电气设备、安全防护装置和使用管理。它针对起重机各组成部分，提出具体的安全技术指标和性能要求，以及报废标准；针对起重机的使用，提出安全操作的一般性规则、操作中的安全技术要求和对司索工的一般安全要求；针对起重机制造单位、使用单位，以及起重机检验与维修提出的安全管理规定。

(2)GB 5082—1985《起重吊运指挥信号》。为确保起重吊运安全，防止发生事故，加强科学管理，此标准对现场指挥人员和起重机司机所使用的基本信号(如手势信号，旗语信号，音响信号，语言信号)的指挥方法和表示意义，以及有关安全技术要求均做了明确的规定，统一了全国各行业起重吊运的指挥信号。

(3)GB 6720—1986《起重机司机安全技术考核标准》。本标准针对起重机司机这类特种作业人员规定了应具备的基本条件，并对其培训、考核、发证、复审，以及安全技术理论和实际操作能力等方面提出了具体要求。

2. 不同类型起重机的专用标准

有关专用标准有《通用桥式起重机技术条件》《汽车起重机和轮胎起重机安全规程》《塔式起重机安全规程》《起重滑车安全规程》等。

3. 起重机主要零部件标准

这方面的标准有《起重机械危险部位与标志》《起重机构用钢丝绳检验和报废实用规范》《起重吊钩》《块式制动器》等。

4. 起重机安全防护装置标准

这方面标准有《起重机缓冲器》《臂架形起重机力矩限制器通用起重机技术条件》《超载保护装置安全技术规范》等。

第二节　起重机的安全监察与管理

起重设备的安全管理的重点是起重机械的产品安全和起重设备的使用安全，从保证起重机械安全状态、操作人员的安全行为和建立安全管理规章制度三个方面考虑。根据相关的法规和技术标准规范，采取使用单位的自我检查和国家有关部门的安全监察相结合，对起重机械的全寿命周期，包括设计、制造、安装、使用、修理、报废和处理等各个环节全面实施安全管理。

一、起重机械安全监察

1. 起重机械产品安全监察

起重机械产品安全主要涉及设计、制造和安装三个环节。起重机的安全主要是由设计决定的，设计是安全保障的源头；制造是实现产品的工艺过程，是质量保证的关键环节；安装是制造的延续，是起重机由商品转入使用的中间过渡环节。在这些阶段的安全监察主要是针对设计、制造和安装起重机械单位的资质进行安全认证，对起重机械产品市场准入进行安全认证。

(1)起重机械的设计单位及其设计人员应对所设计的起重机械的安全性能负责。应将主要安全技术资料，报所在地区的省级有关主管部门备案。

(2)起重机械的制造、安装修理单位必须取得有关部门的安全认可，有关部门核发安全认可证书，安全认可证书有效期为三年，每三年进行一次复审。

(3)对生产出来的起重机械产品的安全技术性能经自检合格后，还须经过主管安全技术部门的监督检验，取得起重机械安全技术监督检验合格证书。起重机械出厂时，必须将起重机械安全技术监督检验合格证书列入随机文件。

2. 起重机械设备使用的安全监察

对起重机械设备的使用，从保证起重机械安全状态，操作人员的安全教育、培训和建立安全管理规章制度三个方面进行安全监察。

(1)起重机械使用单位必须购置有安全技术监督检验合格证书的产品。

(2)安装后的起重机械必须经过安全技术检验机构的安全检验，合格并取得准用证后方可投入使用。

(3)使用单位必须建立起重机安全管理规章制度；起重机械作业人员必须持有劳动部门考核后签发的安全操作证。

(4)对在用起重机械及其安全防护装置的安全性能，还须经过安全技术检验机构每两年一次的定期监督检验，核发起重机械准用证，才可继续使用。

3. 起重机械作业人员的考核与发证

起重机械作业人员属于特种作业人员，实行持证上岗制度。对特种作业人员的考核与发证，实施国家监察。有关部门对取得合格证者每两年复审一次，未按期复审或复审不合格者，操作证自行取消。需要特别指出的是，流动式(汽车式、轮胎式)起重机司机，除按规定考取驾驶执照外，还必须取得起重机司机操作证，才能上岗。

二、起重机械的安全监督检验

起重机械的安全监督检验分为起重机械产品和在用起重机械的安全监督检验两类。

1. 起重机械产品的安全监督

起重机械的制造单位对生产产品的安全技术性能进行自检，合格后，向所在地区的省级主管部门申请安全技术监督检验。

检验内容包括：原材料自检资料，金属结构安全技术要求，电气、液压及控制系统安全技术要求，安全防护装置及主要零部件安全技术要求，运行试验和载荷试验等。

2. 在用起重机械的定期监督检验

由特种设备检测部门负责检验在用起重机械的安全性能、安装修理的安全质量，并对安全认证进行检查。负责起重机械检验的人员，必须经专业培训、考核，取得省级或省级以上主管部门签发的起重机械检验员证，才可出具检验报告。检验包括以下几方面。

（1）正常工作的起重机，每两年一次。

（2）经过大修、新安装、改造过的起重机，在交付使用前。

（3）闲置超过一年的起重机，在重新使用前。

（4）经过自然灾害或重大事故，可能使构件和机构的重要性能等受到损害的起重机，检验在灾害或事故后进行。

检验项目包括技术档案（如产品合格证和说明书、验收资料、检验和试验记录、人身或设备事故记录）、主要零部件和安全装置、金属结构的主要受力构件、电气和电路保护、安装及作业环境等。同时，还要进行载荷试验（空载、静载和动载）以确认各组成部分和机构的工作可靠性。

在用起重机械的运行试验和载荷试验可只做空载和额定载荷试验，其中额定载荷试验可两个检验周期进行一次；经安装和重大修理的质量检验，其运行和载荷试验必须按有关标准进行。

3. 新安装起重机械的安全监督

新安装起重机械的安全监督内容包括以下几点。

（1）一般要求。对整机外观、标牌、额定起重量标志，以及作业环境、技术档案资料等有一般性要求。

（2）金属结构安全技术要求。对桥架、臂架、塔架、升降机导轨架等主要受力构件及其连接，以及司机室和平台、走台、梯子、栏杆等有安全技术要求。

(3)机构及主要零、部件安全技术要求。对起升、运行、回转、变幅、伸缩等机构的安全性能有技术要求,其中的主要部件包括吊钩、钢丝绳等吊辅具,卷筒,滑轮组,制动器,开式齿轮,联轴器,车轮及钢轨等。

(4)液压系统安全技术要求。对防止过载和液压冲击的安全装置,平衡阀、液压锁、管路及其连接,操作及控制装置等有安全技术要求。

(5)电气及控制系统检查。它包括馈电装置,保护装置,控制装置,导线及其敷设,照明、信号,接地、绝缘等。

(6)安全防护装置检验。

(7)运行试验和载荷试验。

三、使用单位对起重机械的安全管理

1. 安全管理规章制度

安全管理规章制度的项目包括以下内容。

(1)司机守则和起重机械安全操作规程。

(2)起重机械维护、保养、检查和检验制度。

(3)起重机械安全技术档案管理制度。

(4)起重机械作业和维修人员安全培训、考核制度。

(5)起重机械使用单位应按期向所在地的主管部门申请在用起重机械安全技术检验,更换起重机械准用证的管理。

2. 建立起重机械安全技术档案

起重机械安全技术档案的项目包括以下内容。

(1)设备出厂技术文件。

(2)安装、修理记录和验收资料。

(3)使用、维护、保养、检查和试验记录。

(4)安全技术监督检验报告。

(5)设备及人身事故记录。

(6)设备的问题分析及评价记录。

3. 起重机械检查检验制度

使用单位对起重机的自我检查,除了作业人员每班次的常规检查外,还要根据起重机的工作繁重程度与环境恶劣程度进行每月检查和年度检查。

(1)年度检查。每年对所有在用的起重机械至少进行一次全面检查。停用一年以上、遇四级以上地震或发生重大设备事故、露天作业的起重机械经受九级以上的风力后的起重机械,使用前都应做全面检查。

其中载荷试验可以吊运相当于额定起重量的重物进行,并按额定速度进行起升、运行、回转、变幅等操作,检查起重机正常工作机构的安全和技术性能、金属结构的变形、裂纹、腐蚀及焊缝、铆钉、螺栓等连接情况等。

(2)每月检查。检查项目包括如下。

①安全装置、制动器、离合器等有无异常,可靠性和精度。

②重要零部件(如吊具、钢丝绳滑轮组、制动器、吊索及辅具等)的状态,有无损伤,是否应报废等。

③电气、液压系统及其部件的泄漏情况及工作性能。

④动力系统和控制器等。

停用一个月以上的起重机械,使用前也应做上述检查。

(3)每日检查。在每天作业前进行,应检查各类安全防护装置、制动器、操纵控制装置、紧急报警装置,轨道的安全状况,钢丝绳的安全状况。检查发现有异常情况时,必须及时处理,严禁带病运行。

4. 起重作业人员的培训和教育

起重作业是由指挥人员、起重机司机和起重司索工群体配合的集体作业,人员的安全素质是安全作业的关键。要求起重作业人员不仅应具备基本文化和身体条件,还必须了解有关法规和标准,学习起重作业安全技术理论和知识,掌握实际操作和安全救护的技能。起重机司机必须经过专门考核并取得合格证者方准独立操作。指挥人员与司索工也应经过专业技术培训和安全技能训练,了解所从事工作的危险和风险,并有自我保护和保护他人的能力。

指挥信号是起重作业的安全信息,信号随意、不统一会成为起重作业安全的一大隐患。应根据起重吊运指挥信号的国家标准,统一规定现场指挥人员和起重机司机所使用的旗语、手势、音响和语言,以保证起重作业规范、有序和安全。

第三节 起重作业安全操作技术

制定安全操作规程是对人的行为的规范,是保证起重机使用安全的重要环节。要提高作业人员对安全重要意义的认识,熟练掌握操作技能,养成良好的劳动习惯,严肃劳动纪律。在起重作业的全过程安全操作技术中,特别是有较大危险的操作环节,应对有关人员进行有针对性的培训和考核,不留安全死角。

一、吊运前的准备

吊运前的准备工作包括以下内容。

第一,正确佩戴个人防护用品,包括安全帽、工作服、工作鞋和手套。高处作业还必须佩戴安全带和工具包。

第二,检查清理作业场地,确定搬运路线,清除障碍物。室外作业要了解当天的天气预报。流动式起重机要将支撑地面垫实垫平,防止作业中地基沉陷。

第三,对使用的起重机和吊装工具、辅件进行安全检查。不使用报废元件,不留安全隐患。

第四,熟悉被吊物品的种类、数量、包装状况以及与周围联系,根据有关技术数据(如重量、几何尺寸、精密程度、变形要求),进行最大受力计算,确定吊点位置和捆绑方式。

第五,编制作业方案。对于大型、重要的物件的吊运或多台起重机共同作业的吊装,事先要在有关人员参与下,由指挥、起重机司机和司索工共同讨论,编制作业方案,必要时报请有关部门审查批准。

第六,预测可能出现的事故,采取有效的预防措施,选择安全通道,制定应急对策。

二、起重机司机通用安全操作要求

第一,有关人员应认真交接班,对吊钩、钢丝绳、制动器、安全防护装置的可靠性进行认真检查,发现异常情况及时报告。

第二,开机作业前,应确认以下情况处于安全状态方可开机。

一是所有控制器是否置于零位。

二是起重机上和作业区内是否有无关人员,作业人员是否撤离到安全区。

三是起重机运行范围内是否有未清除的障碍物。

四是起重机与其他设备或固定建筑物的最小距离是否在0.5m以上。

五是电源断路装置是否加锁或有警示标牌。

六是流动式起重机是否按要求平整好场地,牢固可靠地打好支腿。

第三,开车前,必须鸣铃或示警;操作中接近人时,应给断续铃声或示警。

第四,司机在正常操作过程中,不得进行下列行为。

一是利用极限位置限制器停车。

二是利用打反车进行制动。

三是起重作业过程中进行检查和维修。

四是带载调整起升、变幅机构的制动器，或带载增大作业幅度。

五是吊物不得从人头顶上通过，吊物和起重臂下不得站人。

第五，严格按指挥信号操作，对紧急停止信号，无论何人发出，都必须立即执行。

第六，吊载接近或达到额定值，或起吊危险品（液态金属、有害物、易燃易爆物）时，吊运前认真检查制动器，并用小高度、短行程试吊，确认没有问题后再吊运。

第七，起重机各部位、吊载及辅助用具与输电线的最小距离应满足安全要求。

第八，有下述情况时，司机不应进行操作。

一是起重机结构或零部件（如吊钩、钢丝绳、制动器、安全防护装置等）有影响安全工作的缺陷和损伤。

二是吊物超载或有超载可能，吊物重量不清、埋置或冻结在地下、被其他物体挤压，在操作中不得歪拉斜吊。

三是吊物捆绑不牢，或吊挂不稳，重物棱角与吊索之间未加衬垫；被吊物上有人或浮置物。

四是作业场地昏暗，看不清场地、吊物情况或指挥信号。

第九，工作中突然断电时，应将所有控制器置零，关闭总电源。重新工作前，应先检查起重机工作是否正常，确认安全后方可正常操作。

第十，有主、副两套起升机构的，不允许同时利用主、副钩工作（设计允许的专用起重机除外）。

第十一，用两台或多台起重机吊运同一重物时，每台起重机都不得超载。吊运过程应保持钢丝绳垂直，保持运行同步。吊运时，有关负责技术人员和安全技术人员应在场指导。

第十二，露天作业的轨道起重机，当风力大于 6 级时，应停止作业；当工作结束时，应锚定住起重机。

三、司索工安全操作要求

司索工主要从事地面工作，例如准备吊具、捆绑挂钩、摘钩卸载等，多数情况还担任指挥任务。司索工的工作质量与整个搬运作业安全关系极大。按操作工序要求如下。

1. 准备吊具

对吊物的重量和重心估计要准确，如果是目测估算，应增大 20% 来选择吊具。

每次吊装都要对吊具进行认真的安全检查，如果是旧吊索应根据情况降级使用，绝不可侥幸超载或使用已报废的吊具。

2. 捆绑吊物

（1）对吊物进行必要的归类、清理和检查，吊物不能被其他物体挤压，被埋或被冻的物体要完全挖出。切断与周围管、线的一切联系，防止造成超载。

(2)清除吊物表面或空腔内浮摆的杂物，将可移动的零件锁紧或捆牢，形状或尺寸不同的物品不经特殊捆绑不得混吊，防止坠落伤人。

(3)吊物捆扎部位的毛刺要打磨平滑，尖棱利角应加垫物，防止起吊吃力后损坏吊索；表面光滑的吊物应采取措施来防止起吊后吊索滑动或吊物滑脱。

(4)捆绑吊挂后余留的不受力绳索应紧系在吊物或吊钩上，不得留有绳头悬索，以防在吊运过程中勾挂人或物。

(5)吊运大而重的物体应加诱导绳，诱导绳长应能使司索工既可握住绳头，同时又能避开吊物正下方，以便发生意外时司索工可利用该绳控制吊物。

3. 挂钩起钩

(1)吊钩要位于被吊物重心的正上方，不准斜拉吊钩硬挂，防止提升后吊物翻转、摆动。

(2)吊物高大需要垫物攀高挂钩、摘钩时，脚踏物一定要稳固垫实，禁止使用易滚动物体(如圆木、管子、滚筒等)做脚踏垫物。攀高必须佩戴安全带，防止人员坠落跌伤。

(3)挂钩要坚持“五不挂”：超重或吊物重量不明不挂，重心位置不清楚不挂，尖棱利角和易滑工件无衬垫物不挂，吊具及配套工具不合格或报废不挂，包装松散捆绑不良不挂等，将安全隐患消除在挂钩前。

(4)当多人吊挂同一吊物时，应由一专人负责指挥，在确认吊挂完备，所有人员都离开站在安全位置以后，才可发出起钩信号。

(5)起钩时，地面人员不应站在吊物倾翻、坠落可波及的地方；如果作业场地为斜面，则应站在斜面上方(不可在死角)，防止吊物坠落后继续沿斜面滚移伤人。

4. 摘钩卸载

(1)吊物运输到位前，应选择好安放位置，卸载不要挤压电气线路和其他管线，不要阻塞通道。

(2)针对不同吊物种类应采取不同措施加以支撑、楔住、垫稳、归类摆放，不得混码、互相挤压、悬空摆放，防止吊物滚落、侧倒、塌垛。

(3)摘钩时应等所有吊索完全松弛再进行，确认所有吊索从钩上卸下再起钩，不允许抖绳摘索，更不许利用起重机抽索。

5. 搬运过程的指挥

(1)无论采用何种指挥信号，必须规范、准确、明了。

(2)指挥者所处位置应能全面观察作业现场，并使司机、司索工都可清楚看到。

(3)在作业进行的整个过程中(特别是重物悬挂在空中时)，指挥者和司索工都不得擅离职守，应密切注意观察吊物及周围情况，发现问题，及时发出指挥信号。

第三篇　机 械 安 全

第十二章　磨削机械安全技术

第一节　磨削加工与危害

磨削加工是借助磨具的切削作用，除去工件表面的多余层，使工件表面质量达到预定要求的加工方法。进行磨削加工的机床称为磨床。磨削加工应用范围很广，通常作为零件（特别是淬硬零件）的精加工工序，可以获得很高的加工精度和表面质量，还可用于粗加工、切割加工等。近些年磨削加工范围不断扩大，磨床在金属切削机床中所占比例不断上升。

一、磨削加工的特点

从安全卫生这个角度看磨削加工，有以下几个特点。

1. 磨具的运动速度高

普通磨削速度可达 30 ~ 35m/s；高速磨削可达 45 ~ 60m/s，甚至更高。它是一般金属切削刀具速度的十几倍到几十倍，其速度还有继续提高的趋势。

2. 磨具的非均质结构

磨具是由磨粒、结合剂和孔隙三要素组成的复合结构，其结构强度大大低于由单一均匀材质组成的一般金属切削刀具。

3. 磨削的高热现象

磨具的高速运动、磨削加工的多刃性和微刃性，使磨削区产生大量的磨削热，这不仅容易烧伤工件，而且高温还可使磨具本身发生物理、化学变化，降低磨具强度。

4. 磨具的自砺现象

在磨削过程中,随磨粒的钝化使磨削力增大。在磨削力作用下,或磨粒自身脆裂部分脱落露出尖锐部分;或整个钝粒脱落露出锋利新磨粒,这种现象称为磨具的自砺性。磨具的自砺作用,以及为保持磨具的正确形状而进行的修整,都会产生大量磨削粉尘。

二、磨削加工危险因素

由于磨具的特殊结构和磨削的特殊加工方式,存在着有害的危险因素会危及操作者的安全和身体健康。

1. 机械伤害

机械伤害是指磨削机械本身、磨具或被磨削工件与操作者身体接触、碰撞所造成的伤害。例如,磨削机械的运动零部件不加防护或防护不当,夹持不牢的加工件甩出,操作者与高速旋转的磨具触碰造成擦伤,或由于磨具破裂,高速运动的碎块飞出伤人等。

2. 噪声危害

磨削机械是高噪声机械,磨削噪声来自多因素的综合作用,除了磨削机械自身的传动系统噪声、干式磨削的排风系统噪声和湿式磨削的冷却系统噪声外,磨削加工的切削比能大、速度高是产生磨削噪声的主要原因。在进行粗磨、切割、抛光和薄板磨削作业,以及使用风动砂轮机时,噪声更大,有时高达115dB(A)以上,对操作者听力会造成损伤。

3. 粉尘危害

磨削加工是微量切削,切屑细小,尤其是磨具的自砺作用,以及对磨具进行修整,都会产生大量的粉尘。细微粉尘可长时间悬浮于空气中不易沉落,据测定,干式磨削产生的粉尘中小于5μm的颗粒平均占90.3%,很容易被吸入到人体肺部。长期大量吸入磨削粉尘会导致肺组织纤维化,引起尘肺病。

4. 磨削液危害

湿式磨削采用磨削液以改善磨削的散热条件,对防止工件表面烧伤和裂纹,冲洗磨屑,减少摩擦,降低粉尘有很重要的作用。但有些种类的磨削液及其添加剂对人体有影响,长期接触可引起皮炎;油基磨削液的雾化会使操作环境恶化,损伤人的呼吸器官;磨削液的种类选择不当,还会侵蚀磨具,降低其强度,增加磨具破坏的危险性;湿磨削和电解磨削若管理不当,还会影响电气安全。

此外,研磨用的易燃稀释剂、油基磨削液及其雾化,磨削时产生的火花,特别是磨削镁合金,也是引起火灾的不安全因素。

机械伤害危险主要存在于操作区,粉尘、噪声等危害还会影响磨床周围的环境。在所有危害中,磨具破坏碎块飞甩打击伤人,是磨削机械最严重的伤害事故。经测定,工业用砂轮高速度磨削的动能可达到294 199 ~392 266 J。磨具中使用量最大的是砂轮,危险性最大的也是砂轮。因此,砂轮的安全是磨削机械防护的重点。

第二节　砂轮的特性

砂轮是由磨料、结合剂混合,经过高温、高压制造而成,是由磨料、结合剂、孔隙三要素组成的非均质体,其组织结构见图 12－1。其中,磨具表面无数高硬度的锋利磨粒作为刀具起切削作用,在砂轮高速旋转时,磨粒切除工件上一层薄金属,形成光洁精确的加工表面;结合剂粘结磨粒,使磨具形成适于不同加工要求的各种形状,并在磨削过程中保持形状稳定;孔隙用来容屑、散热,均匀产生自励效果,避免整块崩落失去砂轮合适的廓形。磨料、粒度、结合剂、组织、硬度、形状和尺寸是砂轮的六大特性,对砂轮安全有很大影响。

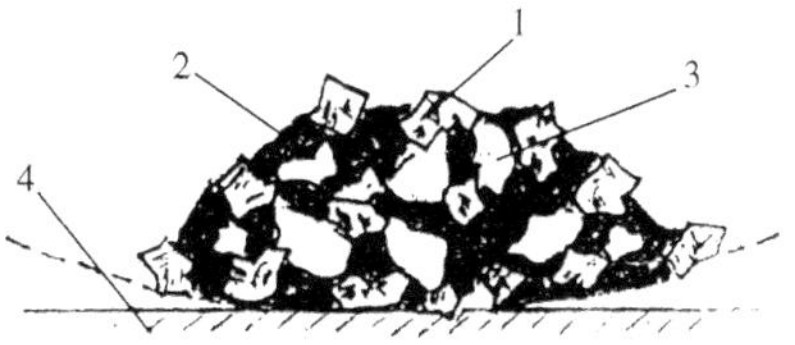

1—磨料;2—结合剂;3—孔隙;4—被加工件

图 12－1　砂轮的组织结构

一、砂轮的特性

1. 磨料

磨料指砂轮中磨粒的材料。磨粒构成磨具的主体,在加工中起切削作用。

磨料需要具有很高的硬度和锋利度,直接参与切削;需要一定的韧性和耐磨性,来承受剧烈的挤压和摩擦力作用;需要一定的脆性,以便磨钝后,及时更新切削锋刃,实现自砺性;还需要有较稳定的物理和化学性能,使之在高温和湿度环境下,不过早地丧失磨削性能。

磨料分为天然磨料和人造磨料两大类。天然磨料主要有金刚石、刚玉和钻石。人造磨料又可分为氧化物系、碳化物系和高硬磨料系。可根据磨料的不同特性和适用范围合理选用。

2. 粒度

粒度是指磨料的颗粒大小和粗细程度。一般来说,构成砂轮磨料的颗粒越细小,砂轮的抗裂性越好。粒度的确定方法有以下两种。

(1)筛分法。颗粒尺寸大于 50μm 磨料的粒度是用筛分法确定的,即用磨料通过的筛网在每英寸长度上的网眼数来表示,称为磨粒类。其粒度号直接用阿拉伯数字表示,粒度号大小与磨料的颗粒大小相反。

(2)显微镜分析法。颗粒尺寸小于 50μm 磨料的颗粒大小直接用显微镜测量,用颗粒的实际尺寸表示粒度,这样确定的磨料称为微粉类。其粒度号用 W 和磨料颗粒尺寸数组合表示。

一个砂轮的磨粒通常是由相邻几种粒度号的磨粒混合而成,砂轮的粒度是由占比例最大的磨粒的粒度号决定。粒度大小对砂轮的强度、加工精度,以及磨削生产率有很大影响。

3. 结合剂

结合剂(粘合剂)是将磨粒固结在一起形成磨具的粘结材料。结合剂不仅使砂轮成形,而且对磨具的自砺性有很大影响,并直接关系到砂轮的强度和使用的安全。

结合剂应具有良好的粘结性能,保证磨具高速旋转不破裂;有足够的耐磨性,以承受摩擦和磨削力;有对磨粒适当的把持力,使磨粒锋利时不脱落,磨纯后及时更新,保持磨具良好的磨削性能;具有较好的物理化学性能、一定的抗腐蚀能力,以适应不同的使用环境。常用结合剂分为无机结合剂和有机结合剂两大类。

(1)无机类。具有代表性的无机类是陶瓷结合剂(代号 V)。陶瓷是由粘土、长石和其他天然硅酸盐材料配制而成,应用最为广泛。无机结合剂突出的优点首先是粘结力大,化学、物理性能稳定,受温度和湿度的影响小,抗腐蚀性好,适于各种磨削液;其次是它的强度较高,耐磨损,砂轮外形容易保持。其缺点是脆性大、弹性差、摩擦发热量大,因此不耐冲击、振动,不适于制作薄砂轮。未经特殊处理的普通陶瓷结合剂砂轮的工作速度要严格控制在 35m/s 以下,不允许超速使用,以防脆裂。

(2)有机类。主要的有机类是人造树脂(代号 B)和橡胶(代号 R)。人造树脂的应用范围仅次于陶瓷结合剂;橡胶应用范围较小。有机结合剂的突出特点是强度高、韧性好、耐冲击。制造出的磨具不易破碎,使用速度可高达 50m/s 以上。其缺点是粘结性较差(但自砺性好),砂轮磨损快,外形不易保持;化学、物理性能不太稳定,高温下结合剂变软、老化,强度降低,甚至烧毁;抗腐蚀性差,树脂类不耐碱、酸,橡胶类耐酸和耐油性均较差,在选用磨削液时要给予充分注意。另外,有机类结合剂的稳定性稍差,存放期过长或在潮湿环境下会降低砂轮强度。

使用时应注意结合剂对不同磨削液的适应性不同,以防因磨削液选择不当,使磨具强度受到影响。

4. 砂轮的组织

砂轮的组织是指组成砂轮的磨料、结合剂和气孔三者的比例关系,表明砂轮结构紧密程度的特性。根据磨粒在砂轮总体积中所占百分比,组织可划分为三挡 15 个号(见表 12－1)。

表 12－1　砂轮的组织分类

类别	紧密				中等				疏松						
组织号	0	1	2	3	4	5	6	7	8	9	10	11	12	13	14
磨料/%	62	60	58	56	54	52	50	48	46	44	42	40	38	36	34

砂轮的组织紧,气孔小,其外形易保持,磨削质量相对高。但砂轮易堵塞,磨削热较高。它一般用于成形磨、精磨、硬脆材料的磨削。

砂轮的组织松,气孔多,有利降低磨削热,避免堵塞砂轮。它一般用于软韧材料、热敏性强的材料的磨削,以及粗磨加工。

中等组织级砂轮用来磨削淬火钢或用于刀具刃磨。

5. *硬度*

砂轮的硬度是结合剂固结磨料的紧牢程度的参数,表明在外力作用下,磨料从砂轮表面脱落的难易程度。砂轮硬度不仅影响生产质量,而且与使用安全卫生关系很大。磨具的硬度与磨料本身的硬度是两个不同的概念,磨料的硬度是由组成磨料的材料自身特性决定的。磨具的硬度与下列因素有关:一是结合剂的粘合能力(与结合剂的种类有关);二是结合剂在磨具中的比例;三是磨具的制造工艺等。在同样条件下对同一种结合剂而言,所占比例越大,磨粒越不易脱落,磨具硬度越高;反之则硬度越低。在砂轮组成中,结合剂比例每增加 1.5%,砂轮硬度则增高一级。磨具的硬度分七大级、十四小级(见表 12－2)。

表 12－2　砂轮的硬度等级

大级	超软	软			中软		中		中硬			硬		超硬
小级	—	软	软	软	—	—	—	—	—	—	—	—	—	—
代号	DEF	G	H	J	K	L	M	N	P	Q	R	S	T	Y

砂轮硬度低,自砺性好,而损耗快,几何形状不易保持,加工精度和质量较差。在干式磨削和砂轮修整时,其粉尘污染较大。但因其切削力小,产生磨削热少,工件表面烧伤的可能性小。

砂轮硬度高,磨粒不易脱落,工件表面质量较高。但若砂轮硬度太高,自砺性很差,磨粒磨钝后仍不会脱落,与工件表面摩擦、挤压,使磨具表面堵塞,产生很高的磨削热,进而使磨具的磨削性能下降。这样,不仅工件磨削质量低,同时还严重影响结合剂强度，并且发出很大噪声，甚至引起机床振动。

6. 形状和尺寸

我国磨具的基本形状有 40 多种，正确地选择砂轮的形状和尺寸，是保证磨削加工质量和安全的重要方面。一般应根据磨床条件、工件形状和加工需要，参考磨削手册选择。

砂轮的非均匀组织结构，决定了它的机械性能大大低于同一均匀金属材料构成的其他切削刀具，再加上使用不当，这是造成砂轮事故多的重要原因。砂轮的磨料、粒度、结合剂、组织、硬度、形状和尺寸等各特性要素，对砂轮的机械强度有不同的影响（见表 12－3）。安全使用砂轮要统筹考虑各因素的综合作用效果。

表 12－3　砂轮特性对砂轮强度的影响

砂轮特性	结合剂			磨料		粒度		硬度		尺寸（内径/外径）	
	V	B	S	刚玉类	碳化硅类	细	粗	硬	软	比值大	比值小
强度	差	好	好	好	差	好	差	好	差	差	好

二、砂轮的标记

砂轮的名称及特性以标记的形式标注，作为砂轮的正确使用和管理提供依据。按照 GB 2484 的规定，标记以汉语拼音和数字为代号，按照一定的顺序交叉表示：砂轮形状—尺寸—磨料—粒度—硬度—组织—结合剂—安全线速度；尺寸标记顺序为：外径×厚度×内径。现举例说明如下：

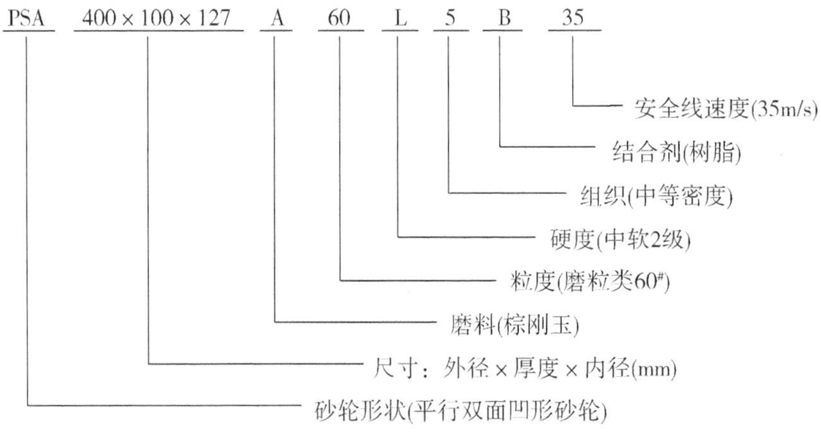

在使用砂轮前,一定要核准砂轮的特性指标。砂轮上的标记不得随意撕毁或破坏,否则,可能会因为使用混乱而导致事故发生。

第三节　砂轮的安全速度

磨削加工最严重的事故是高速旋转的砂轮破裂,碎块飞甩出去造成伤害。分析引起砂轮破坏的原因可以看到,在磨削加工中,作用在砂轮上的力有磨削力、砂轮卡盘对砂轮的夹紧力、由于磨削热使砂轮产生的热应力、砂轮高速旋转时的离心力等,诸因素中对砂轮安全影响最大的作用力是离心力。

一、离心力作用下砂轮的应力分析

砂轮作高速旋转时,组成砂轮的各质点都受到与线速度平方成正比的离心力作用,其公式表达为:

$$p = m\frac{v^2}{r}$$

式中:p——离心力,N 或 kN;

m——砂轮上某质点的质量,kg;

v——该质点的圆周线速度,m/s;

r——该质点的旋转半径,m。

离心力使砂轮内部受到很大的应力作用,现在砂轮上任取一微元扇形体(见图12-2)来讨论。为使问题得到简化,以下假定作为理论分析的基础:砂轮厚度 Bs 远小于砂轮外径 R_s(B_s/R_s 约为 0.1),可按二维平面应力分析;假定砂轮组织结构为各向同性的均匀连续体。

在砂轮上任取的微元扇形 $abcd$,ad 和 cb 两弧半径差为 $\mathrm{d}R$,ab 与 cd 夹角为 $\mathrm{d}\theta$,则该微元体 ad 和 cb 两弧面上的径向正应力分别为 σ_θ 和 $\sigma_R + \frac{\partial \sigma_R}{\partial R}\mathrm{d}R$,两侧面 ab 和 cd 上的切向正应力分别为 σ_θ 和 $\sigma_\theta + \frac{\partial \sigma_\theta}{\partial \theta}\mathrm{d}\theta$,离心力引起的体积力为$\left(\frac{\rho_s}{g}\right)\omega^2 R$。将作用于微元体所有的力向微元体中心法线方向投影,近似取 $\sin\frac{\mathrm{d}\theta}{2}\approx\frac{\mathrm{d}\theta}{2}$,得到力的平衡方程:

$$\left(\sigma_R + \frac{\partial \sigma_R}{\partial R}\mathrm{d}R\right)(R + \mathrm{d}R)\mathrm{d}\theta - \sigma_R R\mathrm{d}\theta -$$

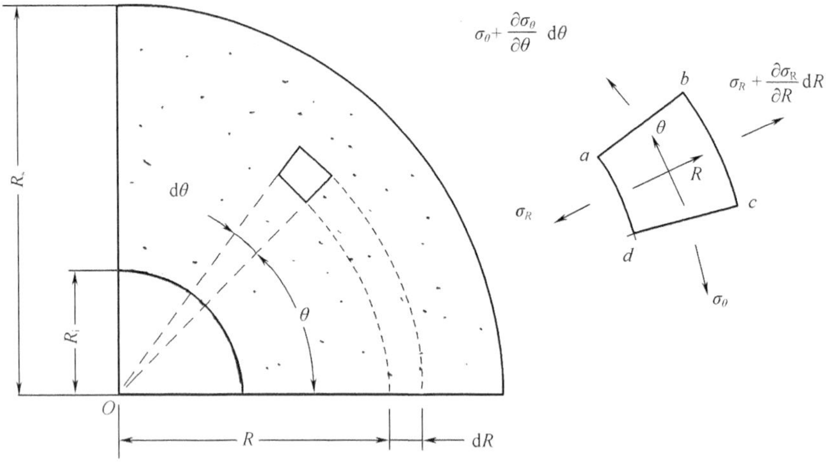

图 12－2 砂轮应力分析

$$\left(\sigma_\theta+\frac{\partial\sigma_\theta}{\partial\theta}\mathrm{d}\theta\right)\mathrm{d}R\frac{\mathrm{d}\theta}{2}-\sigma_\theta\mathrm{d}R\frac{\mathrm{d}\theta}{2}+\frac{\rho_s}{g}\omega^2RR\mathrm{d}\theta\mathrm{d}R=0$$

略去高阶微量,化简整理得

$$\sigma_\theta-\sigma_R-\frac{\partial\sigma_R}{\partial R}\mathrm{d}R-\frac{\rho_s}{g}\omega^2R^2=0$$

代入边界条件:在 $R=R_i$ 和 $R=R_s$ 处,$[\sigma_R=0]$,得到相应的应力表达式:

$$\sigma_R=\frac{\rho_s}{g}\times\frac{3+\nu}{8}R_s^2\left[1+k^2-\left(\frac{R}{R_s}\right)^2-\left(\frac{R_i}{R}\right)\right]$$

$$\sigma_\theta=\frac{\rho_s}{g}\times\frac{3+\nu}{8}R_s^2\left[1+k^2-\frac{1+3\nu}{3+\nu}\left(\frac{R}{R_s}\right)^2+\left(\frac{R_i}{R}\right)^2\right]$$

$$k=\frac{R_i}{R_s}$$

式中:ρ_s——砂轮的比重,N/m³;

ω——砂轮的回转角速度,r/s;

ν——砂轮的泊松比,陶瓷结合剂约为 0.20～0.25;

R_i——砂轮的内径,m;

R_s——砂轮的外径,m;

k——砂轮外径与内径之比。

经实验测定,上述公式完全适用于一般$(B_s/R_s)\leqslant0.5$左右的砂轮。砂轮的应力分布见图 12－3，从图中可见：

①在砂轮的任意点上切向正应力总是大于径向正应力，所以，由离心力引起的砂轮破坏，切向正应力起主要作用，分析砂轮的破坏，主要考虑切向应力的影响。

②在砂轮的任一半径上，砂轮的内孔壁处的应力最高。实践也证明，砂轮破坏的裂纹总是从内圆逐渐波及外圆，碎块成扇形状。

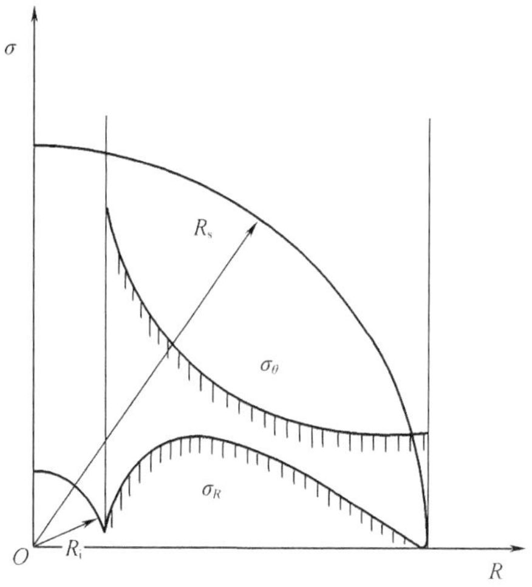

图 12－3　砂轮应力分布

二、砂轮的安全速度

1. *砂轮应力分析*

防止砂轮因离心力作用受到破坏的关键，是使离心力作用而产生的应力低于砂轮的机械强度。根据平均应力理论，将砂轮各不同径向截面的切向正应力沿半径积分，得到平均切向正应力值为：

$$\sigma_{\theta m} = \frac{1}{R_s - R_i}\int_{R_i}^{R_s}\sigma_\theta \mathrm{d}R = \frac{\rho_s}{3g}\omega^2 R_s^2(1 + k + k^2)$$

将砂轮破坏的条件 $\sigma_{\theta m} \leqslant [\sigma]$ 代入上式，得到砂轮的最高安全圆周线速度为：

$$[v] \leqslant \sqrt{\frac{3g[\sigma]}{\rho_s(1 + k + k^2)}}$$

式中：$[\sigma]$——砂轮的许用单向抗拉强度，Pa；

$\sigma_{\theta m}$——砂轮的平均切向正应力，Pa；

$[v]$——砂轮的安全速度，m/s。

常见砂轮的安全速度见表 12－4。

表 12－4　普通砂轮最高安全速度　m/s

磨具名称	最高安全圆周速度		
	陶瓷结合剂	树脂结合剂	橡胶结合剂
平行砂轮	15	40	35
弧形砂轮	35	40	—

续表

磨具名称	最高安全圆周速度		
	陶瓷结合剂	树脂结合剂	橡胶结合剂
双斜边砂轮	35	40	—
单斜边砂轮	35	40	—
单面凹砂轮	35	40	35
双面凹砂轮	35	40	35
单面凹带锥砂轮	35	40	—
双面凹带锥砂轮	35	40	—
筒形砂轮	25	30	—
环形/碗形砂轮	30	35	—
磨量规砂轮	30	30	—
磨针砂轮	25	—	—
薄片砂轮	35	50	50
丝锥抛光砂轮	—	—	20
扳牙抛光砂轮	—	—	20
石墨抛光砂轮	—	30	—
镜面磨砂轮	—	25	—
柔性抛光砂轮	—	—	25
磨螺纹砂轮	50	50	—
高速砂轮	—	50 ~ 60	50 ~ 60
硬度 M 及更硬砂轮	—	40	40

砂轮的强度通常是以砂轮的安全速度(也称安全圆周线速度)作为标志,它表明当砂轮以不超过该速度旋转时,不会因离心力作用而使砂轮破坏。砂轮的安全速度标记在砂轮上,从手册中也可以查到。操作者在使用砂轮前,必须核准它的实际圆周线速度,严禁超速使用。

2. *砂轮主轴转速*

控制砂轮的最高转速是保证砂轮作业安全的关键,即通过承载砂轮的主轴转速来限制砂轮的圆周最高线速度。二者的换算关系如下:

$$n = \frac{6 \times 1\,000[v]}{\pi D}$$

$$v = \frac{\pi D n}{60 \times 1\,000} < [v]$$

式中：v——砂轮外圆的圆周速度，m/s；

n——砂轮主轴的转速，r/min；

D——砂轮外径，mm。

3. 工件的速度

砂轮速度过高，一方面可能导致砂轮破坏；另一方面会引起机床振动，所以只有在保证砂轮强度和机床运行平稳的前提下，提高砂轮的工作速度才是合理的。这主要通过保持加工工件的速度与砂轮速度之间的适当比例来实现。

$$v_g \approx \left(\frac{1}{80} \sim \frac{1}{160}\right)v$$

式中：v_g——工件被磨削表面的运动线速度；

v——砂轮速度的圆周线速度。

三、砂轮的增强措施

根据砂轮受力分析得知，砂轮的破坏主要是切向应力的影响，旋转时中心孔壁周围的应力最大。要提高砂轮速度，应设法提高砂轮强度。常见的办法如下。

第一，提高结合剂的粘接强度。例如，在陶瓷结合剂中加入一定量的硼、锂、钡、钙等元素，增强砂轮的抗拉强度。

第二，采用合理的砂轮尺寸，尽量避免外径、内径尺寸相差过大。

第三，在砂轮内孔区采取补偿措施，常见的方法见图 12－4。在砂轮内部加金属网或玻璃纤维网［见图 12－4(a)］，增强砂轮内孔区厚度［见图 12－4(b)］，砂轮内孔区采用细粒度磨料［见图 12－4(c)］；砂轮孔区浸树脂［见图 12－4(d)］，砂轮孔区镶钢毂、金属环［见图 12－4(e)］等。

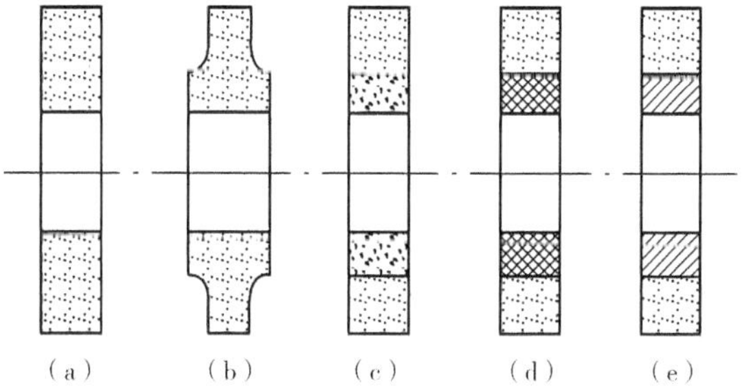

图 12－4　砂轮的补强措施

第四节　砂轮装置的安全技术

砂轮装置是磨削机械的执行机构，由砂轮、主轴、卡盘和防护罩共同组成。砂轮的两侧面用砂轮卡盘夹持，二者共同被安装在与传动系统相连的砂轮主轴上（见图 12－5），外面用防护罩罩住。磨削机械安全防护的重点是砂轮，砂轮的安全不仅由自身的特性和速度决定，而且与砂轮装置的各组成部分有直接关系。组成砂轮装置的各元件通过各自的安全技术措施，保障磨削加工作业的安全。

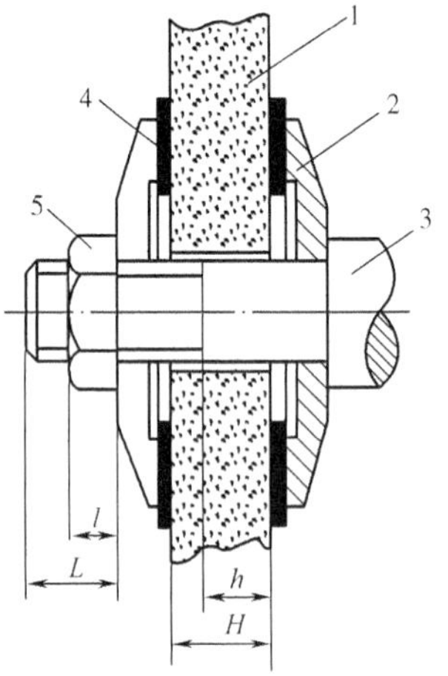

1—砂轮；2—砂轮卡盘；3—砂轮主轴；4—垫片；5—紧固螺母

图 12－5　砂轮装置图

一、砂轮主轴

砂轮主轴用来承载支持砂轮，并将传动系统的动力和速度传递给砂轮。在磨削作业时，砂轮主轴受弯、扭组合力的作用。砂轮主轴及其支撑部分结构直接影响工件的加工质量和磨削作业安全，是砂轮装置的关键结构，主轴的失效、破坏，将直接导致砂轮的破坏。因此，砂轮主轴必须满足下述安全要求。

1. *强度要求*

（1）主轴材料应具有较好的机械性能，抗拉强度不得低于 650MPa，且延伸率不低于 10%。

（2）主轴承载部位的截面尺寸足够大，以保证主轴的抗扭截面模量和抗弯截面模量。砂轮直径越大、越厚，与之配合的砂轮主轴直径也越大（见表 12－5）。

表 12－5　砂轮主轴最小直径 d_0　　mm

砂轮直径 D_1	砂轮厚度 H												
	≤6	>6～10	>10～13	>3～16	>16～20	>20～25	>25～32	>32～40	>40～50	>50～63	>63～80	>80～100	>100～125
≤50	6	6	6	6	6	10	10	10	10	13	13	—	—
>50～80	6	6	10	10	1	10	10	10	13	13	13	16	16
>80～100	10	10	10	10	10	10	13	13	13	16	16	20	20
>100～125	10	10	13	13	13	13	13	13	13	16	16	20	20

续表

砂轮直径 D_1	砂轮厚度 H												
	≤6	>6～10	>10～13	>3～16	>16～20	>20～25	>25～32	>32～40	>40～50	>50～63	>63～80	>80～100	>100～125
>125～150	13	13	13	13	13	13	13	13	16	20	20	20	25
>150～180	13	13	13	13	13	13	16	16	16	20	20	25	25
>180～200	13	13	13	13	16	16	16	16	20	20	25	25	25
>200～230	16	16	16	16	16	16	20	20	20	25	25	32	32
>230～250	16	16	16	16	20	20	20	20	20	25	32	32	32
>250～300	20	20	20	20	20	20	20	25	25	25	32	32	40
>300～350	20	20	20	20	25	25	25	25	25	32	32	40	40
>350～400	—	—	—	—	32	32	32	32	32	32	40	40	50
>400～450	—	—	—	—	32	32	32	32	32	40	40	50	0
>450～500	—	—	—	—	—	40	40	40	40	40	40	50	80
>500～600	—	—	—	—	—	40	40	40	40	40	50	80	80
>600～750	—	—	—	—	—	50	50	50	50	50	80	80	80
>750～900	—	—	—	—	—	50	50	50	80	80	80	125	125
>900～1060	—	—	—	—	—	80	80	80	80	80	80	125	125

2. 刚度要求

砂轮主轴应满足抗变形的要求，尤其是在内圆磨床加工内孔时，砂轮需要借助接长轴安装在砂轮主轴上，接长轴越细越长，其静态挠度和动态挠度越大，因而旋转不平衡力产生振动越大，这不仅直接影响磨削质量，而且关系到作业安全。所以，砂轮主轴应尽量选用刚度高的短、粗轴。

3. 防松脱的紧固措施

(1)主轴螺纹的旋向必须与砂轮工作时的旋转方向相反，在砂轮设备上应标明砂轮的旋转方向，标志要明显且可长期保存。

(2)主轴的端部制有螺纹，以便螺母将砂轮和卡盘紧固。为防止装配后的砂轮沿主轴窜动，防止在运行过程中螺母自行松脱导致砂轮甩出，螺纹必须满足以下条件。

①主轴端部螺纹长度足够长，保证整个压紧螺母旋入($L>l$)。

②主轴螺纹部分必须延伸到压紧螺母的压紧面内，但不得超过设计允许使用的最小厚度砂轮的内孔长度的一半($h>\frac{H}{2}$)。

4. 砂轮与主轴的配合适宜

砂轮内孔与砂轮主轴的配合不得采用过盈配合，应留有适当间隙。配合间隙过小，磨削时产生的高切削热会使主轴发热膨胀，将砂轮挤裂；间隙过大，高速旋转砂轮可能因装配偏心而失去平衡，导致砂轮晃动，主轴振动，增大危害性。配合应符合《磨削机械安全规程》（GB 4674—2009）的要求。

二、砂轮卡盘

砂轮卡盘用于紧固砂轮，传递驱动力，并具有一定的保护功能。当砂轮意外破裂时，可阻挡大块砂轮碎块飞出。

1. 砂轮卡盘型式

不同的磨削机械采用不同的砂轮卡盘和不同的装卡方法。常见砂轮卡盘形状有以下几种（见图 12－6）。

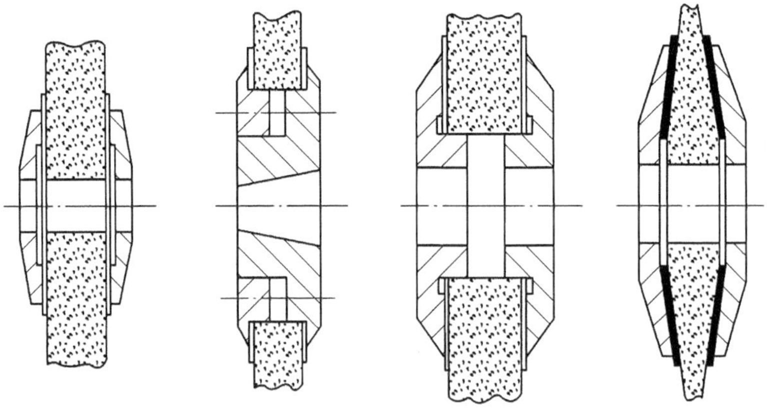

（a）带槽式　（b）套筒式　（c）衬套式　（d）锥形式

图 12－6　砂轮卡盘的形状

（1）带槽式砂轮卡盘［见图 12－6（a）］。它用于安装孔径尺寸较小的、直接安装在砂轮主轴上的砂轮。

（2）套筒式砂轮卡盘［见图 12－6（b）］。它用于安装孔径尺寸较大的砂轮。

（3）衬套式砂轮卡盘［见图 12－6（c）］。它用于安装大孔径、厚度超过 32cm 的砂轮。

（4）锥形式砂轮卡盘［见图 12－6（d）］。它用于安装双斜边砂轮。

2. 砂轮卡盘要求

无论是何种形式的砂轮卡盘，都是成对使用，且对称装配在砂轮两侧。安装时，每个单片砂轮卡盘都以较大直径的侧面紧贴在砂轮端面上，以较小直径的侧面与压紧螺母或砂轮主轴的轴肩接触，其内径与砂轮主轴配合。主轴传来的驱动力或部分通过砂轮卡盘（带槽式、锥形式）传递，或全部通过砂轮卡盘（套筒式、衬套式）传递。为保证砂轮正常工作并防止意外，砂轮卡盘必须满足以下要求。

（1）一般用途的砂轮卡盘直径不得小于被安装砂轮直径的1/3，切断用砂轮的卡盘直径不得小于被安装砂轮直径的1/4。

（2）砂轮卡盘应有足够的刚度，在与砂轮夹紧装配后，压紧面不得发生翘曲，接触面应平整、均匀。卡盘与砂轮侧面的非接触部分应有不小于1.5mm的足够间隙。

（3）砂轮卡盘结构应均匀平衡，以免旋转时产生不平衡力；各表面应保证平滑无锐棱，防止对砂轮局部产生集中力或锐棱损坏砂轮。

（4）砂轮卡盘的材料一般采用抗拉强度不低于415MPa的材料，保证卡盘的刚度和强度。

三、砂轮防护罩

砂轮是磨削机械安全防护的重点，但仅靠砂轮自身的强度和砂轮卡盘一定限度的保护作用，仍不能保证防止砂轮意外。砂轮还必须装有砂轮防护罩才能使用。

砂轮防护罩的功能是在不影响加工作业情况下，将人员与运动砂轮隔离，并当砂轮破坏时，有效地罩住砂轮碎片，保障人员安全。在正常磨削时，防护罩还可在一定程度上限制磨屑、粉尘的扩散范围，阻挡磨屑火花或磨削液飞溅。

砂轮防护罩一般由圆周构件和两侧面构件组成，将包括砂轮、砂轮卡盘、砂轮主轴端部在内的整个砂轮装置罩住（见图12－7）。防护罩有一定形状的开口，开口位置和开口角度的设置，在充分考虑操作人员安全的前提下，应满足不同磨削加工的需要。防护罩应满足以下安全技术要求。

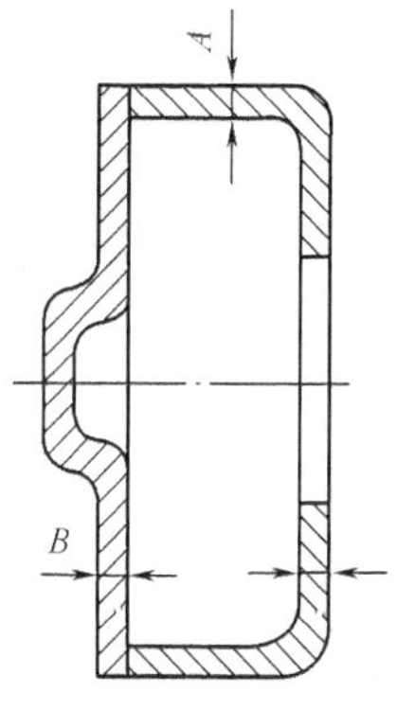

图12－7　砂轮防护罩壁厚尺寸

1. 材料和壁厚

防护罩必须有抗砂轮碎片冲击的足够强度，所用材料的抗拉强度不得低于415N/mm^2。防护罩材料优先选用压延钢板，钢板壁厚尺寸一般总是圆周构件厚度$A\geqslant$侧面构件厚度B（见表12－6）；可锻铸铁的相应壁厚尺寸是压延钢板的2倍；灰铸铁的相应壁厚尺寸是压延钢板的4倍。高速砂轮防护罩内壁应装备吸能缓冲材料层（如聚氨酯塑料、橡胶等），以减弱砂轮碎片对罩壳的冲击。

表 12－6　固定式砂轮防护罩壁厚尺寸

mm

砂轮速度/m·s⁻¹ \ 砂轮厚度 \ 防护罩壁厚 \ 砂轮直径		≤150		>150～200		>200～300		>300～400		>400～500		>500～600		>600～750		>750～900		>900～1250	
		A	*B*	*A*	*B*	*A*	*B*	*A*	*B*	*A*	*B*	*A*	*B*	*A*	*B*	*A*	*B*	*A*	*B*
≤35	≤50	2	2	2.5	2	3	2.5	4	3	5	4	6	5	7	5	8	5	9	6
	>50～100	3	2	4	2.5	5	3	5	4	6	5	7	6	8	6	9	6	10	7
	>100～160	4	3	5	3	6	4	7	5	8	6	9	6	10	7	11	7	12	8
>35～50	≤50	3	2	4	2.5	5	3	6	4	7	5	8	6	10	7	11	7	12	8
	>50～100	5	3	5	3	6	4	7	5	8	6	9	7	11	8	12	8	14	9
	>100～160	6	4	7	4	8	5	9	6	10	7	11	8	12	9	14	9	16	10
>50～63	≤50	4	3	5	3	6	4	7	5	8	6	10	7	12	8	14	9	16	10
	>50～100	6	4	7	5	8	6	10	6	10	7	12	8	14	9	15	10	18	12
	>100～160	7	5	8	6	10	7	12	8	12	8	14	9	15	10	18	12	20	14
	>160～200	10	7	12	8	14	9	15	10	15	10	18	12	20	14	22	14	24	16
	>200～250	14	9	15	10	16	12	18	12	18	12	22	14	24	16	26	16	28	20
	>250～400	15	10	18	12	20	14	22	14	24	16	26	18	28	20	30	20	32	22
	>400～500	18	12	20	15	24	16	25	18	28	18	30	20	32	22	34	22	36	25
>63～80	≤50	5	3	7	5	8	6	10	7	11	8	13	10	15	10	18	12	20	14
	>50～100	7	5	10	6	10	7	12	8	14	10	15	10	18	12	20	14	24	16
	>100～160	10	7	12	8	13	10	15	10	16	12	18	12	20	14	22	15	26	18
	>160～200	12	8	14	10	16	12	18	12	18	14	20	14	24	16	26	18	28	20
	>200～250	14	10	16	12	18	13	20	15	20	16	22	18	25	18	28	20	30	22
	>250～400	18	13	20	14	24	16	26	18	28	20	30	22	32	24	34	25	36	26
	>400～500	20	15	22	16	25	18	28	20	30	22	32	24	34	25	36	26	40	28

2. 最大安全开口尺寸限制

最大安全开口尺寸的限制分为总开口度和中心水平线以上部分开口度两个要求。总开口度愈小,砂轮破碎时的冲击域就愈小;水平线上部开口度愈小,对人体重要部位(如头、胸部)伤害的概率就愈小,防护罩的安全性能愈易于实现。常用砂轮防护罩的最大允许开口度见图 12 - 8。

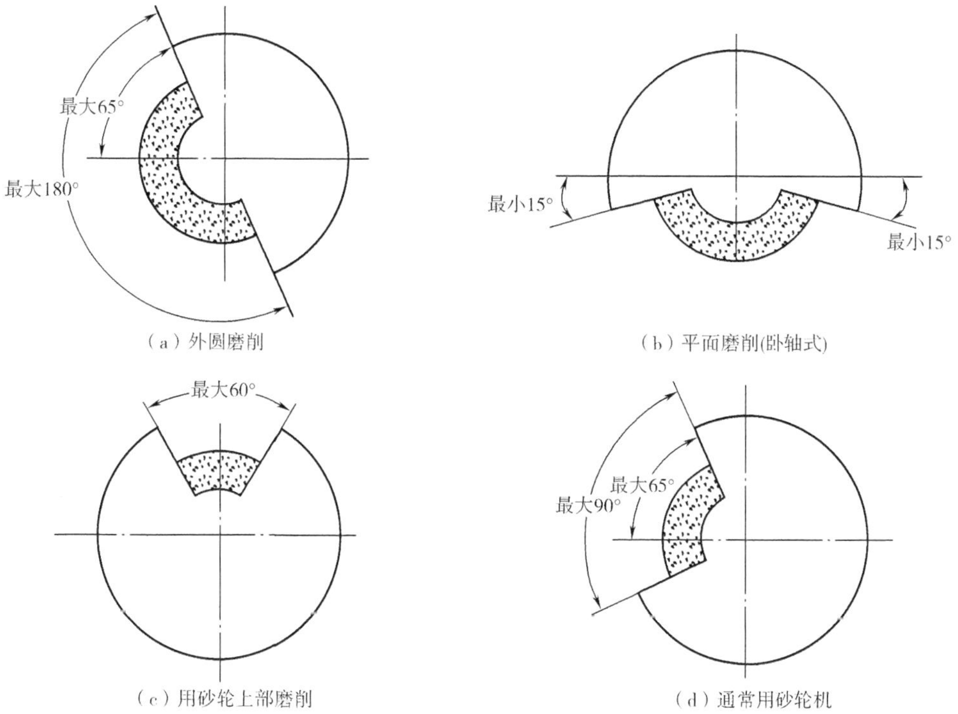

图 12 - 8　砂轮防护罩开口角

3. 防护罩与砂轮的安全间隙

砂轮与防护罩之间的距离是保证防护罩任何部位不得与砂轮装置各运动部件接触,防护罩开口边缘与砂轮卡盘外侧面间隙应小于 15mm。

手工磨削砂轮机(见图 12 - 9)的防护板和工件托架与砂轮的间隙应可调。防护板与砂轮圆周表面间隙应小于 6mm。托架台面与砂轮主轴中心线等高,托架与砂轮圆周表面间隙应小于 3mm。

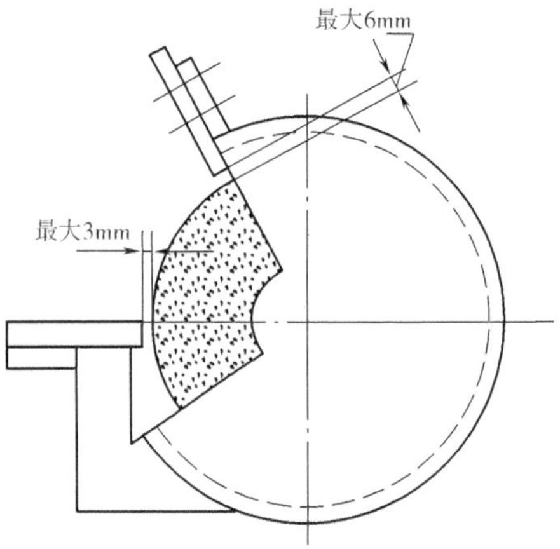

1—圆周构件;2—侧构件;3—防护板;4—工作托架

图 12－9　砂轮防护罩结构简图

第五节　磨削机械使用与安全管理

磨削机械的安全使用和管理,主要是围绕保证砂轮的安全进行。从砂轮运输、存储,使用前的检查,砂轮的安装、修整,到磨削机械的操作,其中任一环节的疏忽都会给磨削机械埋下安全隐患。

一、砂轮使用的安全管理

砂轮使用的安全管理包括下述检查项目和要求。

1. *砂轮的检查*

砂轮在安装使用前必须经过严格的检查,有裂纹等缺陷的砂轮绝对不准安装使用。

(1)砂轮标记检查。砂轮没有标记或标记不清,无法核对、确认砂轮特性的砂轮,不管是否有缺陷,都不可使用。

(2)砂轮缺陷检查。其检查方法是目测和音响检查。

①目测检查是直接用肉眼或借助其他器具察看砂轮表面是否有裂纹或破损等缺陷。

②音响检查也称敲击试验,主要针对砂轮的内部缺陷,检查方法是用小木锤敲

击砂轮。正常的砂轮声音清脆，声音沉闷、嘶哑，说明有问题。

(3)砂轮的回转强度检验。对同种型号一批砂轮应进行回转强度抽验，未经强度检验的砂轮批次严禁安装使用。

2. 砂轮的安装

(1)核对砂轮的特性是否符合使用要求，砂轮与主轴尺寸是否相匹配。

(2)将砂轮自由地装配到砂轮主轴上，不可用力挤压。砂轮内径与主轴和卡盘的配合间隙适当，避免过大或过小。配合面清洁，没有杂物。

(3)砂轮的卡盘应左右对称，压紧面径向宽度应相等。压紧面平直，与砂轮侧面接触充分，装夹稳固，防止砂轮两侧面因受不平衡力作用而变形甚至碎裂。

(4)卡盘与砂轮端面之间应夹垫一定厚度的柔性材料衬垫（如石棉橡胶板、弹性厚纸板或皮革等），使卡盘夹紧力均匀分布。

(5)紧固砂轮的松紧程度应以压紧到足以带动砂轮不产生滑动为宜，不宜过紧。当用多个螺栓紧固大卡盘时，应按对角线成对顺序逐步均匀旋紧，禁止沿圆周方向顺序紧固螺栓，或一次把某一螺栓拧紧。紧固砂轮卡盘只能用标准扳手，禁止用接长扳手或用敲打办法加大拧紧力。

3. 砂轮的平衡试验

造成砂轮的不平衡原因是砂轮的重心与回转轴线不重合。它产生的原因是砂轮制造和安装缺陷，例如，砂轮的密度不均匀，端面不平行，几何形状或内外孔同心度误差，砂轮安装偏心等。不平衡的砂轮在高速旋转时会产生迫使砂轮偏离轴心的离心力，从而引起砂轮振动。其后果不仅影响磨削质量，还加速砂轮主轴轴承的磨损；当离心力超过砂轮强度允许范围时，将造成砂轮的碎裂。

新砂轮和经第一次修整的砂轮，以及发现运转不平衡的砂轮都应进行平衡试验。调整砂轮的平衡方法有动平衡和静平衡两种方法。

(1)动平衡法。该方法借助安装在机床上的传感器，直接显示出旋转时砂轮装置的不平衡量，通过调整平衡块的位置和距离，将不平衡量控制到最小。

(2)静平衡法。静平衡调整在平衡架上进行，用手工办法找出砂轮重心，加装平衡块，调整平衡块位置，直到砂轮平衡，一般可在八个方位使砂轮保持平衡。

调整平衡后的砂轮需在装好防护罩后进行空转试验。空转试验时间：直径≥400mm，空转时间大于 5 min；直径 <400 mm，空转时间大于 2min。

空转试验期间，操作者应站在砂轮的侧方安全位置，不得站在砂轮前面或切线方向，以防意外。

4. 砂轮的修整

定期修整可使砂轮保持良好的磨削性能和正确的几何形状，避免出现砂轮的钝化、堵塞和外形失真，常使用的修整工具是金刚石笔。操作时，修整工具位置过高、修整方向不当（如逆砂轮旋转方向，倾斜角过大过小）或修整量过大，都会使砂轮产生强烈振动，或引起金刚石笔啃刀，严重的还会导致砂轮破裂。正确的操作方法是：金刚石笔处于砂轮中心水平线下 1 ~2mm 处，顺砂轮旋转方向，与水平面的倾斜角为 5° ~10°。修整时要用力均匀，速度平稳，一次修整量不要过大。操作者应站在砂轮的侧方安全位置，不可站在砂轮正面操作。

修整后的砂轮必须重新经回转试验后，方可使用。

5. 砂轮的储运

（1）砂轮在搬运、储存中，不可受强烈振动和冲击，搬运时不准许滚动砂轮，以免造成裂纹、表面损伤。

（2）印有砂轮特性和安全速度的标志不得随意涂抹或损毁，以免造成使用混乱。

（3）砂轮存放时间不应超过砂轮的有效期，树脂和橡胶结合剂的砂轮自出厂之日起，若存储时间超过一年，须经回转试验合格后才可使用。

（4）砂轮存放场地应保持干燥，温度适宜，避免与其他化学品混放。防止砂轮受潮、低温、过热以及受有害化学品侵蚀使强度降低。

（5）砂轮应根据规格、形状和尺寸的不同，分类放置，防止叠压损坏或由于存储不当导致砂轮变形。

二、磨削作业的安全操作要求

磨削作业的安全操作要求简述如下。

第一，除内圆磨削用砂轮、手提砂轮机上直径不大于 50mm 的砂轮，以及金属壳体的金刚石和立方氮化硼的砂轮外，一切砂轮必须在装有砂轮防护罩的磨削机械上使用。对此，我国磨削加工安全标准有明确规定。

第二，在任何情况下都不允许以超过砂轮安全的速度进行磨削。这项要求通过与之配合的砂轮主轴的合理转速来保障，并应定期校核主轴转速，在更换新砂轮时还应进行必要的验算。

第三，根据砂轮结合剂种类正确选择磨削液。树脂结合剂不能使用碱性物含量大于 1.5% 的磨削液，橡胶结合剂不能使用油基磨削液。使用时，砂轮应全部浸入磨削液中；磨削结束时，应先停止磨削液，砂轮继续旋转到磨削液甩净为止。湿式磨削需设防溅挡板。

第四，磨削时，应在砂轮运转平稳后再使工件吃刀，砂轮退出后再停车。工件加工结束或告一段落时，应将有关操纵手柄放在空挡位置。

第五，在寒冷工作场地使用砂轮时，应注意逐渐增加负荷直到满足使用要求，保证砂轮温升均匀。低于0℃不得使用磨削液。

第六，定期检查砂轮装置的安全状态。检查重点包括卡盘和主轴缺陷、砂轮在直径和厚度的磨损是否过量变形、平衡块是否损坏等，出现异常应及时维修或更换。发生砂轮破坏的机械须检查测定砂轮装置的全部元件，确认安全方可继续使用。

第七，磨削镁合金工件容易引起火灾，应保持有效的通风，润湿粉尘，并及时清除通风装置管道里的粉尘，采取严格防护措施。

三、磨削加工的个人安全卫生防护

磨削加工的个人安全卫生防护措施包括以下几种。

第一，在干式磨削操作中，粉尘、研磨剂、磨粒和碎屑通常会损伤操作者的眼睛，可采用佩戴眼镜或护目镜、固定防护屏等有效地保护眼睛。

第二，磨削加工操作间应配置有效的局部通风除尘装置，防止干式磨削粉尘危害。移动式砂轮作业因不便使用通风设施，应避免长时间操作，必要时可配备个人防尘呼吸用品。

第三，金属研磨工特别注意防止铅化合物等重金属污染，应配备保护服、完善的卫生洗涤设备和必要的医疗管理。

第十三章　木工机械安全技术

第一节　木材加工及危害

木材加工是指通过刀具破坏木材纤维之间的联系，从而改变木料形状、尺寸和表面质量的加工工艺过程。进行木材加工的机械称为木工机械。从原木采伐到木制品最终完成的整个过程中，要经过木材的防腐处理、人造板的生产、天然木和人造板机械加工、成品的装配和表面修饰等很多工序，而家具生产则包括了几乎全部工序。木材加工的各个环节都离不开木工机械，木工机械种类多，使用量大，广泛应用于建筑、家具行业，工厂的木模加工、单位木制品维修以及家庭装修业等。本章重点讨论木材机械加工环节的安全问题。

一、木材加工特点

木材加工与金属加工的切削原理基本相同，但从劳动安全卫生角度看，木材加工有区别于金属加工的特殊性。

1. 加工对象为天然生长物

由于木材的各向异性的力学特性，使其抗拉、压、弯、剪等机械性能在不同纹理方向有很大差异，加工时受力变化较复杂。天然缺陷（如节疤、裂纹、夹皮、虫道、腐烂等）或在加工中产生的加工缺陷（如倒丝纹），破坏了木材完整性和均匀性；由于含水率的变化，干缩湿胀的特性，使木材会出现不同程度的翘曲、开裂、变形；木材的生物活性使木材含有真菌或滋生细菌，有些木材还带有刺激性物质，需要对木材进行防护处理。

2. 木工机械刀具运动速度高

由于木材天然纤维分布和导热性差的特点，必须通过刀具的高速切削来获得较好的加工表面质量。木工机械是高速机械，一般刀具速度可高达 2 500 ~ 4 000r/min，甚至达每分钟上万转。

3. 敞开式作业和手工操作

木材的天然特性和不规则形状，给装卡和封闭式作业造成困难，木工机械作业大多是暴露敞开式的；作业场地的流动性，使木材加工大量处于分散的、小规模的、个体作业状态，手工操作比例高。木材加工的低水平状态将长期存在，特别是初级木材加工的机械化、自动化水平普遍不高。

4. 易燃易爆性

木料的原材、半成品和成品、废弃刨花和木屑、抛光粉尘以及表面修饰用料（如油漆、浸渍、贴面等）都是易燃易爆物。

二、木材加工危险因素分析

1. 机械危险

机械危害主要包括刀具的切割伤害、木料的冲击伤害、飞出物的打击伤害，这些是木材加工中常见的危害类型。其他机械伤害，如接触运动零部件、机器上凸出部位剐碰等发生较少。

2. 木材的生物效应

木材的生物效应可分有毒性、过敏性、生物活性等，可引起许多不同发病症状和过程，例如皮肤症状、视力失调、对呼吸道黏膜的刺激和病变、过敏病状，以及各种混合症状。其性质和程度取决于木材种类、接触的时间或操作者自身的体质条件。

3. 化学危害

化学防腐和粘接是木材处理必不可少的工序，在木材的存储、加工和成品的表面修饰都需要。广泛采用的方法是将木材用杀虫油剂、金属盐或有机化合物浸泡或喷涂，可用的化合物范围很广，其中很多会引起中毒、皮炎或损害呼吸道黏膜，甚至诱发癌症。

4. 木粉尘伤害

木材加工产生的大量木粉尘可导致呼吸道疾病，严重的可表现为肺叶纤维化症状，家具加工行业鼻癌和鼻窦腺癌比例较高，据分析可能与木粉尘中可溶性有害物有关。国家标准规定，空气中植物性粉尘浓度不得高于 $10mg/m^3$。因此，木材加工场所应保持良好的通风，采用吸尘设施控制粉尘浓度不超标。

5. 火灾和爆炸的危险

火灾危险存在于木材加工全过程的各个环节，木工作业场所是防火的重点。悬浮在空间的木粉尘在某些情况下还会发生爆炸危险。

6. 噪声和振动危害

木工机械是高噪声和高振动机械，而且很难治理，目前一直没有得到根本解决。

在木材加工诸多危险因素中，机械伤害的危险性大，发生概率高，其中尤其以刀具的切割伤害后果最为严重。其他危险因素对人体健康的损害作用是长期累积的效果。这些问题以及防火防爆问题,应在木材加工行业的综合治理中统筹考虑。

三、木工机械事故分析

1. 机械事故的原因

(1)刀具的切割伤害。其原因是多方面的,由于木材的天然缺陷(如节疤、虫道、腐烂等)或加工缺陷(如倒丝纹)引起切削阻力突然改变;木料过于窄、短、薄,缺乏足够的支承面使夹持固定困难;手工送料的操作姿势不稳定等原因,使木料在加工中受到冲击、振动,发生弹跳、侧倒、开裂,都可能使操作者失去对木料的控制,致使推压木料的手触碰刀具造成伤害。由于刀具的高速运动和多刀多刃的作用,即使瞬间触碰也会导致严重后果。

(2)木料的反弹侧倒冲击伤人。引起该伤害是由于木料的不规则外形,在锯切剖分后重心位置改变引起侧倒;由于木材的含水性或节疤引起夹锯又突然弹开;由于弯曲木料经加压处理校直后,在加工过程中弹性复原等多种原因,都有可能造成木材的反弹伤人。

(3)飞出物的打击伤害。该伤害是由于刀具本身缺陷或装卡缺陷,在木料加工受力或高速运转时,导致刀具损坏,例如,刀具崩齿、锯条断裂、刨刀片飞出等;废旧木料清理不干净,在加工时引起钉子或其他粘结杂物崩甩;以及木屑碎块飞出伤人。

2. 机械事故的发生规律

从大量木工机械伤害的事故统计数据分析表明,木工机械事故是有规律的。其发生规律简述如下。

(1)事故发生时间。机械事故几乎都是突发在木工作业的正常操作期间。事故发生时机器处于正常运行状态,极少发生在机器的故障状态或辅助作业(如更换刀具、检修、调整、清洁机器等)阶段。

(2)事故波及范围。刀具的切割伤害一般是个体伤害,只涉及操作者或意外接触刀具的个人;木料的冲击或飞出物的打击伤害有时不仅关系到机器的操作者,还可能波及附近机器和其他人员。

(3)事故加害物。绝大多数事故是由刀具引起的切割伤害;其次是由被加工物引起的,由机床本身问题而导致的事故较少。

(4)事故高发机械种类。我国对木工机械事故缺乏精确统计,基本情况是:占第一位的是平刨床;第二位是锯机类(主要是圆锯机和带锯机);第三位是铣床、开榫机类。后两者比前两者事故率要低得多。

事故高发机械的排列顺序在不同国家各有不同。德国与我国类似,日本在70年代末对11种木工机械的581起事故调查统计表明,日本木工机械事故率顺序是圆锯机、带锯机、平刨床和铣床(见表 13－1)。

表 13－1 日本常用木工机械事故率统计

木工机械种类	圆锯机	带锯机	平刨床	铣床	其他
事故起数	262	140	105	68	6
事故率/%	45	24	18	11.7	1.03

综合上述分析可见,事故多发生在正常操作期间,机械伤害发生频率最高,其中刀具切割伤害后果最为严重。我国事故的高发木工机械是平刨床和锯机,是木材加工安全的关键设备。刀具高速运动和手工送料的作业方法,是造成机械伤害的直接原因。木工机械事故率高,不是我国独有的现象,已经引起各国的普遍关注。从长远讲,要实现规模生产,提高送、取木料机械化、自动化水平,从根本上解决手工操作带来的安全问题。但在目前阶段,还要采取各种安全技术措施来保障安全。

第二节 木工平刨床安全技术

木工平刨床是专门用于木料平面加工的机械,是木材加工必不可少的基本设备。平刨床通过刨刀轴纵向旋转,对横向进给的木料进行铣削,来实现木材的平面加工。手工进给的单轴平刨床是常用类型,它完全敞开外露的刨刀轴,手工推压木料从高速运转的刀轴上方通过,是本机床最大的危险。常见伤害事故是刨刀切割手指,防止切割伤害的关键是解决刨刀轴的安全防护。

一、平刨床的组成及安全要求

平刨床主要由机身、工作台、刀轴及驱动装置三大部分组成(见图 13－1)。

1. 机身

机身是整个机器的基础部分,其作用是连接机器的各组成部分,承受工作载荷。机身一般为铸铁整体结构。机身的安全要求如下。

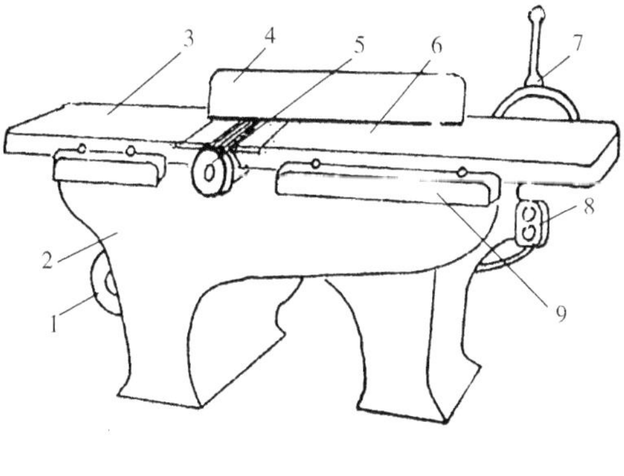

1—电动机;2—机身;3,6—工作台面;4—导尺;5—刀轴
7—工作台调整手柄;8—电钮;9—偏心轴架护罩

图 13－1 木工平刨床简图

(1)有足够的刚度、良好的抗震性和稳定性。

(2)符合安全人机学的原则。满足人体半站立操作的高度要求和足够的操作活动空间。

(3)机身外形尽量采用圆角和圆滑曲面,避免利棱锐角。

(4)结构设计要方便通风除尘装置的配置和畅通的排屑通道。

2. 工作台

工作台是木材刨削的操作平台,由前、后两块工作台板、导尺(也称靠山)、工作台板升降机构组成。

(1)工作台各部分的功能。工作台板前长后短,起导向作用,使刨削有稳定的平面基准;前矮后高,二者的高度差为刨削深度。台板采用铸铁结构,安装在刨刀轴两侧,露出刨刀轴全长,在靠近刀轴一侧镶有一块尖角的钢板,形成工作台与刀轴的开口,在钢板损坏时,便于维修和更换。这个部位称作唇口(也称刨口)。工作台面应平整、光滑,不得有凹坑凸起,防止木料通过时发生弹跳、侧倒而造成伤害。导尺横跨在两工作台之间,立贴在机身外侧,作为引导木料进给的侧面基准。升降装置可调整工作台板高度和刨削开口量。

(2)工作台升降机构常见的有偏心轴式和倾斜导轨式两种。升降机构必须能自锁或设有锁紧装置,防止受力后工作台位置自行变化而引起危险。

①偏心轴式升降机构。其结构和工作原理见图 13 - 2,搬动手柄 4 通过四连杆机构 6,使装设在机身 3 上的偏心轴 5 转动,驱使工作台在偏心距范围内移动,从而使工作台升降,同时调整与刀轴的间距。

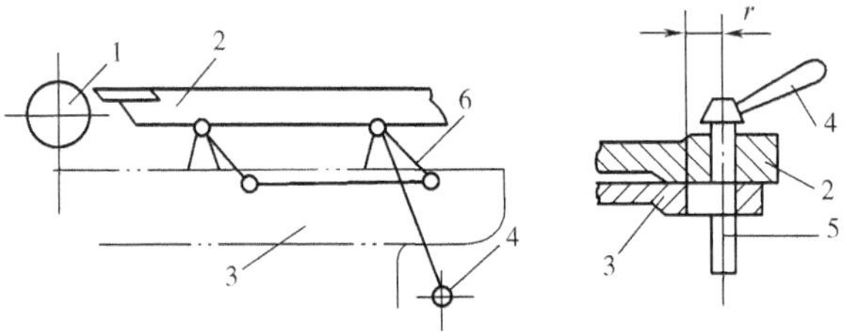

1—刀轴;2—工作台;3—机身;4—手柄;5—偏心轴;6—四连杆机构

图 13 - 2　偏心轴式升降机构

②倾斜导轨式升降机构。其结构和工作原理见图 13 - 3,转动手轮 7 通过丝杠 5 和螺母 4,使工作台沿机身 8 上的楔形导轨 3 和 6 上升或下降。

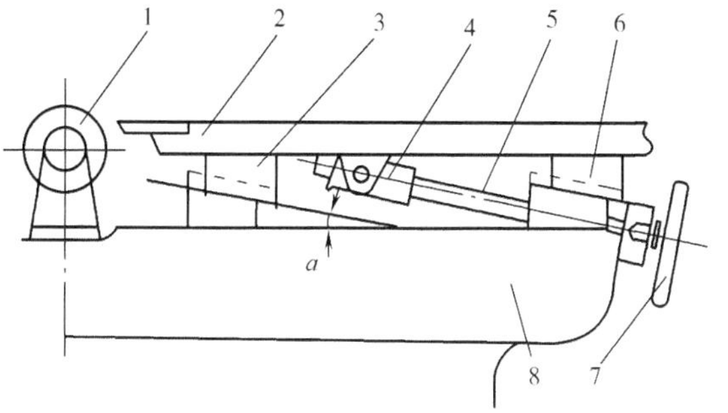

1—刀轴;2—工作台;3、6—楔形导轨;4—螺母;5—丝杠;7—手轮;8—机身

图 13－3　倾斜导轨式升降机构

(3)两工作台板唇口间的水平距离称为工作台的开口量(见图 13－4)。开口起断屑作用,开口量大小直接关系到安全。开口量大,刀轴外露区域大,手触碰刀具的可能性就大,伤害程度就厉害;反之刀轴外露小,安全性也就高。但开口量也不能过小,如果开口量过小,不仅增加刀轴与唇口接触的可能性,而且使机床的动力噪声急剧增加,反而不利于安全。开口量与刀轴切削圆的大小、工作台升降机构的型式、采用的安全装置种类、工作台的位置以及切削深度都有密切的关系。最大切削深度为 5mm 平刨床的开口量须满足表 13－2 的要求。

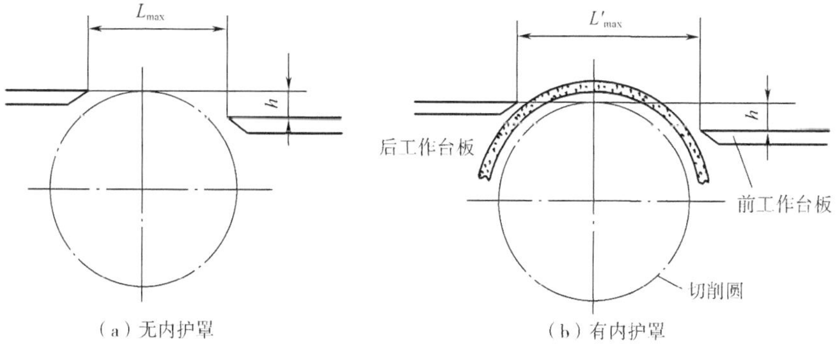

图 13－4　最大开口量示意图

表 13-2　普通平刨床最大开口量 L_{max} 许用值　　mm

升降机构型式		切削圆公称直径						
		70~80	>80~90	>90~100	>100~112	>112~125	>125~140	>140~160
偏心轴	无内护罩	≤40	≤42.5	≤45	≤47.5	≤50	≤55	≤60
	有内护罩	≤56	≤60	≤64	≤68	≤74	≤78	≤83
斜导轨	无内护罩	≤45			≤50	≤55	≤60	≤65
	有内护罩	≤62	≤66	≤70	≤74	≤80	≤85	≤90

注：内护罩是指唇口下方的一种遮盖刀轴的圆弧形防护罩[见图 13-4(b)]。

3. 刀轴及其驱动装置

刀轴是平刨床的工作装置。刀轴有效长度与工作台面等宽，刨削工件的最大宽度取决于刀轴的有效长度，并以刀轴长度作为平刨床的基本参数。刀轴旋转切削工件的动力是由电动机通过皮带传动装置供给。刀轴是由刨刀体、主轴和刨刀片组成，装入刀片后的总成，称为刨刀轴或刀轴。刨刀体是用来安装刀片的金属本体，有棱柱形和圆柱形两种(见图 13-5)。

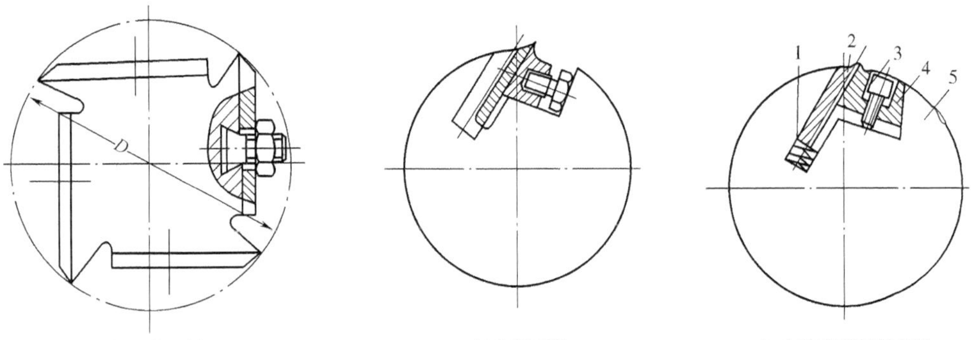

(a) 方刀轴　(b) 圆刀轴　(c) 改进后的圆刀轴

1—弹簧；2—刀片；3—螺栓；4—压刀条；5—刨刀轴

图 13-5　刨刀轴类型

(1)刨刀轴的种类有以下几种。

①方刀轴。在正方形的刨刀体上有四个槽孔，刀片用穿过刀片槽孔的螺栓固定在刨刀体的四个面上[见图 13-5(a)]。这种刀轴的安全性很差，刨刀体的棱柱形本身就构成了不安全因素，当手误碰刀轴，会造成断指事故；而最大问题在于在刨削过程中一

旦刀片松动，会造成飞刀事故。方刀轴仅限制在有防护装置的压刨床上使用。

②圆刀轴。在圆柱形的刨刀体上均匀开有几个梯形槽[见图 13－5(b)]，刀片装在槽内，并通过紧固螺栓顶住压刀条，产生对刀片挤压力来紧固刀片。为便于用扳手拧螺栓，在刨刀体上预留出装刀槽。刨刀体采用圆柱形比棱柱形无疑更安全，但长贯整个刀轴的装刀槽仍构成安全隐患，当手指意外触碰时，卡入装刀槽里，会造成严重切伤甚至断指伤害。

改进后的圆刀轴[见图 13－5(c)]将压刀条截面制成梯形，内六角紧固螺栓嵌放在压刀条内。旋紧螺栓时，螺栓顶在装刀槽底部，使压刀条往外圆方向移动，楔卡在槽中，并用侧面将刀片挤住，压刀条外缘与刀体外缘基本处于同一圆周上，将装刀槽填平，仅在刀片附近留一出屑槽。如果手误触刀轴，虽然不可避免会伤及手指皮肉，但可避免断指事故，安全性比前两者好。

(2)刀片。刀片用来刨削木料。在通常的切削状态下，由于刀轴的高转速，使刀片受的离心力远远大于切削力。若刀片在径向伸出量过大，会引起切削力增大，万一手误触造成的伤害程度也大；若刀片伸出量不一致或崩牙损害，会使刀轴受旋转不平衡力作用且切削力不均匀，工件会因受不平衡切削力而侧倒，或因受周期性冲力而弹跳；若刀片过窄或紧固不牢，在强大离心力的作用下，刀片在径向会产生不对称的滑移，甚至造成刀片飞出伤人。

(3)刀轴、刀片及其装配的安全要求如下。

①平刨床使用刀轴的刨刀体应为圆柱形，手工操作的平刨床严禁使用方形和各种棱柱形刨刀体。组装后的刀槽应为半封闭形或封闭形[见图 13－5(b)，(c)]。

②刨刀片的宽度大于 30mm，重磨后的宽度不得小于原宽度的 2/3。

③组装后的刨刀片径向伸出量应控制在 1.1mm 之内，刀片在刨刀体端截面上的径向伸出量允差不得大于 0.05mm。

④组装后的刀轴须经强度试验。该试验要求切削含水率为 15% 的中等硬度木材，在送料速度为 8～16m/min、切削深度为 2～4mm、刀轴转速不低于 4 500r/min 情况下，连续切削 5min 后，刀片不得有卷刃、崩刃或显著磨钝现象。

⑤组装后的刀轴须经离心试验。该试验启动次数为 3 次，每次稳速的试验时间为 10min。每次启动分三挡升速法：第一挡为额定速度；第三挡为试验转速即 2 倍的额定转速；第二挡为二者的平均值。试验后压刀条相对于刀体的滑移量不得大于 0.15mm，切削圆直径变化不大于 0.3mm。

⑥刀轴的驱动装置所有外露旋转件都必须有牢固可靠的防护罩，并在罩上标出单向转动的明显标志。它还必须设有制动装置，在切断电源后，保证刀轴在下述规定的时间内停止转动：刨床宽度≥300mm 的为 10s；刨床宽度＜300mm 的为 5s。此

外,它还应设有刀轴定位的止动锁定机构,保障刀片装卸时的安全。

4. 满足劳动卫生要求

对平刨床的劳动卫生要求如下。

(1)根据对指定点的垂直振动速度测定情况,调整和控制平刨床的振动。平刨床振动与机床的结构型式、各零部件以及装配的质量有关,但主要原因是刀轴的不平衡离心力。

(2)平刨床空转噪声声压级不得超过85dB(A)。

(3)平刨床操作间必须设置吸尘装置,保证工作场所的粉尘浓度不超过10mg/m^3。

二、木工平刨床加工区的安全装置

通过平刨床自身各组成部分的安全措施,可以解决在发生事故时,大大减小伤害程度,但没有解决手不触碰刀轴的问题。从根本上避免伤害,必须采用安全防护装置。木工平刨床安全防护的重点是对加工区刀轴的安全防护。

1. 设计安全装置的思路

(1)遮盖刀轴。采用各种类型的防护装置,用实体障碍将刀轴遮盖。在加工时,露出与木料等宽的刀轴部分进行刨削。广泛使用的防护实体有防护罩、防护栅、防护键、防护板等,控制方式有机械式、光电式、手动式等多种类型。

(2)刀轴紧急制动。在人手接近刀轴,即将触碰刀轴的瞬间紧急制动,使刀轴在极短时间内迅速停止转动。

(3)刀轴紧急下降。在人手接近刀轴,即将触碰刀轴的瞬间,刀轴迅速降离工作台唇口,即使手落在唇口危险区,也无法触碰刀轴。

后两种一般借助感应、光电系统检测人体,从而控制刀轴制动或下降。关键环节是检测的准确性和刀轴动作的灵敏性(要求控制在0.07s内)。由于检测受木材质地和干湿度的影响,灵敏度受装置响应速度限制,还有紧急制动对刀轴的作用力过大等原因,后两种实际使用得不多。

2. 遮盖刀轴的防护装置

我国现行的平刨安全防护装置中,使用量最大的是护指键式、护罩式和护板式。

(1)扇形防护板。其结构如图13-6所示,在不工作时,防护板遮盖全部刨刀轴。扇形板运动由装在前工作台左侧的弹簧控制。当送料进给时,工件紧贴导尺推进,同时推开防护板露出刀轴,进行刨削。工件推过刨口时,扇形板借助弹簧恢复原位,将刀轴盖住。扇形防护板有的是一块有特殊曲线的板(见图13-6),也有的是由牛筋绳穿连的数块小竹板组成。

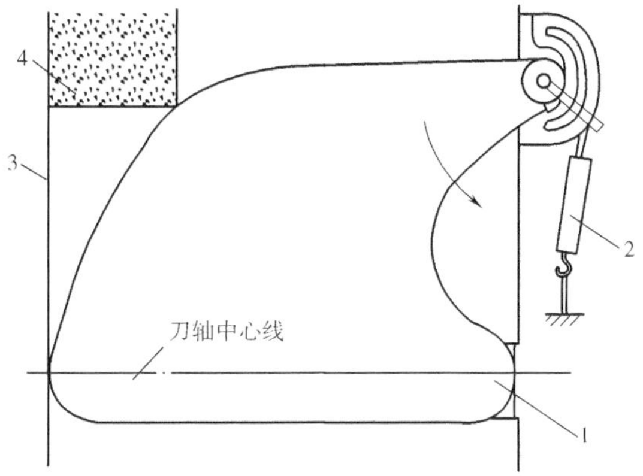

1—防护罩；2—弹簧；3—导尺；4—木料

图 13－6　扇形防护板

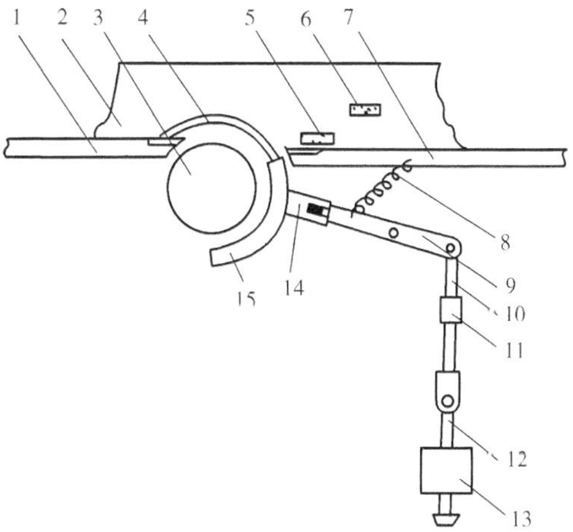

1—后工作台；2—导尺；3—刀轴；4—护指键；5，6—微动开关；7—前工作台；8—弹簧；9—拨杆；10—拉杆；11—拉杆调节螺母；12—电磁铁夹板；13—牵引电磁铁；14—拨叉；15—护指键弧形滑道

图 13－7　电控护指键式安全装置

（2）电控护指键式安全装置。该安全装置以均匀分布于刀轴全长的数只护指键遮盖刀轴。其机构原理见图 13－7，图中护指键 4 的弧形滑道 15 固定在前工作台 7 上，每个护指键都可以单独从滑道里滑进或滑出。微动开关 5，6 分别装配在前工作台一侧的导尺 2 上，微突出于导尺平面以便工件触碰。其中，开关 5 靠近刀轴和工作台面，供刨削宽薄木料时用；开关 6 距刀轴和工作台面高且远一点，供刨削窄高料时用。借助弹簧 8 拉动拨杆 9 通过拨叉 14 把护指键从弧形滑道内拨出，将刀轴盖住。当木料推进触碰微动开关时，牵引电磁铁 13 动作，通过拉杆 10、拨杆 9 将护指键 4 拨回弧形滑道，露出刀轴可以刨削；当木料后端离开微动开关时，电磁铁断电，弹簧又将键拨出护住刀轴。每一个护指键都由一个电磁铁控

制，开关箱上安装与护键相同数量的分开关，工作时根据木料宽窄任意决定参加防护的键数。该装置构造简单，动作灵敏，安全性好。因护指键动作靠工件触碰微动开关，所以进料必须紧贴导尺。

护指键式安全装置的形式有护指键与内护罩双层保护形式，有采用单层护罩式形式。控制信号有光电式、电磁式、电感应式、机械式等。安全装置的闭合时间小于手落入刀轴的时间，是这类装置关键安全性能要求。

3. 遮盖式安全装置的安全技术要求

平刨床遮盖式安全装置的安全技术要求如下。

（1）非工作状态下，护指键（或防护罩）必须在刨床全宽度上盖住刀轴。

（2）刨削时仅打开与工件等宽的相应刀轴部分，其余的刀轴部分仍被遮盖。未打开的护指键必须能自锁或被锁紧。护指键式的相邻键间距应小于 8mm。

（3）护指键或防护罩应有足够的强度与刚度。整体护罩或全部护指键应承受 1kN 径向压力，单个键应承受 70N 径向压力。发生径向位移时，位移后与刀刃的剩余间隙要大于 0.5mm。

（4）安全装置闭合灵敏，从接到闭合指令开始到护指键或防护罩关闭为止，闭合时间不得大于 80ms。

（5）装置不得涂耀眼颜色，不得反射光泽。

三、平刨床的安全操作要求

平刨床的安全操作要求如下。

（1）没有安全防护措施的木工平刨床禁止使用，安全装置要灵敏、可靠，无故障。

（2）操作前应对待加工木料进行检查，针对具体情况确定操作方法。加工旧料须事先将残留铁钉、泥土等杂物清理干净。

（3）开机前，检查机床的传动部分、工作台的调整和锁紧、刀轴的刀片安装紧固等是否符合安全规定。加工前应进行空载试车，确认合格，才可进行实际加工。

（4）刨削时，操作人员要保持身体平稳，应双手推送，控制进料速度均匀。刨大面时，手应按压在料上面；刨小面时，手指不得低于料高一半，并且距工作台面高度在 30mm 以上；遇节疤、逆茬、纹理不顺、材质坚硬时应减慢推料速度。严禁手指放在料后端面推送。

（5）加工长度小于 300mm、厚度低于 20mm 的短薄木料，严禁用手直接推送，要使用推棒或压板等手用工具。不要在平刨床上加工长度小于工作台开口量 4 倍的短料。

（6）更换刀具时，应戴手套。

第三节　锯机安全技术

锯机是以锯作为刀具，通过条锯或带锯往复运动，或圆盘锯旋转运动来锯割剖分木料。常见的锯机有带锯机和圆锯机。锯切伤害事故主要有锯的切割伤害、锯条断裂弹射、木材的打击伤害等。锯切伤害通过采用安全防护装置和正确的操作加以防止。

一、带锯机

带锯机是以一条开出锯齿的无端头的锯条为刀具，锯条由高速回转的上、下锯轮带动，实现直线纵向剖解木材的木工机械。各种类型带锯机的共同问题是锯条悬空段长，自由度大，刚性差。容易出现的问题是振动、锯条自锯轮上脱落、锯条断裂等。带锯机是木工机械中结构比较复杂的一种。

1. 带锯机的结构

带锯机主要由机身、上下锯轮及锯轮的升降和倾斜装置、锯条张紧装置、锯卡装置、制动装置等部分组成(见图 13－8)。

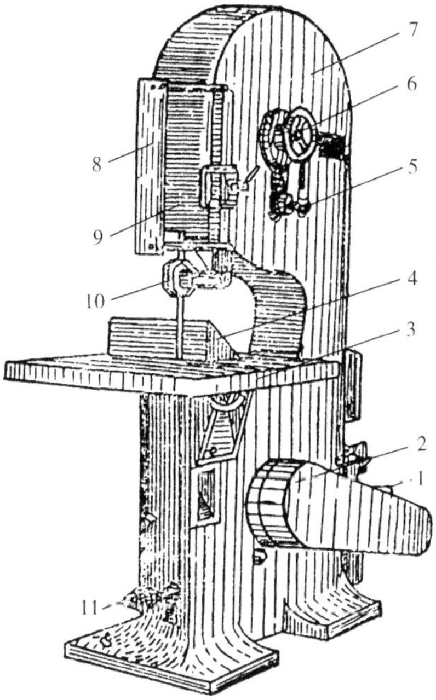

1—电动机;2—皮带防护罩;3—台面;
4—锯比;5,6—上锯轮的调整手轮;
7—机身;8—防护罩;9—固定螺丝;
10—锯卡子;11—脚踏制动

图 13－8　带锯机的组成

(1)机身。机身的作用是支持上下锯轮，将锯机各部分连接成一整体。一般用铸钢或铸铁制造，应与基础牢固结合，尽量低的重心使机身有足够的抗震性和稳定性。机身立柱上有垂直导轨供锯轮托架升降。机身尽量采用封闭式。

(2)锯轮。锯轮有上、下两个，用来装挂锯条。下锯轮为主动轮，由电动机通过皮带传动装置驱动。为增加转动惯量以调节锯解木料时的不均匀载荷冲击，并尽量降低整机的重心位置，下锯轮一般比上锯轮重 2.5 ~4.5 倍。下锯轮多为轮辐板很厚的整体铸件圆盘，起飞轮作用，安装后须经静平衡试验。上锯轮是从动轮，质量较轻。

(3)锯轮升降倾斜装置。该装置的作用是通过升降机构移动上锯轮，调节锯轮中心距，并使上锯轮稍倾斜，以便装卸锯条和调节锯条的张紧度。小型带锯机采用手动方式，大型带锯机采用机动方式。多数带锯机采用重锤式平衡装置来平衡锯条的张紧力。

(4)锯卡装置。锯卡是带锯机的导向装置，其作用是保持锯切木料段的锯条平直，防止锯条由于高速运动产生的振动。锯卡后面滑轮的功能是导引锯条，并当锯切力使锯条后偏时，滑轮顶住锯条背，防止锯条脱落。下锯卡直接固定在工作台底面上，上锯卡装在机身臂架上，随木料的大小不同可沿机身滑轨上下移动。锯卡与锯条的间隙必须适中，过紧会使锯条摩擦发热，过松则失去作用。

(5)制动装置。其作用是克服电动机停转后锯轮的运动惯性。该装置多采用摩擦制动方式，用手柄或脚踏板借助杠杆或偏心机构进行控制。

(6)附属设施。大型带锯机的作业对象原木体大笨重，附属设施有跑车、原木上车装置、翻木装置、卸料装置等。小型带锯机一般只有主机。

2. 安全技术要求

高速运动的带锯条是锯切刀具，也是锯机最大的危险因素。其安全技术要求如下。

①带锯条厚度应与匹配的带锯轮相适应。避免小轮选用大厚度锯条，造成断裂伤人。

②锯齿应锋利，齿深不得超过锯条宽的1/4。

③带锯条焊接应牢固平整，接头不得超过3个，两接头之间长度应为总长1/5以上，接头厚度应与锯条厚度基本一致。

④严格控制带锯条的横向裂纹，裂纹超长应切断重新焊接(见表13-3)。

⑤大型带锯机的跑车轨道应平直，两端配有行程开关，跑车两侧应设置警示栏。

表13-3　带锯条横向裂纹的裂口指标

裂纹名称	锯背或锯身裂纹	齿根裂纹	焊缝两侧裂纹	焊缝裂纹
裂口指标	$1/6B$	$1/7B$	$1/10B$	不允许有

注：B为带锯条宽度。

二、圆锯机

圆锯机结构比带锯机简单得多，主要由锯身、工作台、主轴和锯比组成。圆锯片是沿圆周均匀分布有锯齿的圆盘,电动机通过皮带传动将动力传给锯轴,带动锯片高速旋转来锯切木料。

锯片的横向稳定性和锯齿的足够刚度是正常作业的必要条件,一方面锯片本身必须具有良好的机械性能;另一方面是锯片的安装一定要达到以下要求。

(1)未经过适张度处理的普通圆锯片、有裂痕未经修复的圆锯片不得使用。

(2)锯片夹紧法兰盘的直径与锯片应有足够的接触面积,其夹紧面必须平整。转动时,锯片与法兰盘之间不得出现相对滑动。

(3)锯片和法兰盘应与锯轴的旋转中心线垂直,防止锯片旋转时的摆动。

(4)锯片和法兰盘应与锯轴同心,防止产生不平衡离心力。

三、锯机加工区的安全防护装置

安全装置应具有基本保护作用如下。

第一,将不参加锯切部分的锯条或圆锯盘遮住,使人体无法接触。

第二,有效挡住断裂锯条或圆锯崩齿,使之不飞出伤人。

1. 带锯机安全装置

带锯机的安全装置采用多种形式的防护罩:固定式防护罩[见图 13－9(a)]将不参加工作的锯条封闭起来;活动式防护罩[见图 13－9(b)]的罩体可以侧向打开,方便调节锯条;高度可调式防护罩[见图 13－9(c)],可根据锯切木料的厚度,调节防护罩的防护高度。

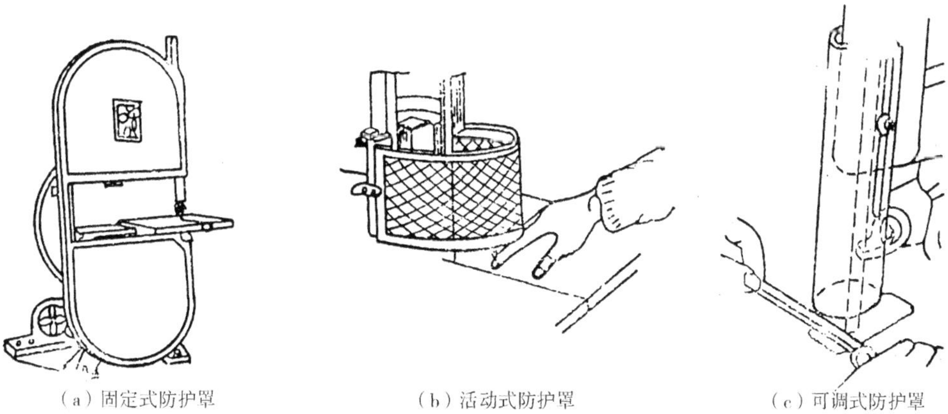

(a)固定式防护罩　　(b)活动式防护罩　　(c)可调式防护罩

图 13－9　带锯机安全装置

2. 圆锯机安全装置

圆锯机的安全装置采用覆盖式安全防护罩(见图 13-10)和分料刀。防护金属罩应能随锯切木料的大小调整高度,使外露的锯片越小越好;罩体应承受木料意外冲击的足够强度;在操作台下部暴露的锯片也应防护。分料刀的作用是使锯解的木料分开,防止夹锯的木料突然分离打击伤人。分料刀的厚度应比锯片稍厚,比锯路略窄。

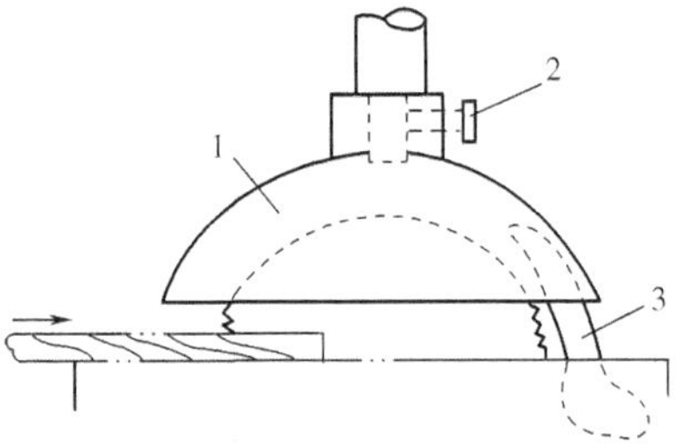

1—罩壳;2—调紧螺栓;3—分料刀

图 13-10 锯片防护罩

四、锯机的安全操作要求

锯机的安全操作要求如下。

第一,手动进料需二人操作。操作上手双手拿料,使木料紧贴锯比(靠山)向前推送,推至锯片 300mm 处可放手,站立锯侧面,严禁上手用腹部顶料。操作下手接料要与上手协调一致,送回木料时,应防止木料碰到锯片。

第二,锯切时,进材速度均匀,快慢适度。若遇木料夹锯,要停机处理,不得生拉硬拽。

第三,无论是否有安全防护罩,手臂绝对不可越过锯片上方拿取木料。

第四,锯机开动时,不许做任何调整。一切异常情况出现,都必须待关闭电源、停机后再作处理。

第五,锯台、锯面周围应保持清洁。锯片旋转时,切勿用手清除杂物,应用长木棒拨除。停机时不得用木棒迫使锯片停转,以防木棒弹出伤人。

第十四章　压力机械安全技术

第一节　压力加工与冲压事故

压力加工是机械制造的基础工艺之一，在工业生产中占有重要地位。压力加工工艺亦称锻压工艺，即利用压力机和模具，使金属及其他材料在局部或整体上产生永久变形。压力加工涉及的范围很广，包括弯曲、胀形、拉伸等成形加工，挤压、穿孔、锻造等体积成形加工，冲裁、剪切等分离加工，以及成形结合、锻造和压接等组合加工等。它是一种少切削或无切削的加工工艺。由于压力加工效率高、质量好、成本低，它广泛应用在汽车、电气和航天航空等生产部门。越来越多的生产企业采用锻压工艺取代机械切削加工工艺，使锻压机械在机床中的比例增大，其中，以曲柄压力机的数量和品种最多。压力机（包括剪切机）是危险性较大的机械，通常被称为“老虎机”，发生操作者的手指被切断的数字是惊人的。压力加工的人身安全受到关注，一直是劳动安全工作比较突出并下大力气解决的问题。

一、压力加工危险因素识别

从劳动安全卫生角度上看，压力加工的危险因素主要是噪声和振动对作业环境的影响，以及机械危险对操作者的伤害，其中以机械伤害的危险性最大。

1. 噪声危害

压力机是工业高噪声机械之一。其噪声主要是机械噪声，噪声来自传动零部件的摩擦、冲击、振动，离合器结合时的撞击；工件被冲压时的噪声，以及工件及边角余料撞击地面或料箱的噪声等。现在比较切实可行的保护措施，一是给传动系统加防护罩，可使噪声级下降 5～8dB；二是作业人员佩戴听力护具，例如耳塞、耳罩等耳部防护用品，可以大大减少噪声对听觉的危害。

2. 机械振动危害

机械振动主要来自冲压工件的冲击作用，尤其是手持工件操作时，手和臂受振更甚。人体受到的影响表现在心理上和生理上，长时间处于振动环境中，人就会感到不舒服，甚至感到厌烦，注意力难以集中，操作动作的准确性下降。冲击振动还会导致设备的材料疲劳，连接松动，并使周围其他设备的精度降低。

3. 机械伤害

压力机在冲压作业过程中，使人员受到冲头的挤压、剪切伤害的事件称为冲压事故。冲压事故发生频率高、后果严重，是压力加工最严重的危害。机械伤害还包括与其他运动零件的接触伤害、冲压工件的飞击伤害等。

二、冲压事故分析

1. 冲压事故的机制

压力加工过程是这样的，上模具安装在压力机滑块上并随之运动，被加工材料放于固定在压力机工作台的下模具上，通过上模具相对于下模具作垂直往复直线运动，完成对加工材料冲压。滑块每上下往复运动一次，实现一个行程。当上行程时，滑块向上移动离开下模。操作者可以伸手进入模口区，进行出料、清理废料、送料、定料等作业；当下行程时，滑块向下运动进行冲压。如果在滑块下行程期间，人手尚未离开模区时，或是在即将冲压瞬间手伸入模区，随着冲模闭合手就会受到夹挤，发生冲压事故。

从安全角度分析冲压作业中的物的状态、人的行为以及人物关系可以看到，在冲压作业正常进行的一个工作行程中，由于滑块特殊的运动状态——垂直往复直线运动，决定了冲压作业的危险性。有关冲压事故的机制分析如下。

(1)危险因素：滑块的往复直线运动形式和上、下模具的相对位置及间距。

(2)危险空间：指在滑块上所安装的模具(包括附属装置)对工作面在行程方向上的投影所包含的空间区域，即上、下模具之间形成的模口区。

(3)危险时间：滑块的下行程，而在上行程滑块向上运动离开下模，是安全的。

(4)人的行为：脚踏开关操纵设备，手工取工件，放原料。

(5)危险事件：在特定时间(滑块的下行程)，当人的手臂仍然处于危险空间(模口区)，发生挤压、剪切等机械伤害。

冲床设备的非正常状态是指设备存在着一定的缺陷或元件故障，例如，刚性离合器的转键、键柄和直键断裂，操纵器的杆件、销钉和弹簧折断，牵引电磁铁的触点粘连不能释放，中间继电器的触点粘连不动作，行程开关失效，制动钢带断裂等故障，都会造成滑块运动失控形成连冲，而引起人身伤害事故。

2. 冲压事故的发生频率和后果

绝大多数冲压事故是发生在冲压作业的正常操作过程中。统计数字表明，因送取料而发生的约占38%，由于校正加工件而发生的约占20%，因清理边角加工余料或其他异物的占14%，多人操作不协调或模具安装调整操作不当的占21%，其余是因机械故障引起的。

从受伤部位看，多发生在手部（右手稍多），其次是面部和脚（工件或加工余料的崩伤或砸伤），很少发生在其他部位。从后果上看，死亡事件少，而局部永久残疾率高。

剪切机械的工作原理与压力机类的，其危险主要在加工部位，即剪床的切刀部位。此处一旦出现伤害事故，操作者的手臂极易致残。

3. 冲压事故的原因分析

冲压事故的原因有以下几方面。

（1）冲压操作简单，动作单一。单调重复的作业极易使操作者产生厌倦情绪。

（2）作业频率高。操作者需要配合冲压频率，手频繁地进出模口区操作，每班操作次数可达上百次，甚至上千次，精力和体力都消耗大。

（3）冲压机械噪声和振动大。作业环境恶劣造成对操作者生理和心理的不良影响。

（4）设备原因。模具结构设计不合理；机器本身故障造成连冲或不能及时停车等。

（5）人的手脚配合不一致，或多人操作彼此动作不协调。

从上面分析可见，由于冲压作业特点和环境因素等方面的原因，会导致操作者的操作意识水平下降、精力不集中，引起动作不协调或误操作。大型压力机因操作人数增加，危险性则相应增大。通过技术培训和安全教育，使操作者加强安全意识和提高操作技能，对防止事故发生有积极的作用。但防止冲压事故单从操作者方面去解决，即要求操作者在整个作业期间一直保持高度注意力和准确协调的动作来实现安全是苛刻的，也是难以保证的。因此，必须从安全技术措施上，在压力机的设计、制造与使用等诸环节全面加强控制，才能最大限度地减少事故，首先是防止人身事故；其次是防止设备和模具损坏。

三、实现冲压安全的对策建议

对冲压安全的措施建议如下。

第一，采用手用工具送取料，避免人的手臂伸入模口区。

第二，设计安全化模具，缩小模口危险区，设置滑块小行程，使人手无法伸进模口区。

第三，提高送、取料的机械化和自动化水平，代替人工送、取料。

第四，在操作区采用安全装置，保障滑块的下行程期间，人手处于危险模口区之外。

前三项措施，特别是第三项对改善作业条件，减少冲压人身事故无疑是有效的。但它们有局限性，只能保证正常操作的安全，而不能保证意外情况，即人手伸进危险区时的安全。解决冲压事故的根本措施是在操作区使用安全装置。

第二节 压力机工作原理及主要技术参数

根据压力机的传动方式、结构形式及产生压力的方式等不同,可有多种类型。按传动方式不同,可分为机械传动、液压传动、电磁及气动压力机;按机身结构不同,可分为开式和闭式机身压力机;按产生压力的方式不同,机械压力机又可分为摩擦压力机和曲柄压力机。机械传动的曲柄压力机使用量最大,是我国工业部门中最基本、最常见的压力机械类型。其中,中、小吨位开式机身机械式曲柄压力机使用量多,手工操作比例大,相应的事故率也高。本章将重点讨论开式机身机械式曲柄压力机。

一、曲柄压力机组成

曲柄压力机由机身、动力传动系统、工作机构和操纵系统组成。

1. 机身

机身由床身、底座和工作台三部分组成,工作台上的垫板用来安装下模。机身大多为铸铁材料,而大型压力机采用钢板焊接而成。机身首先要满足刚度、强度条件,有利于减振降噪,保证压力机的工作稳定性。

2. 动力传动系统

动力传动系统由电动机、传动装置(齿轮传动或带传动)以及飞轮组成,其中电动机和飞轮是动力部件。在压力机的空行程,靠飞轮自身转动惯量蓄积动能;在冲压工件瞬间受力最大时,飞轮放出蓄积的能量,这样使电动机负荷均衡,能量利用合理,减少振动。有的冲压机利用大齿轮或大皮带轮起到飞轮的作用。

3. 工作机构

工作机构是曲轴、连杆和滑块组成曲柄连杆机构。曲轴是压力机最主要部分,它的强度决定压力机的冲压能力;连杆是连接件,它的两端与曲轴、滑块铰接;装有上模的滑块是执行元件,最终实现冲压动作。输入的动力通过曲轴旋转,带动连杆上下摆动,将旋转运动转化成滑块沿着固定在机身上导轨的往复直线运动。

4. 操纵系统

操纵系统包括离合器、制动器和操纵机构。离合器和制动器对控制压力机的间歇冲压起重要作用,同时又是安全保证的关键所在,离合器的结构对某些安全装置的设置产生直接影响。操纵装置一般采用脚踏开关。

二、曲柄压力机的工作原理

以 J31 - 315 型开式压力机为例,其工作原理见图 14 - 1。电动机 1 带动皮带传动系统2,3,将动力传到小齿轮6,通过6和7,8和9两级齿轮减速传到曲柄连杆机构,大齿轮7同时又起飞轮作用。最末级齿轮9制成偏心齿轮结构,它的偏心轮部分就是曲柄,曲柄可以在芯轴10上旋转。连杆12一端连到曲轴偏心轮;另一端与滑块铰接,当偏心齿轮9在与小齿轮8啮合转动时,连杆摆动,将曲轴的旋转运动转变为滑块的往复直线运动。上模装在滑块上,下模固定在垫板上,滑块带动上模相对下模运动,对放在上、下模之间的材料实现冲压。

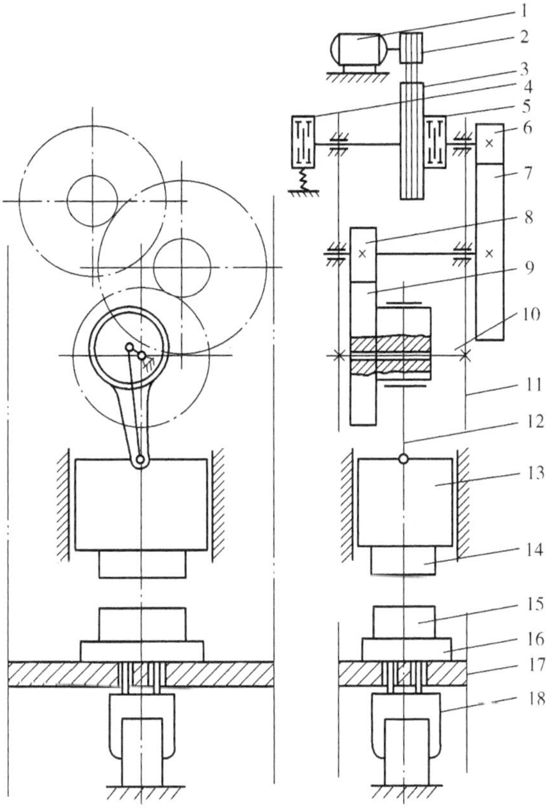

1—电动机;2—小皮带轮;3—大皮带轮;4—制动器;5—离合器;6—小齿轮;
7—大齿轮;8—小齿轮;9—偏心齿轮;10—芯轴;11—机身;12—连杆;
13—滑块;14—上模;15—下模;16—垫板;17—工作台;18—液压气垫

图14-1　J31-315型压力机运动原理图

在电动机不切断电源情况下,滑块的动与停是通过操纵脚踏开关控制离合器5和制动器4实现的。踩下脚踏开关,制动器松闸,离合器结合,将传动系统与曲柄连杆机构连通,动力输入,滑块运动;当需要滑块停止运动时,松开脚踏开关,离合器分离,将传动系统与曲柄连杆机构脱开,同时运动惯性被制动器有效地制动,使滑块运动及时停止。

三、安全作业区

压力机的安全作业区是指由曲轴的有关强度曲线及其坐标所围成的区域,因此,首先对曲轴强度进行分析讨论。

曲轴是压力机最主要部分,其强度决定压力机的冲压能力。曲轴的破坏,不仅影响生产,而且可能引发事故。

曲轴的主要结构见图 14 –2,由支承颈、曲。柄颈和曲柄臂组成。在曲柄滑块机构的一个工作循环中,从安装在支承颈一端的齿轮输入扭矩,曲轴旋转,与曲柄颈铰连的连杆边摆动边上下运动,使滑块沿导轨作上下往复直线运动,将扭矩转化为滑块的冲压力。曲柄转动一周,滑块上下往复运动一次。当曲柄颈带动连杆运行到最高位置时,滑块处于上死点;当曲柄颈转动向下运行,曲柄与铅垂线的夹角达到某一值时,实施对工件冲压,然后曲柄颈到达最低位置,滑块处于下死点,继而上行程,开始下一个工作循环。在曲柄颈冲压瞬间,工件变形力通过滑块和连杆作用在曲柄颈上。

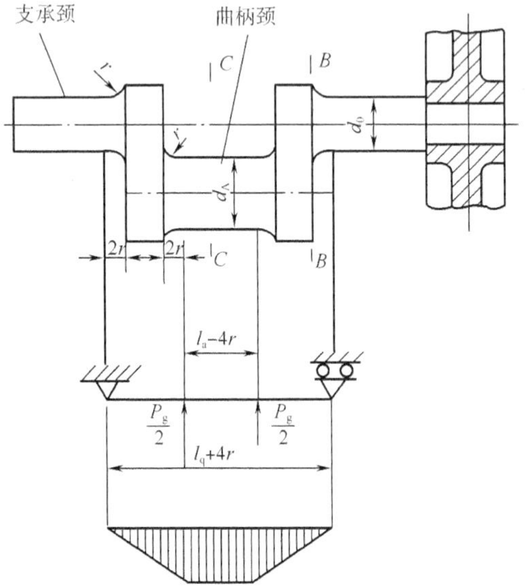

图 14 –2　曲轴结构及计算简图

1. 曲轴受力分析

曲轴受力情况复杂,各国专家对它的强度计算提出不少方法。我国专家根据曲轴受力变形分析必然引起载荷分布发生变化的实际情况和实际测定验证,曲轴开始受力的瞬间,连杆对曲柄颈的作用力可视为均布载荷(见图 14 –3)。受力后,曲轴弯曲变形,且曲柄颈中部的变形大于两边的变形,这时,连杆的实际作用力由均布转化为两端大、中间小的非均布状态,可以认为它以两个集中的力作用于曲柄颈的两端,属于纯弯梁的性质(见图 14 –2)。曲轴的危险截面在曲柄颈的中部 C—C 截面和支

承颈的根部 B—B 截面，受弯矩和扭矩的联合作用。

曲柄颈 C—C 截面，受到的弯矩远大于扭矩，可忽略扭矩影响。曲柄颈的强度与几何尺寸有关，与曲轴材料的机械性质有关，与曲柄的转角无关。

支承颈 B—B 截面，受到的扭矩远大于弯矩，可忽略弯矩影响，曲柄扭矩随转角 α 增大而增加。支承颈的强度不仅与几何尺寸及曲轴材料的机械性质有关，而且受曲柄的转角制约，是曲柄转角 α 的函数。

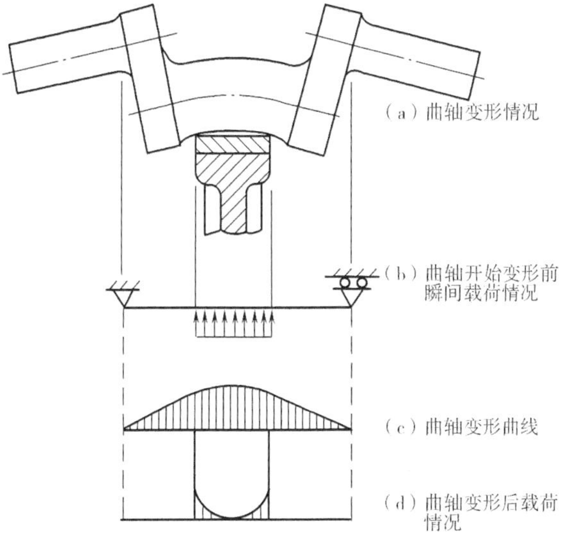

图 14－3　曲轴变形及载荷分布图

综合考虑，为使曲轴不破坏，压力机得以正常工作，就必须同时满足曲柄颈和支承颈曲轴强度要求。压力机安全负荷图表示压力机允许承受的工件变形力与曲轴转角关系见图 14－4。由图中可见，当转角小于某一范围时，压力由曲轴曲柄颈强度决定，为一常量，其强度线是一条直线；当转角大于某一范围，由曲轴支承颈强度所限制，是曲柄转角 α 的函数，为一条曲线。压力机允许承受的工作变形力，即曲柄滑块机构允许承受的最大载荷，是由曲轴的曲柄颈和支承颈的强度所限制的。

2. 曲柄滑块机构的安全作业区

压力机产生的压力受曲轴强度的限制，而曲轴的扭矩是受曲柄转角的影响，转角增大，扭矩增大，则曲轴的应力也随之增大。若要使曲轴应力不超过安全限度，关键是在当滑块与工件发生作用的瞬间，限定曲轴转角在较小的角度范围内。那么压力机工作的安全区即为由曲轴支承颈强度曲线、曲柄颈强度曲线与两坐标

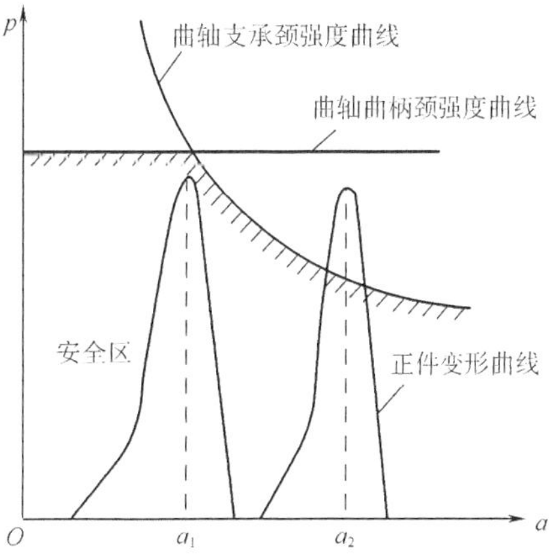

图 14－4　压力机安全负荷图

轴围成的区域。使用压力机时,应严格控制压力机所承受的压力和工作角度不得超越安全区。即使进行同一材料同一工艺的加工,如图 14－4 中所示,在 α_1 转角下则安全,在 α_2 下则不安全。

压力机的公称压力 P_g 是限定在一个特定的工作角度即公称压力角 α_g(也称额定压力角)范围内,如果压力机的实际工作角度超过公称压力角 α_g,则需根据压力机安全负荷图计算相应的压力机安全压力,以保证压力机实际承受的工件变形力落在安全区内。公称压力角一般小型压力机为 $\alpha_g = 30°$,中、大型压力机为 $\alpha_g = 20°$。为使用方便,常将公称压力角 α_g 换为公称压力行程 S_g,并以它为标准参数。我国的开式压力机为 $S_g = 3 \sim 16$mm,闭式压力机为 $S_g = 13$mm。

四、主要技术参数

1. 公称压力 P_g

曲柄压力机的公称压力(即额定压力)是指滑块离下死点前某一特定距离(即公称压力行程 S_g)或曲柄旋转到离下死点前某一特定角度(即公称压力角 α_g)时,滑块所容许承受的最大作用力,单位 N 或 kN。

2. 滑块行程 S

滑块行程为滑块从上死点到下死点直线距离,单位 mm。

3. 滑块单位时间的行程次数 n

行程次数为滑块每分钟从上死点到下死点再回到上死点的往返次数。

压力机的行程次数应能保证生产率,同时必须考虑操作者的操作频率不能超过承受能力,造成疲劳作业。

4. 装模高度 H

装模高度为滑块在下死点时,滑块底平面到工作垫板上表面的距离,单位 mm。当滑块调节到上极限位置时,装模高度达到最大值,称为最大装模高度。

封闭高度是指滑块在下死点时,滑块底平面到工作台上表面的距离,单位 mm。封闭高度和装模高度之差恰好是垫板厚度。

其他参数还有工作台板和滑块底面尺寸、喉深及立柱间距等。压力机装设安全装置时要考虑这些参数。

第三节　开式压力机的操纵系统

操纵系统包括离合器、制动器和操纵机构,是曲柄连杆机构的控制装置,用来结合或分离动力。在输入动力时,制动器先松闸,离合器再结合;在切断动力时,离合器先分离,制动器上闸克服曲柄连杆机构的惯性,使运动迅速停止。离合器与制动器工作异常,会导致滑块运动失去控制,引发冲压事故。操纵系统是安全检查的重点。

一、离合器

离合器分为刚性离合器和摩擦离合器两类。

1. 刚性离合器

刚性离合器按接合零件的型式不同,可分为转键式和滚柱式。滚柱式离合器安全性较好,但由于技术原因目前压力机较少使用。压力机常用转键式离合器,按转键的数目分为单键和双键两种。按转键的形状又分为半圆形转键和矩形转键(又称为切向转键)。

(1)刚性离合器的工作原理。半圆形双转键离合器的结构原理图见图 14－5,它由主动部分(动力输入端)、从动部分(与曲柄连杆机构相连)、接合部分组成。

①主动部分:包括图 14－5 中大齿轮 8、中套 4 和滑动轴承 1,5,中套借助平键 14 与大齿轮固定连接。

②从动部分:包括图 14－5 中曲轴 3、内套 2 和外套 6。

③接合部分:包括图 14－5 中转键 16 和 15、转键操纵机构的关闭器 9、弹簧 12 和拉板 17。

关键元件的配合工作关系是这样的(见图 14－5 的 *D—D* 剖视图):中套的内壁有四个缺月形槽,曲轴的外壁有两个丰月形的槽,内、外套的内壁各有两个缺月形槽,曲轴及中、内、外套的槽直径相同。转键的中部为丰月形实体,两端为圆柱形轴颈,轴颈支承在由曲轴上的槽与内、外套的槽共同形成的圆形轴孔中;转键中部的丰月形实体与曲轴的丰月形槽配合,并在操纵机构控制下可绕转键自身的轴线在曲轴槽内转动。这样可能出现两种情况,当转键的丰月形实体与曲轴的丰月形槽完全重合时,转键与曲轴共同组成一个实整圆(见图 14－5 中 *D—D* 的左剖视图),该整圆可相对中套滑动,曲轴不随大齿轮转动,离合器处于分离状态;当大齿轮中套缺月形槽与曲轴丰月形槽对正成完整圆槽时,如恰好转键转动,卡在该圆槽中(见图 14－5 中 *D—D* 的右剖视图),则大齿轮带动曲轴转动,离合器处于结合状态。转键有主键(即工作键 16)与副键(也称填充键 15)之分,两键总是同时转动但转向相反。两键的运动联系靠右端装配的键柄 18,19 和拉板 17 组成的四连杆机构来完成(见图 14－5 的 *E* 向图)。在上模随滑块下行程冲压工件时,主键起作用;当传动机构反转(如当调整模具需要)时,副键起作用。副键可以防止滑块下行程时,由于曲柄滑块机构的自重作用,造成曲柄发生超前于大齿轮的转动,“超前”现象会引起主键与中套的撞击。

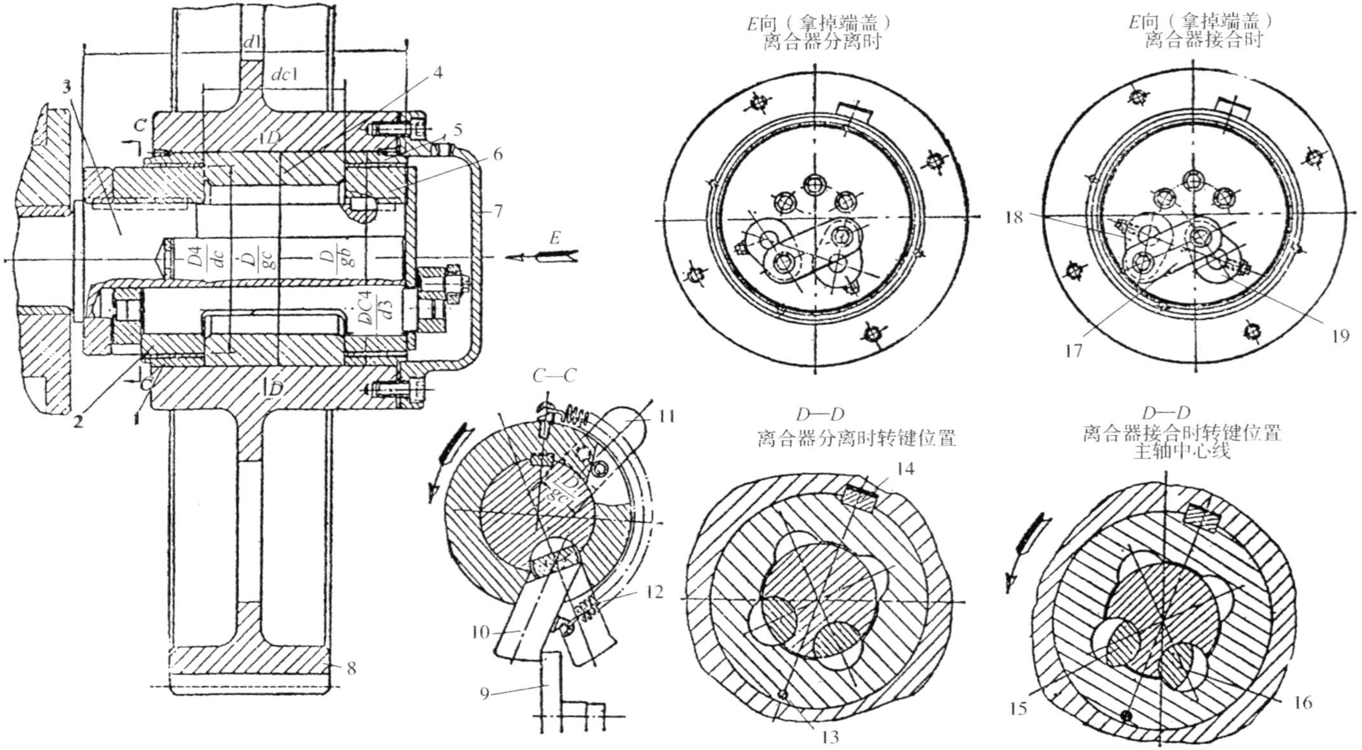

1，5—滑动轴承；2—些内套；3—曲轴（右端）；4—中套；6—外套；7—端盖；8—大齿轮；9—关闭器；10—尾板；11—凸块；12—弹簧；13—润滑棉芯；14—平键；15—副键；16—工作键；17—拉板；18—副键柄；19—工作键柄

图 14－5　双转键离合器

控制转键的转动原理是这样的（见图 14－5 的 *C—C* 剖视图）：当需要离合器结合时，转动关闭器 9，让开尾板 10 在弹簧 12 作用下，尾板连同工作键有逆时针旋转趋势，只要中套和曲轴的圆槽对正，则工作键立刻逆时针转过一角度，卡在中套和曲轴圆形槽中间，大齿轮借助中套和工作键带动曲轴旋转。

切向转键式离合器（见图 14－6）工作原理与双键离合器相似，只是其转键断面为近似矩形，中套内缘有 3 个槽。在操纵机构作用下，切向转键 5 转入中套三角槽内则离合器结合，当转键完全位于曲轴内套的键槽中时，离合器脱开。

刚性离合器构造简单，便于制造，不需要额外动力源。但它传递扭矩小，连接元件受撞击载荷，容易损坏，而且滑块只能停止在上死点，不能在行程的任意位置停止。

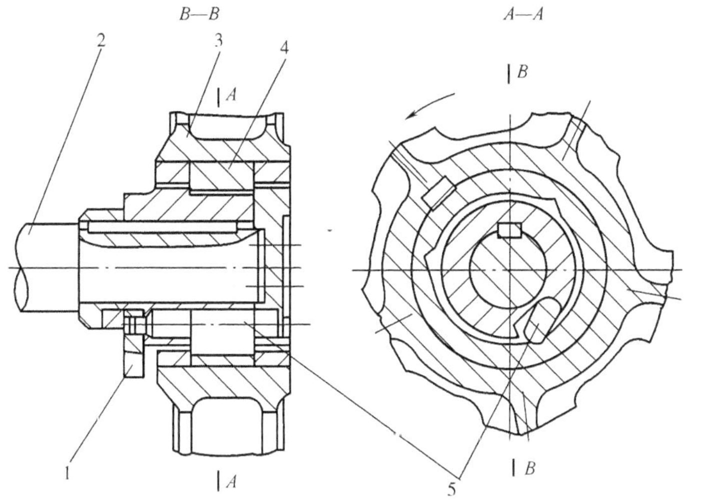

1—尾板；2—曲轴；3—大齿轮；4—中套；5—切向转键

图 14－6　切向转键离合器

（2）刚性离合器的安全要求如下。

①刚性离合器承受冲击的零件（如转键、滑销、牙嵌等）应在材质及热处理方面采取措施，提高其强度和冲击韧性。必要时应对其内在质量进行无损探伤检查。

②刚性离合器的单次行程工作机构必须安全、可靠。

③刚性离合器的操纵机构的支架，必须安装正确、牢固，不得因受震动而产生松动。

④转键离合器的操纵机构的关闭器应与转键的键尾接触良好。

⑤转键在键槽内的转动应灵活、可靠。在单次行程操作后，应能及时复位。在

非操作的情况下，应不会被其他外力推动而转动。

2. 摩擦离合器

摩擦离合器是借助摩擦副的摩擦力来传递扭矩。压紧摩擦元件，在结合面形成摩擦副，产生摩擦力，使离合器主动部分与从动部分结合；压紧力解除，结合面分离，摩擦力消失，离合器的动力切断。按工作情况，摩擦离合器分为干式（摩擦面暴露在空气中）和湿式（摩擦面浸在油里）两种。按摩擦面的形状，又可分为圆盘式、浮动镶块式和圆锥式多种类型。

（1）摩擦离合器的工作原理。以浮动镶块式摩擦离合器为例，它由主动部分、从动部分和结合部分组成（见图 14－7）。

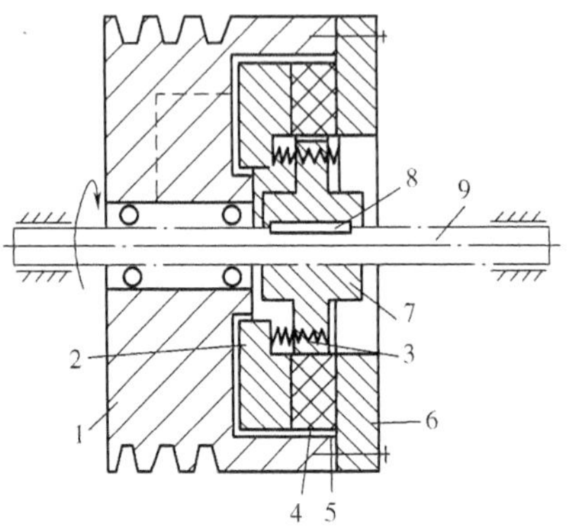

1—飞轮；2—环形汽缸活塞；3—复位弹簧；4—浮动摩擦块；5—调整垫片；6—主动盘；7—保持盘；8—键；9—传动轴

图 14－7　浮动镶块式摩擦离合器

①主动部分：由图 14－7 中飞轮 1（大齿轮）、活塞 2、主动盘 6 组成，飞轮外部是大齿轮，内部是环形气缸；

②从动部分：图 14－7 中传动轴 9 与保持盘 7 用键连接，传动轴与曲轴同步运动；

③结合部分：图 14－7 中摩擦块 4、活塞 2、复位弹簧 3，摩擦块浮动镶嵌在环形汽缸内，处于主动盘和活塞之间，可轴向移动。

本装置的动作过程是：压缩空气进入汽缸内，图 14－7 中推动活塞 2，将摩擦块挤压变形，同时压缩弹簧 3，摩擦块内环面和右侧面分别紧贴在保持盘 7 和主动盘 6 上形成摩擦副，离合器接合，动力经保持盘通过摩擦块传递给主动盘，曲轴转动；当汽缸中的空气排出时，在复位弹簧张力作用下，活塞压力解除，摩擦块消除变形恢复浮动状态，摩擦副不复存在，离合器分离，保持盘和主动盘的联系切断，在制动器作用下，曲轴停止转动。摩擦式还可以将离合器和制动器设计成一体，实现二者的联锁动作。

（2）摩擦离合器的安全要求如下。

①离合器与制动器的联锁控制动作应灵活、可靠，不得相互干涉。

②制动器的制动弹簧工作性能应可靠，并应能防止弹簧飞出。

③干式摩擦离合器应有措施，能防止油脂、水等进入摩擦面上。

④气动摩擦离合器中气动摩擦片(或块)的比压、工作温升及线速度,应在摩擦材料允许的范围内。

摩擦离合器结合平稳,冲击和噪声小,构件不会突然损坏,传递扭矩大,滑块可停止在行程的任意位置。其缺点是结构复杂,造价较高,需要压缩空气作动力能源。

二、操纵机构

操纵机构有手控按钮或推杆式,有脚踏开关式。脚踏开关式由于可解放双手进行台面操作,手脚配合并用提高效率,使用比较普遍。其具体结构有脚踏板直接带动杠杆系统,也有用脚踏、电气开关进行控制。脚踏板杠杆系统多用于刚性离合器。

在图 14－8 所示操纵机构中,操作者踩下脚踏板 4,通过杠杆 5 和拉杆 2,拉动关闭器让开尾板,转键转动,离合器结合,滑块运动;松开脚踏板,关闭器在弹簧 3 的作用下复位,强制转键回到分离状态,滑块停止在上死点。如果是单行程,脚踩踏板一下再松开,滑块完成一个冲程;如果脚持续踩踏板不松开,可实现滑块的连续动作。

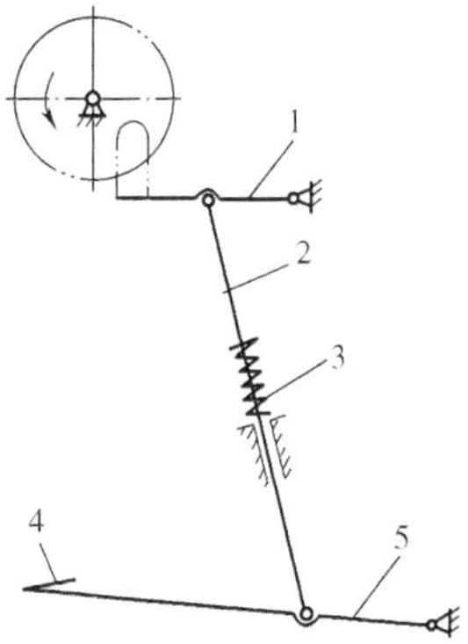

1—关闭器;2—拉杆;3—复位弹簧;
4—脚踏板;5—杠杆

图 14－8　脚踏板杠杆式操纵机构

工具、工件及废料等坠落物撞击脚踏板,引起滑块意外运动而造成事故是脚踏开关的安全问题。操作者在单行程操作时,或由于手脚动作不协调,或由于忘记抬脚导致连冲,引起冲压事故。从根本上解决安全问题还要采用安全装置。

脚踏操作装置的安全要求如下。

第一,脚踏开关应采用弹簧复位,在无外力状态下应能自动复位。踏板与开关的接触应灵敏、可靠。

第二,脚踏板的上部及两侧应有防护罩,罩体应具有抗坠落物撞击的足够强度和刚度。踏板应防滑。

三、制动器

压力机常用制动器有圆盘式、带式和闸瓦式三种类型。闸瓦式用得较少,圆盘式动作原理与摩擦离合器类似。带式制动器的制动原理与起重机用带式制动器相同,但在压力机上使用有其特殊要求。常见的制动器有偏心带式制动器和气动带式制动器。

1. 偏心带式制动器

图 14－9 所示为周期作用的偏心带式制动器，制动轮 1 借助平键 2 与曲轴 3 相连，内侧铆接摩擦衬料的制动带 5 的一端固定在机身上；另一端用制动弹簧 6 张紧。制动轮内孔与曲轴同心，而外缘与内孔不同心有一偏心距，偏心距控制曲轴旋转在不同位置时的制动力矩。曲轴接近上死点附近，制动带绷得最紧，制动力矩也最大，防止曲轴超越上死点，导致滑块因自重而下降，发生连冲事故；曲轴在其他位置时，制动带不完全松开，仍保持一定的制动力矩，用以克服刚性离合器的"超前"现象。制动力矩的大小可用调节螺钉来调节。

由于该制动器经常处于制动状态，加速摩擦材料的磨损，长时间制动可能产生制动带过松造成制动力矩下降，须经常检查调整，以保证安全。

2. 气动带式制动器

气动带式制动器的制动作用由汽缸活塞来控制（见图 14－10），上闸制动力矩由弹簧张力决定。气缸进气，压缩制动弹簧，制动带松开；气缸排气，在弹簧作用下拉紧制动带，产生制动作用。制动器可以在曲轴的任一工作角度制动。由于非制动时，制动带与制动轮不接触，可以减少能量消耗和摩擦材料的磨损。由于采用液压系统，结构比较复杂。

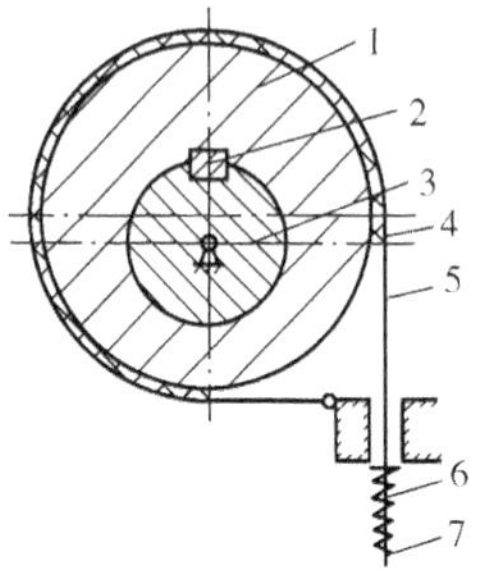

1—制动轮；2—键；3—曲轴；4—摩擦衬带；
5—制动带；6—制动弹簧；7—螺栓

图 14－9　偏心带式制动器

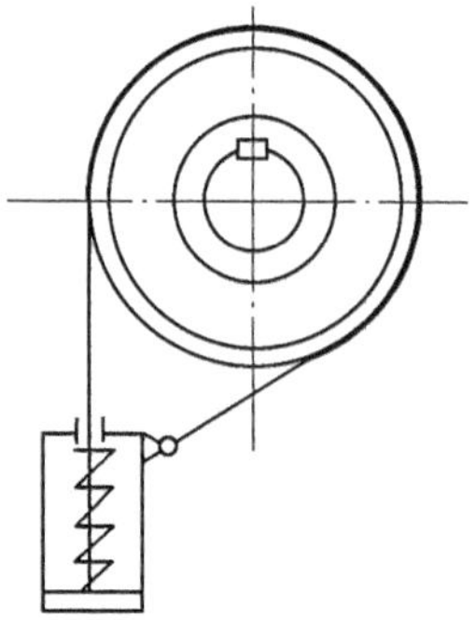

图 14－10　气动带式制动器

第四节　过载保护装置

压力机工作过程中，可能由于材料、模具、设备、操作等问题出现超载；由于滑块和上模的自重导致下降速度过快，对零件产生撞击；或由于制动器失灵、连杆折断，导致滑块坠落而引发事故。为此，应在压力机上采用一些保护性技术措施。

一、过载保护装置

过载保护装置常见的有压塌式、液压式和电子检测式等。

1. 压塌式过载保护装置

根据破坏式保护原理，在传动链中人为制造一个机械薄弱环节。当发生超载时，这个薄弱环节首先破坏，切断传动线路，使动力不能继续输入，后续机构运动停止，从而保护后续主要受力件不遭到损坏。压力机常用压塌块作为机械薄弱环节，保护主要受力件曲轴免受超载造成的破坏。

压塌块一般装在滑块球铰与滑块之间的部位（见图 14－11），当压力机过载时，压榻块 a，b 两处的圆形截面首先剪切破坏，使连杆相对于滑块滑动一段距离，触动开关，将控制线路切断，压力机停止运转，保障机器安全。压塌块有双剪切面和单剪切面两种，以双剪切面的为例，压塌块几何尺寸的确定原则是将 a，b 两处剪切面积设计得相同（见图 14－12），以使两剪切面同时破坏。保护装置的破坏载荷约为额定载荷的 125% 左右，设两截面各承受一半工作载荷。剪切面设计参数计算公式为：

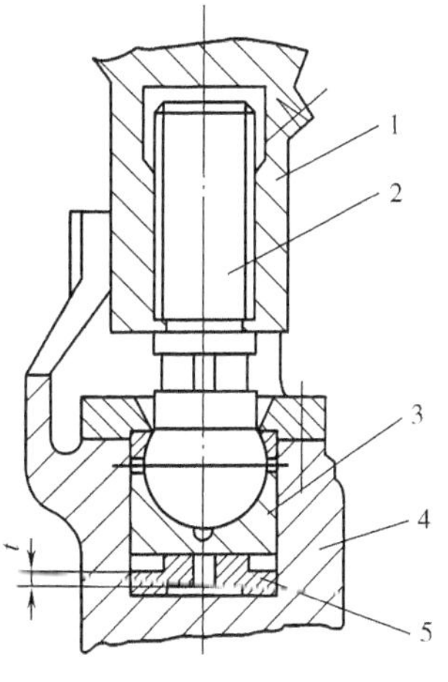

1—连杆体；2—调节螺杆；3—支承座；4—滑块；5—压塌块

图 14－11　压塌块过载保护装置的安装位置

$$a = \frac{1.25P_g}{2}\frac{1}{\pi d_a \tau}$$

$$b = \frac{1.25P_g}{2}\frac{1}{\pi d_b \tau}$$

式中：a，b——压塌块的两剪切断面面积；

d_a，d_b——a，b 截面处的直径；

τ——材料剪切强度极限；

P_g——压力机的公称压力。

压塌式过载保护装置的缺点是不能准确地限制过载力，因为压塌块的破坏不仅由作用在它上面的外力决定，同时还与压塌块的材料疲劳有关。

2. 液压式过载保护装置

图 14－13 所示为 J39－800 型闭式四点压力机液压式过载保护装置原理图，通过卸荷阀 6 自动控制过载。在正常工作时，泵 2 输出的压力油经卸荷阀 6 的单向阀进入

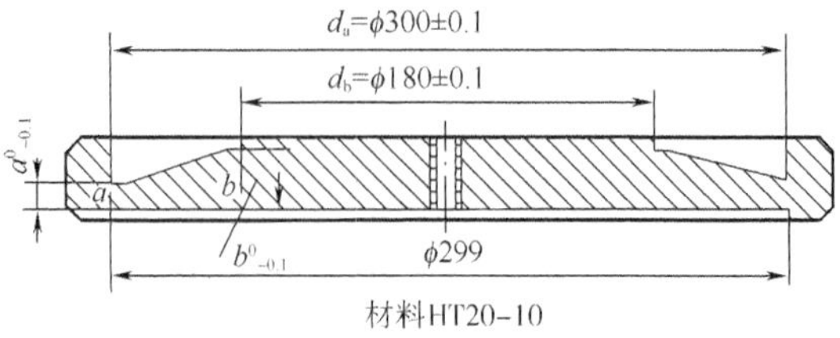

图 14－12　压塌块过载保护装置

液压垫 5 的油缸内，抬起连杆支承座。在公称压力下工作时，液压垫中油的压力使卸荷阀中的单向阀关闭，阀芯处于图示下位，卸荷阀进油端油压力与弹簧力的总和大于输出端总压力，压力机正常工作。当超载时，油缸油压升高，使卸荷阀输出端压力大于进油端压力与弹簧力的总和，迫使阀芯移动到上位，使压力油迅速排到油箱，压力机卸载。同时，卸荷阀上的斜面碰块随阀体的移动而触动限位开关，切断电气控制线路，使离合器分离，油泵停转，压力机紧急停车。在弹簧力作用下，卸荷阀阀芯复位。消除过载后，泵再次供油，压力机重新开始工作。

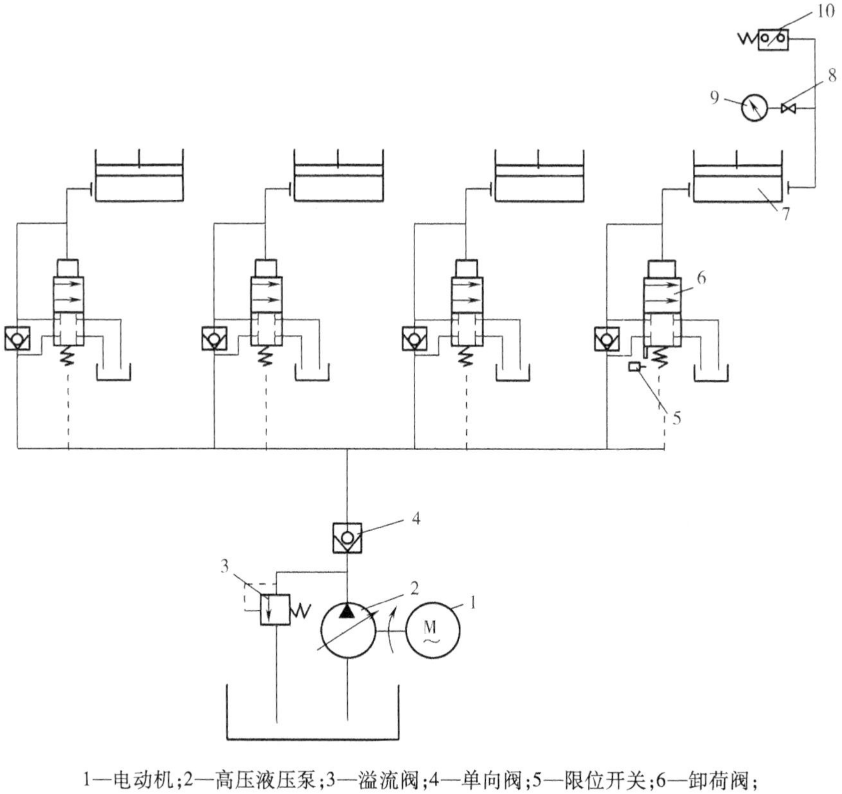

1—电动机；2—高压液压泵；3—溢流阀；4—单向阀；5—限位开关；6—卸荷阀；
7—液压垫；8—压力表开关；9—压力表；10—压力继电器

图 14－13　J39－800 型闭式四点压力液压保护装置原理图

二、滑块平衡装置

1. 滑块平衡装置的作用

滑块平衡装置见图 14-14，其作用如下。

(1)防止当滑块下行程时，因自重下降速度过快，使传动系统中的零件(如齿轮)反向受力造成撞击和噪声。

(2)消除连杆与滑块的间隙，减少受力零件的冲击。

(3)防止由于制动器失灵、曲轴破坏或连杆折断，导致滑块坠落而引发事故。

2. 滑块平衡的工作原理

滑块平衡装置由气缸、活塞组成，活塞杆与滑块相连，气缸固定在机身上，气缸下腔通入压缩气体。滑块上行程时，压缩气体进入气缸下腔；滑块下行程时，压缩气体排出气缸。气缸中的压缩气体顶起活塞托住滑块，从而平衡滑块和上模的重量，避免滑块下行程超速。气缸内径应满足下式：

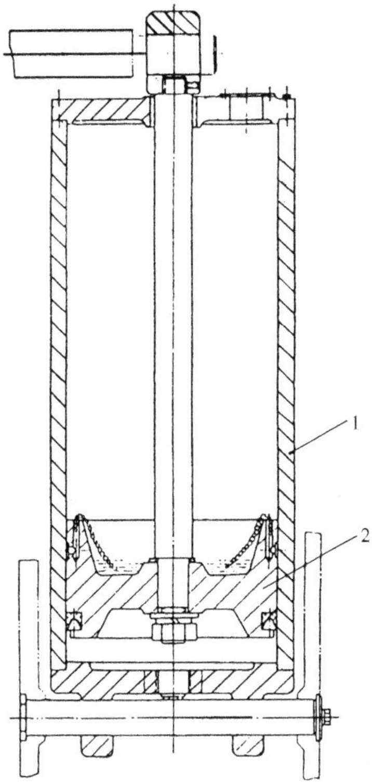

1—气缸；2—活塞

图 14-14　滑块平衡装置

$$K(G_h + G_m) = mp\frac{\pi d^2}{4}$$

式中：G_h——滑块部件重量；

G_m——上模部件重量；

p——压缩气体压力；

m——平衡装置个数；

K——平衡系数，取 $K=1.2$。

对作垂直往复运动的工作部件一般应装设平衡装置；当连杆断裂、供气中断、失压等不正常情况发生时，工作部件(包括模具)应在其行程位置内，被可靠地平衡住，并能持续一定的时间。

三、其他保护措施

过载保护的其他保护措施包括安全栓(柱)，紧急停止按钮，安全监督、控制、显示装置和防松措施。

1. 安全栓

压力机在调整模具或维修时，将安全栓（柱）作为支撑，置于模具空间内，防止滑块或模具部件移动、下落。

2. 紧急停止按钮

机器上必须装设红色紧急停止按钮，其安装位置应便于在紧急情况时使用。紧急停止控制应超前于任何操作控制。机器有多个操作点时，各操作点上一般均应有紧急停止按钮。

3. 安全监督、控制、显示装置

机器应根据安全运行、操作的需要装备安全监督、控制、显示装置。监控装置可分为以下几种。

（1）安全运转工作状态的监控装置。它一般包括对气压、液压、油位、油温、润滑油供油及压力状态、重要轴承温度、机器过载保护、各种部件调节极限位置等的监控装置。

（2）安全操作的监控装置。它一般包括对工作部件停止位置、制动器的制动角（或制动时间）、安全保护（控制）装置、各种安全联锁控制等的监控装置。

机器运转过程与操作中，安全监督控制系统（包括所组成的成套装置）除了应对压力机运行状况、安全情况作监督，并有安全运转状态显示外，当被监控部件超出规定的安全工作限度时，监控装置应及时做出响应，对不正常情况给以声、光信号以示警示，并应根据需要进行联锁控制，直到断开联锁电路，并使滑块被制动或停机，必要时，还应对停止状况作监督、控制和信号显示。

4. 防松措施

压力机上所用的螺栓、螺母、销钉等紧固件和弹簧，因其破坏、失效、松脱会导致意外或零部件移位、跌落时，必须采取防松措施。

第五节　压力机作业区的安全保护装置

防止冲压事故不能单从操作者方面去要求，必须在压力机作业区采用安全防护装置，从根本上消除冲压事故。安全问题的关键是解决在冲压作业过程中，无论在压力机的正常运转状态，还是由于各种原因压力机处于非正常状态，或者人员的误操作情况，只要滑块向下运行，人体的任何部位就不得在危险区滞留。这可以通过防护装置来设置防护屏障，将人员与危险隔离；也可以通过安全装置的结构和特定功能，控制滑块的运动或限制人员的不安全行为。压力机安全防护装置应该具备以下安全功能。

第一，在滑块向下运行时，操作者身体的任何部位都不可能进入危险区界线之内。

第二，在滑块向下运行时，当操作者身体部位进入危险区界限之内的一定范围时，滑块立即被制动或超过下死点。

第三，在滑块向下运行时，将操作者的身体部位排除于危险区之外。

第四，当操作者身体部位停留于危险区界线之内时，滑块不能启动。

只要是符合其中功能之一的装置，均可作为压力机的安全防护装置。每台压力机一般都应配置一种或一种以上的安全装置。在使用时，安全装置上的活动零部件，不应对操作者造成夹挤或其他伤害。

安全装置分为安全保护装置与安全保护控制装置两类。安全保护装置包括活动或固定栅栏式、推手式、拉手式、翻板式等装置。安全保护控制装置包括双手操作式（如双手操作按钮，双手操作杠杆等），非接触式即光电感应控制装置等。

一、栅栏式安全装置

栅栏，即危险区的围栏。通过设置实体障碍，将危险区隔离，确保人体任何部位无法进入危险区。透明实体隔板也应该归于此类。有固定栅栏式和活动栅栏式两种，可以保护一切有可能进入危险区人员的安全。

1. *必须满足的安全要求*

（1）安全距离和开口尺寸。栅栏式安全装置保证安全的关键尺寸是：栅栏间距、料口的开口尺寸和安全距离。确定这些尺寸必须考虑的因素是人体测量参数和危险区的可进入性，并应符合图 14－15 的规定。它应满足的安全要求如下。

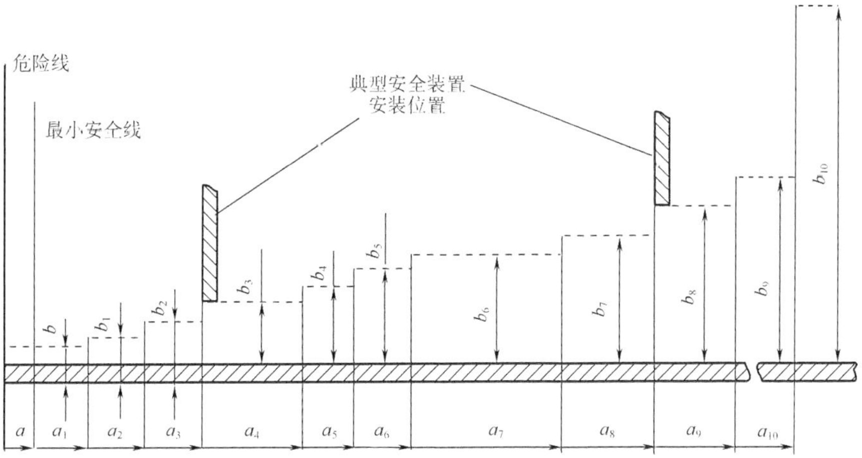

图 14－15　装置的安装位置和料口垂直开口度

a_i 为危险线至装置的安全位置间的距离；

b_i 为安全开口尺寸（或栅栏间隙）。

①尺寸 a 与 b 的相关要求。安全装置与危险线的安全距离 a、栅栏间隙和送料口的安全尺寸 b,二者的关系是 b 增大,a 必须相应增加。第一典型位置是考虑人的手指;第二典型位置是考虑人的手掌、手臂的尺寸和可能伸进的距离,保证人的手和手臂通过料口和栅栏间隙伸入时,不可能受到伤害。

②栅栏安装位置与危险线的安全距离 a 应考虑在压力机工作期间,栅栏不与压力机的任何活动部件接触,不妨碍物料加工。

(2)不出现漏保护区。为防止人体部位绕过安全装置,原则上不仅在作业区前面,而且作业区两侧及背面也应安装栅栏,栅栏高度应是整个危险空间的高度。防止从上、下、侧、背面进入危险区。

(3)栅栏设置可靠。栅栏可用焊接永久固定,或用螺栓紧固,不用专门工具不能拆除。

2. 栅栏的种类

(1)固定栅栏式。栅栏固定在机身上,作为一道屏障,将人体隔离在危险之外。在滑块运行的全行程期间栅栏都处于封闭状态。栅栏的特定位置设有送料口,便于原料和加工件进出。

(2)活动栅栏式。在栅栏前面设一个活动体(门),通过机械方法(如铰链、滑道)与压力机构架或邻近的固定元件连接。活动体与离合器的控制线路联锁,关闭动力可以来自压力机的滑块或连杆。滑块下行程期间,活动体关闭并不能随意打开,与栅栏形成一体来实施保护;在滑块回程期间,可打开活动体以方便操作。活动体未关闭好,滑块就不能运动;滑块在下行程运动状态,活动体打不开。这样就可切实保证人员安全。联锁装置须采取有效的保护措施,防止人体或坯料等物与之接触而发生误动作。

二、双手操作式安全装置

双手操作式安全装置的工作原理是将滑块的下行程运动与对双手的限制联系起来,强制操作者必须双手同时推按操纵器,滑块才向下运动。此间如果操作者哪怕仅有一只手离开,或双手都离开操纵器,在手伸入危险区之前,滑块停止下行程或超过下死点,使双手没有机会进入危险区,从而避免受到伤害。按操纵器的形式不同,分为双手按钮式和双手手柄式。

1. 双手按钮式

图 14－16 所示为双手按钮式安全装置的电气控制电路简图,由双手操作的启动按钮 SB2 和 SB3、停止按钮 SB1、凸轮开关 SA 和控制离合器接通的中间继电器线圈 K 组成。线圈 K 接通则离合器结合;反之,离合器分离。凸轮开关 SA 在滑块到达下

死点时接通,在滑块到达上死点时开路。

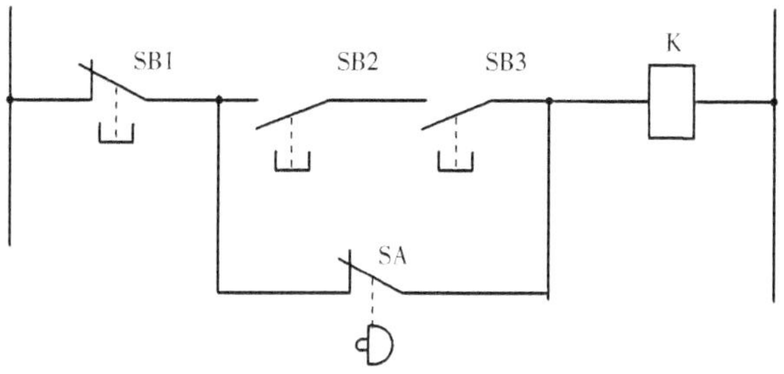

图 14－16　双手按钮式安全装置电路图

单人操作(见图 14－16)的工作原理是:当双手同时按压启动按钮 SB2 和 SB3,电流经过 SB1—SB2—SB3—K 形成回路,继电器线圈 K 接通,离合器结合,滑块下行程。在此期间,凸轮开关 SA 开路。如果此时只要有一只手离开 SB2 或 SB3,则回路切断,滑块停止运动。要想保证作业的正常进行,必须强制双手同时按压 SB2 和 SB3 两个按钮。当滑块到达下死点,凸轮开关 SA 闭合,电流经过 SB1—SA—K 形成回路,K 线圈接通,滑块回程运动。此时,即使双手都离开 SB2 和 SB3,也不影响滑块的运动。当滑块回到上死点时,SA 开路。必须双手同时按压启动按钮,开始下一次冲程。

多人同时操作的双手按钮式装置的动作原理与单人操作基本相同。操作时,参与操作的每个人必须同时用双手按压启动按钮,滑块才能下行程运动,倘若哪怕只有一个人单手操作,滑块也不动作,这样就避免了由于多人操作动作不协调,或某人误操作所造成的事故。

2. 双手柄式安全装置

它的安全功能与双手按钮式类似,必须用双手同时操作两个操纵柄,离合器才能结合。为避免操作者劳动强度过大,每个手柄的操纵力不应超过 14.7N。

双手操作式安全装置必须符合以下要求。

(1)双手操作的原则。双手必须同时操作,离合器才能结合。只要一只手瞬时离开操纵器,滑块就会停止下行程或超过下死点。

(2)重新启动的原则。装置必须有措施保证,在滑块下行程期间中断控制又需要恢复时,或单行程操作在滑块达到上死点需再次开始下一次行程时,只有双手全部松开操纵器,然后重新用双手再次启动,滑块才能动作。在单次操作规范中,当完成一次操作循环后,即使双手继续按压着操作按钮,工作部件应不会再继续运行。

(3)最小安全距离的原则。操纵器的安装必须确保安全距离,才能达到安全目的,否则,即使有安全装置,也会发生人身事故的可能。

安全距离是指操纵器的按钮或手柄中心达到压力机危险线的最短直线距离。安全距离应根据压力机离合器的性能来确定。

①对于滑块不能在任意位置停止的压力机(例如压力机的离合器是刚性的),最小安全距离应大于手的伸进速度,与双手离开操纵器到滑块运行至下死点时间的乘积,其计算公式为:

$$D_s \geqslant 1.6T_s$$

$$T_s = \left(\frac{1}{2} + \frac{1}{N}\right)T_n$$

式中:D_s——安全距离,即操纵器中心至模具刃口的最短直线距离,m;

1.6——人手的伸进速度,m/s;

T_s——双手按压操纵器接通离合器控制线路到滑块运行到下死点的时间,s;

N——离合器的结合槽数;

T_n——曲轴回转一周的时间,s。

其中 T_s 是考虑最长时间,即滑块下行程时间与离合器在结合槽间所需要的转动时间之和。安全距离 D_s 可以通过对具体压力机的计算直接获取。

②对于滑块可以在任何位置停止的压力机(例如压力机的离合器是摩擦式的),最小安全距离的计算公式为:

$$D_s \geqslant 1.6T_s$$

式中:T_s——双手操纵器断开压力机离合器的控制线路到滑块完全停止的时间,s。

T_s 要考虑到滑块的运动惯性,取最长时间。这里 T_s 是不能计算的,其值对不同压力机应在曲轴转到90°左右处进行实测来获取。

(4)操纵器的装配距离要求。装配距离是指两个操纵器(按钮或操纵手柄的手握部位)的内边距离。最小内边距离大于250mm,最大内边距离小于600mm。

(5)防止意外触动的措施。按钮不得凸出台面;手柄也应采取措施,防止被意外触动、刚碰而引起压力机误动作。

对此需要说明,双手操作式安全装置只能保护使用该装置的操作者,不能保护其他人员的安全。

三、推手式安全装置

推手式安全装置保护功能是在滑块的下行程期间,通过机械方式,借助手板(棒或其他形式的器具)推开在危险区的人体部位(主要是手),从而达到保护目的。滑块的危险行程与装置的保护作用同步,不影响生产率是本类装置的显著特点。按推手器的运动方向,可分为左右摆出式、前后拨出式和侧向推出式。下面以侧向推出式为例说明其工作原理。

安全装置的动力来自于压力机的滑块,由推杆、滑块压轮和复位弹簧组成(见图 14 - 17)。滑块有一压轮,推杆与滑块的滑道固定铰接,复位弹簧连接推杆支杆的一端,在推杆端部安装一个推手器,滑块压轮作用在推杆支杆上。当滑块下行程时,压轮向下滚压推杆支杆,带动推杆从左至右扫过危险区,推手器把操作者的手推开,同时将弹簧拉长;当滑块回程运动时,压轮向上运动,解除对推杆的压力,在复位簧拉力作用下,推杆恢复到原始位置,在此期间操作者可以伸手进入模口区操作。该装置应满足以下的安全技术要求如下。

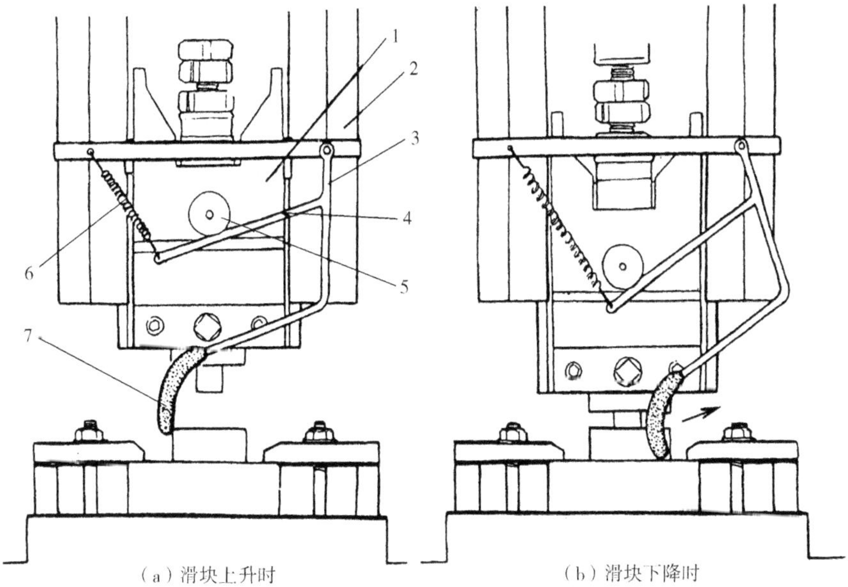

(a)滑块上升时　　(b)滑块下降时

1—滑块;2—滑块滑道;3—推杆;4—推杆支杆;5—滑块压轮;6—复位弹簧;7—推手器

图 14 - 17　推手式安全装置

第一,可靠的保护范围。该保护范围由推杆的摆动范围来保证。推杆的左右摆动幅度应超过模具的宽度,杆长度、摆动幅度或位移量应可调,以适应不同的加工需要。

第二,不能造成新的伤害。推手器与手接触一侧应采用软材料(如贴橡胶、软塑料等)，防止推手器把人手击伤。

第三，推杆的摆动方向与操作手关系。推杆推手的方向，对右利者应从右到左(面向压力机)；对左利者应从左到右。

推手式安全装置的缺点是推杆摆动对操作者视线造成干扰，推手器与手接触会给操作者带来不适。在正常情况下，一般操作速度快于推杆，偶然才有推手器推击手的可能。

四、拉手式安全装置

拉手式安全装置的安全功能是以滑块或连杆为动力源，在滑块的下行程，借助绳索将操作者的手从危险区拉出来。基本构成有杠杆、滑轮、拉索和手腕带。按拉索的拉出方向分为侧拉式[见图 14－18(a)]和背拉式[图 14－18(b)]两种，二者的工作原理相同。图 14－18 中拉索 4 一端通过杠杆 2 与滑块 1 相连；另一端连着的手腕带 5 套扣在操作者手腕上。滑块下行程时，滑块带动杠杆，借助拉索强制拉出套在手腕带里的手；滑块上移，拉索松弛，手又可以进出模区自由操作。开始有些不习惯，待操作熟练后，只要操作动作快于拉索的牵拉，很少有被牵拉的感觉。只有当手动作慢于拉索牵引时，才会偶感被动。该装置结构简单、实用，不干扰操作者视线，不影响生产率，在国外的小型压力机上已普遍使用。其缺点是由于拉索的约束，人的行动特别是手部的活动范围受到限制。

二者的区别是，侧拉式从侧面牵拉手；背拉式向后背方牵拉。背拉式与人的操作动作更协调些，手的活动范围也较侧拉式大，但需在身后设立支架，装置相应也复杂。

拉手式安全装置的安全技术要求如下。

第一，装置性能可靠，拉索有足够强度不被拉断，各部件之间的连接和与机架的固定要牢固可靠，杠杆和滑轮动作灵活，滑轮和各铰接处不得卡塞。

第二，手腕带应舒适、柔软、形状适宜、方便穿戴和摘除。在拉索受力拉紧时，手腕带不能把手拉伤，也不得从手腕上拉脱。手腕带及手腕带与拉索连接处应能承受足够的拉力，且不破坏。

第三，拉索应能长度调节，其拉伸量应为模具进深的 1/2 以上。松弛量应在滑块到达上死点时，扣上手腕带的手能摸到头和小腿，保证手的活动范围；滑块下行时，应能切实把操作者的手拉出危险区。

第四，操作者双手都应采用。在多人操作的压力机上，每人都应具备单独的一套。

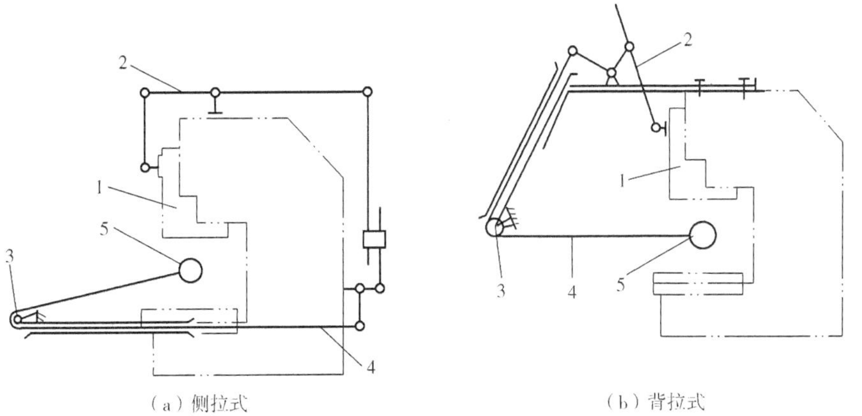

1—滑块;2—杠杆;3—滑轮;4—拉索;5—手腕带

图 14－18　拉手式安全装置

五、翻板式安全装置

翻板式安全装置的安全功能是在滑块下行程期间,挡板立在危险区前,使操作者的手无法伸进危险区。挡板翻转可以借助顶杆、齿轮、齿条等完成,动力源一般来自滑块,使挡板的翻转与滑块的运动同步。

如图 14－18 所示,当滑块下行程时,顶杆推动挡板翻转,使挡板立在模区的前方,将操作者与模口区隔离;滑块回程时,挡板在弹簧的作用下复位,不再限制操作者进入模区。

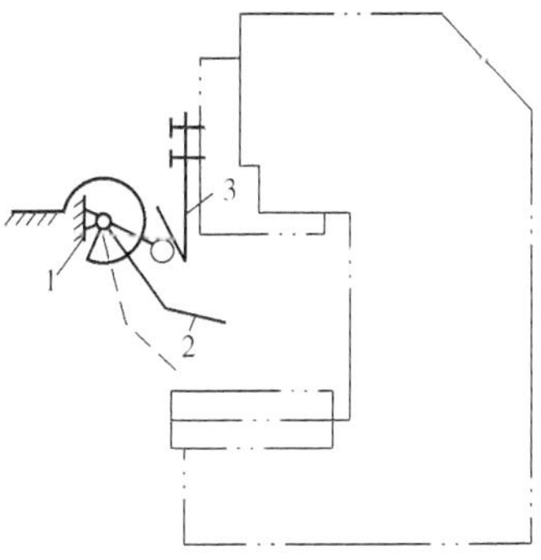

1—翻转机构;2—翻转挡板;3—顶杆

图 14－19　翻板式安全装置

翻板式安全装置的技术安全要求如下。

第一,保护范围是由翻板的几何尺寸决定的。翻板的宽度应大于模具宽度,板高度超过模具开启的 2/3。

第二,便于观察加工情况。翻板应有足够的透明度(保证强度的条件下),尽量不影响操作者对加工情况的观察。

第三,最小安全距离。翻板的安装位置应满足最小安全距离的要求。安全距离是指翻板竖立时,翻板内侧面到模具刃口的最短距离。计算公式和表示方法同双手操作式安全装置。

六、检测式安全装置

检测式安全装置是一种安全性好、灵敏度高、比较先进的压力机安全装置,有光线式和人体感应式两种。它的大致工作原理是制造一个保护幕(光幕或感应幕),将压力机的危险区包围起来,或设在通往危险区的必经之路上。当人体的某个部位进入危险区(或接近危险区)时,必将破坏保护幕的完整性,受阻信号立刻被装置检测出来。信号经过放大,切断压力机的控制线路,使滑块停止运动或不能启动,从而避免人身事故。

1. 人体感应式

人体感应的工作原理是利用敏感元件构成一定电容量的电容器,放在通往危险区的必经之路上。当手向危险区伸入时,电容量发生变化,与之相连的振荡器的振幅发生改变,通过放大器和继电器的作用,使压力机停止运动或不能启动。感应式安全装置由于对环境的适应性稍差,较少使用。

2. 光线式安全装置

在压力机上设置投光器和光接收器,在二者之间形成光幕,将危险区包围。当人体的任一部分遮断光线时,该装置能检测出这一状态,并输出信号使滑块不能启动或停止运行。光源可采用一般可见光,也可采用红外光或周期性的点射光。光线式安全装置由于动作灵敏,结构简单,容易调整维修,特别对操作者无视觉干扰,不影响生产率,因而得到广泛应用。

检测式安全装置必须有可靠的技术措施,以实现以下功能:

(1)保护范围。保护范围一般由保护幕确定。保护幕必须是由保护长度和保护高度构成的矩形,不得采用三角形和梯形。光线式安全装置的保护高度一般为压力机行程长度与滑块调节量的总和,总和大于400mm时,保护高度则取400mm。感应式安全装置的保护高度应不低于500mm,一般在400mm以下,感应幕厚度(指感应幕前后的有效感应尺寸)应不超过50mm。

投光器与受光器组成的光轴数为两个以上时,其光轴间距应不大于50mm。对于由若干光轴所组成的垂直平面被装设在距工作危险区的距离超过500mm。时,其光轴间距允许不大于70mm。

(2)自保功能。自保功能是指在保护幕被破坏,滑块停止运动后,即使人体撤出,危险区保护幕恢复完整,滑块也不能立即恢复运行,必须按动“恢复”按钮,滑块才能再次启功。

（3）不保护功能。不保护功能是指滑块回程时装置不起作用，在此期间即使保护幕被破坏，滑块也不停止运行，以利操作者的手出入操作。

（4）自检功能。自检功能是当安全装置自身出现任何故障时，应能立即发出输出信号，使滑块处于停止状态，并不能再启动。所有其他非接触式安全保护控制装置在工作中发生故障时，都应能自动控制工作部件停止运动，并应具有在故障排除以前，不能恢复运行的自保功能。

（5）响应时间与安全距离。响应时间是指从保护幕被破坏到安全装置的输出接点断开压力机控制线路的时间。这是标志装置安全性能的主要指标之一，直接影响装置的安装距离。压力机检测式安全装置的响应时间不得超过0.02s。

安全距离是指保护幕到模口危险区的最短距离。压力机离合器的结构形式不同，安全距离的计算公式也不同：

①对于不能使滑块在任意位置停止的压力机，其安全距离的计算机公式为：

$$D_s \geqslant 1.6T_s$$

$$T'_s = \left(\frac{1}{2} + \frac{1}{N}\right)T_n$$

式中：T_s——从手离开保护幕至滑块运行到下死点的时间，s；

D_s——安全距离，m；

1.6——人手的伸进速度，m/s；

T'_s——双手按压操纵器接通离合器控制线路，到滑块运行到下死点的时间，s；

N——离合器的结合槽数；

T_n——曲轴回转一周的时间，s。

对于刚性离合器的压力机，时间因素 T_s 是按最长时间考虑，即滑块的下行程时间和离合器在结合槽之间的转动时间之和，与压力机的型式有关，与安全装置的响应时间无关。

②对于滑块可在任意位置停止的压力机，其安全距离的计算公式为：

$$D_s = 1.6(T_1 + T_2)$$

式中：T_1——安全装置的响应时间，$T_1 = 0.02$s；

T_2——从压力机控制线路切断至滑块完全停止的时间，s。

对于摩擦式离合器，时间因素则要考虑装置的响应时间和压力机性能影响两个方面。装置的响应时间 T_1 应在曲轴转到90°附近测定，一般按允许最长时间0.02s考虑。

（6）抗干扰性。光线式安全装置应具有抗光线干扰的可靠性，在小于100W的照明条件下，该装置应能正常可靠地工作。感应式安全装置应能适应人体和气候的变化,确保一年四季各类体型人员、穿戴各种手套及防护用品伸入感应幕内,都能被检测出来。

使用时要考虑安全装置对周围环境的适应范围(包括海拔高度、环境温度、空气相对湿度以及光照等),若超出范围,检测式安全装置的灵敏、可靠都无法保证,反而是不安全的。

安全保护控制装置一般不应被作为操纵机器使用。

检测式安全装置属于电子产品,精密度较高,它的生产一定要有主管部门的监督,并经国家指定的技术检验部门,按有关的安全标准鉴定,取得许可证后,才能生产。

第六节　压力机的安全使用与管理

防止冲压事故是一个复杂、综合性的工作,应从多方面、多层次给予重视。压力机本质安全和采用安全装置是压力作业安全的基础和前提,使用与管理是安全的保证,包括制定严格的安全操作规程、创造良好的环境和舒适的工作条件,采用辅助安全措施等。否则压力机及其安全装置再好,但得不到正确的使用和维护,甚至遭到人为损坏或拆除,事故仍可能发生。

一、手用工具

冲压事故率最高的时段发生在送、取料阶段,而我国目前相当数量的冲压机械还仍然靠手工送、取料。解决这个问题的一个廉价简便的方法就是利用手用工具。手用工具的作用是以工具代手,避免操作者手伸进模口区的危险。

手用工具是指在压力机主机以外,为用户安全操作额外提供的手用操作工具。手用工具种类很多,常用的有手用钳、钩、镊、夹、各式吸盘(电磁、真空、永磁)及工艺专用工具等,是安全操作的辅助手段。

手用工具的设计和选用要注意以下几点。

1. 符合安全人机工程学要求

手用工具的手柄形状要适于操作者的手把持,并能阻止在用力时,手向前握或前移都不能达到不安全位置,避免因使用工具不当而受到伤害。

2. 结构简单、方便使用

手用工具的工作部位应与所夹持坯料的形状相符,以利夹持可靠、迅速取送、准确入模。

3. 不得对模具造成损伤

手用工具应尽量采用软质材料制作,以防在意外情况下,工具未及时退出模口,而在模具又闭合时，造成压力机过载。

4. 符合手持电动工具的安全要求

手持电动工具应采用安全电压，并保证绝缘。

需要强调指出，在正常操作时，坚持使用手用工具对降低冲压事故确实能起到一定作用，但手用工具本身并不具备安全装置的基本功能，因而不是安全装置。它只能代替人手伸进危险区，不能防止操作者的手意外伸进危险区。采用手用工具还必须同时使用安全装置。

二、良好的工作环境和操作位置

冲压作业单调、重复，容易引起操作者疲劳；噪声和振动使操作意识下降，这也是导致事故的重要原因之一。如果操作者的姿势不正确，会加速疲劳，增加危险性，所以操作位置和姿势，以及周围环境诸因素都应给予充分注意。

1. 操作位置和姿势应符合安全人机学的要求

尽量为操作者提供舒适安全的作业条件，以便更有效地发挥人的作用，提高生产率。国外的一些做法可供我国借鉴，如日本搞了冲压作业的标准操作尺寸，图 14－20 就是其中一例。不仅在压力机的尺寸设计上考虑了人体参数，而且还设置了肘托板、高度可调的椅子和脚踏板，增加操作的舒适性。

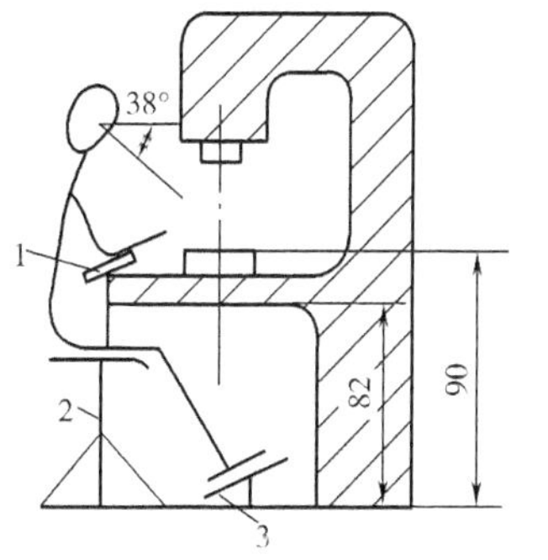

1—肘托板；2—座椅；3—脚踏板

图 14－20　冲压作业的标准操作尺寸

2. 提供良好的生理和心理工作环境

工作环境的温度、通风、照明、噪声和振动等均应符合劳动卫生要求。如果达不到要求，应采用措施加以改造。

3. 配备劳动保护用品

在环境治理改造前或改造期间，应配备必要的劳动保护用品，例如耳塞（耳罩）、操作手套等，以加强对人员的保护。

三、压力机安全操作注意事项

根据压力机不同机器种类和加工要求，制定有针对性、切实可行的安全操作规程，并进行必要的岗位培训和安全教育。使用单位和操作者必须严格遵守设计制造单位提供的安全使用说明的规定和操作规程，正确地使用、检修。压力机一般安全操作要求如下。

第一，开动设备前，要检查压力机的操纵部分、离合器和制动器是否处于有效状态，安全防护装置是否完整好用，曲柄滑块机构各部有无异常。发现异常应立即采取必要措施，不得带病运转，严禁拆卸和损坏安全装置。

第二，正式作业前须经空转试车，确认各部分正常后方可工作。开机前应清理工作台上一切不必要的物品，防止开车震落击伤人或撞击开关引起滑块突然启动。

第三，操作必须使用工具，严禁用手直接伸进模口取物，手用工具不得放在模具上。

第四，在模口区调整工件位置或揭取卡在模内的工件时，脚必须离开脚踏板。

第五，多人操作同一台压力机应有统一指挥，信号清晰，待对方做出明确应答，并确认离开危险区再动作。

第六，突然停电或操作完毕应关闭电源，并将操纵器恢复到离合器空挡，制动器处在制动状态。

第七，对压力机进行检修、调整以及在安装、调整、拆卸模具时，应在机床断开能源（如电、气、液）、机床停止运转的情况下进行，并在滑块下加放垫块可靠支护。机床启动开关处挂牌通告警示。

四、压力机的安全管理

压力机的安全管理包括如下内容。

第一，企业的安全技术部门和设备主管部门必须参加压力机（包括剪切机）安装、大修后试运转的验收工作，以及在用设备的安全定期检验工作，验收合格后方可使用。

第二，对每台设备建立完整的设备档案。档案应包括：制造厂名称、安装单位及检修、改造中所提供的质量证明文件和技术资料，使用中发生设备、人身事故等情况。

第三，建立交接班制度、岗位责任制度、维护保养制度、定期检验与检修制度、事故登记与报告制度等，并严格执行。

第四，操作者必须年满 18 周岁并经过企业部门的专门培训，熟悉设备性能和维护保养知识，经安全考试合格后方可凭证上岗操作。

第五，对于陈旧、失效、发现异常、缺乏安全防护装置的压力机，经技术改造仍达不到安全标准要求的，由主管部门及安全技术部门认真鉴定后，禁止使用。确认无改造价值的应报废，严禁转卖。

压力机的安全在技术上已经得到较深入的研究，只要坚持使用安全压力机，并实施对压力机从设计到使用各个环节的安全监管，对使用者的安全培训，冲压事故会得到有效控制。但值得注意的是，近些年经济搞活开放，大量的中、小企业参与生产制造中、小吨位压力机。又得不到有效的监督，致使不合格和缺乏安全装置的压力机流入市场，其中多数流向以缺乏必要培训的农民职工为生产主力的中、小乡镇企业。使本已经得到控制的冲压事故又出现新中国成立以来的新一轮高峰，压力作业安全还有一段路要走。压力作业关键是使用安全压力机，所以必须从压力机的设计、制造源头控制，特别是制造环节。

参考文献

[1]任树奎,王福绵．起重机械安全技术检验手册[M]．北京:中国劳动出版社,1995.
[2]中国标准出版社第三编辑室．机械安全标准汇编[S]．北京:中国标准出版社,1997.
[3]孙桂林．起重安全[M]．北京:中国劳动社会保障出版社,1995.
[4]杨长睽,傅东明．起重机械[M]．北京:机械工业出版社,1992.
[5]徐克晋．金属结构[M]．北京:机械工业出版社,1982.
[6]哈尔滨建筑工程学院．工程起重机[M]．北京:中国建筑工业出版社,1981.
[7]дeкcaHдpoB M П A. ПoдБeMHO – TpaHCпopthbIe MaIIIиHbI[M]. MOCKBa: BbicIIIaя IIIKOJIa,1989.
[8]дeкcaHдpoB M П A, KoлO6OBидp JI H. Гpyэoпoдblе MaIIIиHbI[M]. MoCKBa: MaIIIиHOCTpoeHиe,1986.
[9]马贤智．机械安全基本概念与设计通则应用指南[M]．北京:中国计量出版社,1996.
[10]何德誉．曲柄压力机[M]．北京:机械工业出版社,1982.
[11]诸兴华．磨削原理[M]．北京:机械工业出版社,1988.
[12]刘潜等．从劳动保护工作到安全科学[M]．武汉:中国地质大学出版社,1992.
[13]郭青山,汪元辉．人机工程设计[M]．天津:天津大学出版社,1994.
[14]闪淳昌．建设项目(工程)劳动安全卫生预评价指南[S]．大连:大连海事大学出版社,1999.
[15]劳动人事部劳动保护局．劳动安全卫生国家标准资料汇编[S]．北京:中国标准出版社,1986.
[16]沈同,周国泰．常用综合性基础标准指要[M]．北京:中国统计出版社,1995.
[17]辞海(工程技术分册)[M]．上海:上海辞书出版社,1978.
[18]陈立道,龚解华．安全工程[M]．上海:百家出版社,1995.
[19]孙桂林,袁化临．起重与机械安全工程学[M]．北京:北京经济学院出版社．1991.
[20]徐格宁,袁化临．机械安全工程[M]．北京:中国劳动社会保障出版社,2008.